高等学校计算机基础教育改革与实践系列教材

数据库技术及应用（Access）

Shujuku Jishu ji Yingyong（Access）

主 编 贾 伟

副主编 张英俊 魏建琴 肖 宁

高等教育出版社·北京

HIGHER EDUCATION PRESS　BEIJING

内容提要

本书在介绍数据库概念与原理的基础上,以 Access 2003 数据库管理系统为开发工具,系统、详细地介绍了以 VBA 编程技术为核心的开发数据库应用系统的步骤。

全书分为 10 章,主要内容包括数据库概述、Access 数据库简介及其应用、表结构的设计、数据表视图和数据记录操作、查询设计、窗体设计、报表设计、多表关联关系设计、数据库 Web 设计、宏设计、应用系统的菜单和工具栏设计、VBA 程序设计和小型数据库应用系统开发举例。

本书章节结构的设置符合数据库应用技能培养的认知规律,内容丰富,理论与实践并重,相关教学资源可以在中国高校计算机课程网下载,网址为 http://computer. cncourse. com。

本书既可作为高等学校非计算机专业的"数据库技术及应用"课程教材,也可作为从事数据库设计、开发的工程技术人员的参考书。

图书在版编目(CIP)数据

数据库技术及应用:Access/贾伟主编 . —北京:高
等教育出版社,2010. 8
ISBN 978 – 7 – 04 – 030170 – 0

Ⅰ. ① 数…　Ⅱ. ① 贾…　Ⅲ. ① 关系数据
库 – 数据库管理系统,Access – 高等学校 – 教材
Ⅳ.①TP311. 138

中国版本图书馆 CIP 数据核字(2010)第 126557 号

策划编辑	饶卉萍	责任编辑	康兆华	封面设计	张志奇	责任绘图	尹　莉
版式设计	张　岚	责任校对	姜国萍	责任印制	朱学忠		

出版发行	高等教育出版社	购书热线	010 – 58581118
社　　址	北京市西城区德外大街 4 号	咨询电话	400 – 810 – 0598
邮政编码	100120	网　　址	http://www. hep. edu. cn
			http://www. hep. com. cn
		网上订购	http://www. landraco. com
经　　销	蓝色畅想图书发行有限公司		http://www. landraco. com. cn
印　　刷	肥城新华印刷有限公司	畅想教育	http://www. widedu. com
开　　本	787 × 1092　1/16	版　　次	2010 年 8 月第 1 版
印　　张	18.5	印　　次	2010 年 8 月第 1 次印刷
字　　数	440 000	定　　价	25.40 元

本书如有缺页、倒页、脱页等质量问题,请到所购图书销售部门联系调换。

序　言

教育部高等学校计算机基础课程教学指导委员会在《高等学校计算机基础教学发展战略研究报告暨计算机基础课程教学基本要求》(以下简称《基本要求》)中指出,党的"十七大"提出了我国要从改造传统工业入手,走工业与信息技术相融合的新型工业化道路。为此,需要培养大批新一代"专业＋信息"的工程技术人才。作为信息技术的核心,计算机基础教育的重要性被提到了空前的高度,计算机基础课程在高校确立了公共基础课的地位。在实施高等学校本科教学质量与教学改革的进程中,计算机基础课程的教学改革朝着高水平、应用化、规范化的方向推进。

在完成教育部高等学校计算机基础课程教学指导委员会课题的过程中,我们组织了十余所高等学校计算机基础教学的负责人和一线教师,对这些高等学校中几千名本科生以问卷的形式对计算机基础教育现状进行了抽样调查,内容涉及了大学生起始计算机技能基本情况、目前课程安排和课程效果评价三个方面,着重了解了当代大学生对计算机基础教育的新需求及对计算机基础课程的意见与建议等。通过对这些调查问卷进行科学的分析,我们得到一些计算机基础教学课程体系改革的启示。在此基础上,按照《基本要求》的精神,结合计算机技术发展和应用的实际,以"知识－技能－能力"培养为目标,对计算机基础课程体系进行了重新设计和调整,构建了"大学计算机基础＋X门计算机应用课程"和"程序设计基础＋X门计算机应用课程"两种"1＋X"课程体系模式,形成了新型的计算机基础课程教学方案。

在以上课题研究的基础上,我们成立了"高等学校计算机基础教育改革与实践系列教材"编审委员会,希望能编写出一套适合于此教学方案的教材并建设相应的课程教学资源。

该系列教材以"面向应用、强化基础、注重融合"为原则,从面向应用的计算机硬件基础和软件基础两个角度入手,从融合专业技术的发展、社会对现代人才知识结构的要求出发,按照两种"1＋X"的课程设置方案,选择了五门比较基础且通用的计算机基础课程来组织编写。其特点如下:

1. 从实践中来,到实践中去。所有教学内容均从应用问题出发,以引例、实例和案例作为背景,提出每章的教学内容与教学目的,使学生对学习什么知识、为什么要学这些知识有一个概括的认识,并通过解决问题使所学基础知识得到强化。所有引例、实例和案例都具有代表性,能激发学习的积极性,达到学以致用的目的。

2. 内容新颖,知识结构更加合理。所有教学内容进一步体现了新版《基本要求》的精神,并在此基础上,结合多年来教学改革与实践经验及地方经济结构和行业的需要,融合相关专业知识,适当地增加了部分内容。同时突破了传统的知识结构与教学模式,对相关内容的知识结构顺序做了调整,更利于学生对计算机基础知识的理解和掌握。

3. 进一步体现了计算机基础教育的目的和意义。计算机基础课程到底应该学哪些知识?计算机技术的发展水平和社会对计算机知识的需求是什么?计算机基础课程教学的内容怎样适应这种要求?所有这些是衡量计算机基础课程教学成败的关键。要使我们的教学紧跟时代的步伐,就要在不同的时期调整我们的教学内容。本丛书在这方面做了大量的调研,对教学内容进行了适当的选择,进一步体现了"大学计算机文化基础"之后的新的知识结构与内容,进一步满足了社会对现代人才面向应用的计算机技能的基本要求。

为了保证教材的编写质量,编委会对本系列教材的编写过程进行了全程把关,各书的主编和编委由来自各个高校的计算机基础教学负责人或骨干教师担任,他们都有丰富的教学实践和教材编写经验。可以说本系列教材综合了各高校计算机基础教育改革与实践的经验和成果,是集体智慧的结晶。

希望各高校在使用该系列教材的过程中能够提供有益的帮助和意见,促进相关课题研究工作的不断深入。

编审委员会
2010 年 5 月

前　言

　　Access 2003 是目前最受欢迎的小型关系数据库管理系统,易于学习和操作,功能强大。本书综合考虑教育部高等学校计算机基础课程教学指导委员会制定的理工类、医药类、农林类等"数据库技术及应用"课程教学的基本要求,针对高等学校非计算机专业学生的特点,总结作者多年从事一线教学的经验,并精选开发实例,由浅入深,理论结合实际,全面地讲述关系数据库系统的特点及应用与开发技术。

　　Access 作为 Microsoft Office 的组件之一,与目前人们广泛使用的 Word、Excel 和 PowerPoint 有着相同的操作环境、相似的操作界面和一致的设计风格,给读者的学习带来了方便,而且 Access 与 Word、Excel 等软件的数据共享也非常方便。使用 Access 时不必编写程序就可以完成其他数据库管理系统必须通过编程才能完成的功能,既能满足设计数据库应用软件的需求,又可以由非程序设计者来建立数据库应用软件,大大拉近了数据库使用者与数据库应用软件开发者之间的距离。

　　Access 功能强大、内容丰富,既是数据库管理系统,又是数据库应用软件的开发平台。为了使读者在较短的时间内尽快地掌握 Access 的主要功能和学习方法,本书在选材时做了适当的取舍,力争做到选材得当。本书在内容的安排上由浅入深,循序渐进,保持了全书的连贯性。书中给出丰富而实用的例题,把 Access 的强大功能和知识点融会贯通到例题中,并通过例题深入浅出地讲解具体的操作方法,使读者学得懂、记得住、用得上。

　　本书以"金鑫超市管理系统"项目的开发为例,全书文字简洁,语言流畅,条理清楚,通俗易懂。希望读者通过学习能够掌握 Access 的基本功能,并掌握开发数据库应用系统的方法。

　　本书由贾伟担任主编,由张英俊、魏建琴、肖宁担任副主编。全书共分 10 章,其中第 1 章由贾伟编写,第 2、4 章由魏建琴编写,第 3、5 章由袁占花编写,第 6、7 章由肖宁编写,第 8、9 章由郝晓燕编写,第 10 章由张英俊编写。

　　对于本书中的错漏和不妥之处,恳切希望得到各方人士的批评指正。

作　者
2010 年 5 月

目 录

数据库概述

第 1 章

数据库是数据管理的最新技术，是计算机科学的重要组成部分。随着计算机科学与技术的发展，数据库技术的应用范围已经从传统的数据处理和信息管理领域渗透到计算机辅助设计、计算机辅助制造、人工智能、决策支持和网络应用等领域，数据库技术已经成为信息系统的核心与基础。如今，信息资源的开发、利用和共享已经成为一个企业或组织生存与发展的重要条件。数据库建设的规模、信息量以及使用频度也已经成为衡量一个国家信息化程度的重要标志。

本章主要介绍数据库的基本概念和基础知识，是后续章节的准备和基础。

1.1　数据与数据处理

通俗地讲，数据库就是存储数据的"仓库"，因此数据、信息等基本概念将贯穿在人们进行数据处理的整个过程之中。掌握好这些概念，对于今后更好地学习和使用数据库管理系统具有重要意义。

1.1.1　数据与信息

1. 数据

数据就是一组表示客观世界某种实体的数量、行为和状态的非随机的、可以鉴别的物理符号，是反映客观事物存在方式和运动状态的记录。数据既是信息的载体，也是信息的具体表现形式。

数据作为信息的具体表现形式，既可以是数字，也可以是文字、图形、图像、声音、语言等多种形式，它们都可以经过数字化处理后被存入计算机中。这些数据既可以用来对客观事物进行定量描述（如商品的数量、价格等），也可以对客观事物进行定性记录（如商品名称、产地等），还可以对客观事物进行形象特征和过程记录（如视频、音频等）。

如果从计算机的角度来说，数据就是那些可以被计算机接受并能够被计算机处理的符号，是数据库存储的基本对象。

2. 信息

信息是客观世界在人们头脑中的反映,是人们进行社会活动、经济活动及生产活动的产物,并可以作用于这些活动。

信息是经过加工的、具有一定含义的数据,是对决策者有价值的数据。

信息和数据既有联系,又有区别。数据是信息的载体,是信息的表现形式。信息则是对数据加工的结果,是对数据的解释。例如,"23、24、25"就仅仅是一组数据,但是它们在学生信息管理系统中可能代表3个学生的年龄,此时这些数据就被赋予了实际的含义,就可以被称为信息。

1.1.2 数据处理

数据处理也称为信息处理。这里所说的数据处理是指对各种形式的数据进行收集、存储、分类、排序、检索、加工和传输等一系列活动。数据处理的基本目的就是从大量的或者杂乱无章的或者是难以理解的数据中提取并推导出对于某些特定的人来说有价值、有意义的数据。

随着计算机技术的发展和计算机普及应用,数据处理的规模日益扩大,数据处理的应用需求越来越广泛,因此也推动了数据处理技术从简单到复杂、从低级到高级的发展过程。数据处理技术经历了从人工管理、文件系统到数据库系统管理等3个发展阶段。

1. 人工管理阶段

人工管理阶段是数据处理的最初阶段。在20世纪50年代,计算机技术还不够成熟,从硬件方面来看,外存储器只有纸带机、卡片机等顺序存取设备,而没有磁盘、光盘等直接存取设备;从软件方面来看,既没有操作系统,也没有专门的数据管理软件。在这一阶段,计算机主要用于科学计算,有以下一些特点。

① 数据不保存。在需要计算时,利用卡片、纸带等介质将数据输入,经过运算得到结果。数据处理过程结束后,数据不保存。

② 数据与程序不独立。程序和数据是一个不可分割的整体。也就是说,数据是程序的一个组成部分。

③ 数据不能共享。即一组数据对应一个程序,不同应用程序的数据之间是相互独立、彼此无关的。即使两个不同的应用程序涉及同一个(或同一组)数据,也必须各自定义,无法相互利用,不能共享,于是造成数据的高度冗余。

④ 没有文件的概念,数据处理采用批处理方式。在这一阶段,由于计算机的存储能力很弱,没有文件的概念,数据的组织完全由程序员自行设计、组织和安排,数据处理采用批处理方式。

在人工管理阶段,应用程序与数据集之间的对应关系如图1-1所示。

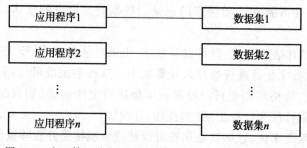

图1-1 人工管理阶段中应用程序与数据集之间的对应关系

2. 文件系统阶段

从 20 世纪 50 年代后期到 20 世纪 60 年代中期,随着计算机技术的发展,在硬件方面,有了磁盘、磁鼓等直接存取的大容量存储设备;在软件方面,产生了操作系统,并且有了专门的数据管理软件,即文件系统。在文件系统中,数据是以文件的形式出现的。也就是说,按一定的规则将数据组织成文件,应用程序通过文件系统对文件中的数据进行存取和加工处理。该阶段主要有以下一些特点。

① 数据可以长期保存、反复使用。由于有大容量存储设备和文件系统的支持,数据可以方便地长期保存在大容量的外部存储设备上,并且可以反复地使用,即同一个(或同一组)数据可以经常被用于查询、修改、插入和删除等。

② 数据具有独立性。由于程序和数据之间有文件系统进行管理,使应用程序与数据之间有了一定的独立性。程序通过文件名的方式访问数据,使程序设计人员在进行数据处理时不必再关心数据的物理存储位置,从而减轻了工作强度,提高了工作效率。

③ 文件组织的多样化。由于有大容量存储设备的支持,文件的组织形式也发生了很大变化。除顺序文件外,还出现了索引文件、链表文件、直接存取文件等多种形式。但是,文件之间相互独立、缺乏联系,数据之间的联系要通过程序去构造。

④ 数据可以实时处理。在文件系统的支持和管理下,数据处理既可以采用批处理方式,也可以采用实时处理方式,并且数据的存取是以记录作为基本单位的。

虽然文件系统阶段与人工管理阶段相比有了很大的进步,但是还存在着独立性差、共享不足、冗余度高等缺陷。

在文件系统阶段,应用程序与数据集之间的对应关系如图 1-2 所示。

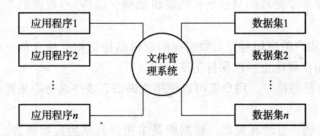

图 1-2 文件系统阶段中应用程序与数据集之间的对应关系

3. 数据库系统管理阶段

从 20 世纪 60 年代后期开始,处理数据的规模日益庞大,应用也越来越广泛,数据量急剧增加,要求数据共享的呼声也越来越高。同时,随着计算机技术的发展,出现了大容量的磁盘,软件的内容和规模也逐渐丰富与完善。在此背景下,人们开始使用数据库与数据库管理系统来管理数据,数据管理技术进入数据库系统管理阶段。数据库系统克服了文件系统的缺陷,为数据的管理提供了更高级、更有效的方式。

与人工管理和文件系统相比,数据库系统有以下几个主要的特点。

① 数据结构化。数据结构不再面向单一的应用程序,而成为面向整个组织的数据结构。例如,以学校管理为例,要想避免数据冗余和数据之间的依赖性,就要求在描述数据时不仅要描述数据本身,还要描述数据之间的联系。图 1-3 给出了学生基本情况、选课情况及成绩等数据记

录之间的关系。

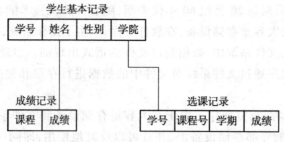

图 1-3 数据之间的关系

② 数据冗余度小，易扩充。数据库系统从整体的角度来看待和描述数据，数据不是专门面向某一个应用，而是面向整个系统。于是，数据就可以实现共享，可以大大减少数据冗余，节约存储空间，缩短存取时间，避免数据之间出现不相容和不一致。

由于数据是面向整个系统且具有结构的，不仅可以被许多应用所共享，而且容易增加新的应用。即当应用需求发生改变或增加时，只要重新选择数据子集或者加上一部分数据，就可以满足更多、更新的要求，从而保证系统具备易扩充性。

③ 数据的独立性高。数据库中的数据与程序之间有很强的独立性（包括数据的物理独立性和逻辑独立性），即在数据库系统中，数据的组织和存储方法与应用程序互不依赖、彼此独立。因此，大大简化了应用程序的编制，减少了应用程序的维护和修改的工作量。

物理独立性是指用户的应用程序与存储在磁盘上的数据库中的数据是相互独立的。也就是说，数据在磁盘上的数据库中如何存储是由 DBMS（数据库管理系统，稍后介绍）来管理的，用户不需要了解，应用程序所要处理的只是数据的逻辑结构。这样，当数据的存储方式发生改变时，应用程序不必改变。

逻辑独立性是指用户的应用程序与数据库的逻辑结构是相互独立的。也就是说，即使数据的逻辑结构改变了，用户程序也可以保持不变。

④ 为用户提供方便的接口。用户既可以使用查询语言或终端命令来操作数据库，也可以使用程序方式来操作数据库。

⑤ 数据由 DBMS 统一管理和控制。数据库是多用户共享的数据资源。为了适应数据共享环境，数据库管理系统提供了多种数据管理与控制功能，如数据库的安全性、完整性、一致性、并发控制功能及数据恢复功能等。

在数据库系统管理阶段，应用程序与数据库之间的对应关系如图 1-4 所示。

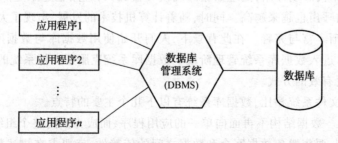

图 1-4 数据库系统管理阶段中应用程序与数据库之间的对应关系

1.2 数据库系统

数据库系统(Database System,DBS)是指带有数据库并利用数据库技术进行数据管理的计算机系统,它可以实现有组织地、动态地存储大量的相关数据,提供数据处理和信息资源共享服务。

1.2.1 数据库系统的组成

一个完整的数据库系统由数据库、数据库管理系统、硬件系统、软件系统和相关人员这 5 个部分组成。

1. 数据库

数据库(Database,DB)是按照特定的组织方式保存在存储介质上的数据的集合,并且可以同时被各种用户所共享。数据库中的数据具有较小的冗余度、较高的数据独立性和可扩展性。数据库不仅包含描述事物数据本身,也包含数据之间的联系。

数据库是数据库系统的构成主体,是数据库系统的管理对象。

2. 数据库管理系统

数据库管理系统(Database Management System,DBMS)是数据库系统的核心,是一种系统软件,负责数据库中数据的组织、操纵、维护、控制、保护和服务等。数据库管理系统是位于用户和操作系统之间的数据管理软件。

3. 硬件系统

硬件环境是数据库系统的物理支撑,包括 CPU、内存、外存储器及输入输出设备等。由于数据库系统承担着数据管理的任务,它要在计算机操作系统的支持下工作,而且本身包含着数据库管理例行程序、应用程序等,因此要求有足够大的内存空间。同时,由于用户的数据库、系统软件和应用软件都要保存在外存储器上,所以对外存储器容量的要求也很高,还要求有较好的通道性能。

4. 软件系统

软件系统包括系统软件和应用软件两大类。系统软件主要包括操作系统、数据库管理系统、开发应用系统的高级语言及其编译系统、应用系统开发工具软件等。系统软件为开发应用系统提供了良好的环境,其中数据库管理系统是连接数据库和用户的纽带,是软件系统的核心。应用软件是指在数据库管理系统的基础上根据实际需要而开发的应用程序。

5. 相关人员

数据库系统的人员是指管理、开发和使用数据库系统的全部人员,主要包括数据库管理员、系统分析员、应用程序员和最终用户。不同的人员涉及不同的数据抽象级别,数据库管理员负责全面地管理和控制数据库系统;系统分析员负责应用系统的需求分析和规范说明,确定系统的软、硬件配置、系统的功能及数据库概念模型的设计;应用程序员负责设计应用系统的程序模块,根据数据库的外模式来编写应用程序;最终用户通过应用系统所提供的用户界面来使用数据库。

1.2.2 数据库管理系统

数据库管理系统,是用于建立、维护和管理数据库的系统软件,它提供安全性和完整性控制机制,具有完备的数据库操作命令。它既可以在交互方式下管理和访问数据,也可以利用开发工具来开发数据库应用程序。常用的数据库管理系统有 Visual FoxPro、Access、SQL Server、Oracle、Sybase 等。

数据库管理系统所管理的对象主要是数据库,其功能包括数据定义功能、数据操纵功能、数据控制功能、数据库维护功能和数据通信功能等。

1. 数据定义功能

通过 DBMS(数据库管理系统)数据定义子语言(Data Definition Language,DDL),可以定义数据库中的数据表、索引等,并设置数据的完整性约束、表间关联等相关信息。

2. 数据操纵功能

通过 DBMS 数据操纵子语言(Data Manipulation Language,DML),可以实现对数据库中的数据进行存取、检索、插入、修改和删除等操作。

3. 数据控制功能

通过 DBMS 数据控制子语言(Data Control Language,DCL),可以实现安全性和完整性控制,实现并发控制和故障恢复。数据库管理例行程序是数据库管理系统的核心部分,它包括并发控制、存取控制、完整性条件检查与执行、数据库内部维护等,数据的所有操作都在这些控制程序的统一管理下进行,以确保数据正确、有效。

4. 数据库维护

数据库维护功能主要包括数据更新和转换(实现与其他软件的数据转换)、数据库转存和恢复、数据库重组、结构维护和性能监视等。

5. 数据通信功能

DBMS 要经常与操作系统进行信息交换,因此必须提供与操作系统的联机处理、分时处理和远程作业传输的接口。

1.2.3　数据库系统结构

数据库是长期存储在计算机内的、有组织的、可以共享的大量数据的集合。数据库中的数据按一定的数据模型组织、描述和存储,具有较小的数据冗余度、较高的数据独立性和可扩展性,并可为各种用户共享。要考察数据库系统的结构,可以有多种不同的层次或不同的角度。

从数据库管理系统的内部来看,数据库系统通常采用三级模式结构;从用户的角度来看,数据库系统的结构可以分为单用户结构、主从式结构、分布式结构、客户－服务器结构、浏览器－应用服务器－数据库服务器多层结构等。

下面重点介绍数据库系统的三级模式结构。

1. 数据库系统模式的概念

在数据模型中有"型"(type)和"值"(value)的概念。型是指对某一类数据的结构和属性的说明,值是型的一个具体赋值。例如,学生记录的型可以定义为(学号,姓名,性别,系别,年龄,籍贯),而该型所对应的具体值可以是(9000201,王明,男,计算机,23,北京)。

模式(schema)是数据库中全体数据的逻辑结构和特征描述,它仅仅涉及型的描述,并不涉及具体的值。模式的一个具体的值称为模式的一个实例(instance)。同一个模式可以有许多实例。模式是相对稳定的,而实例则是相对变动的,因为数据库中的数据是在不断更新的。模式反映的是数据的结构及其联系,而实例反映的则是数据库某一时刻的状态。

2. 数据库系统的三级模式结构

在数据库系统的三级模式结构中,数据库系统由外模式、模式和内模式构成,如图 1-5 所示。

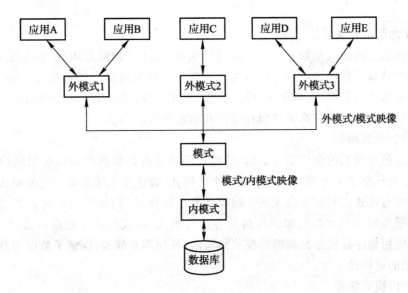

图1-5 数据库系统的三级模式结构

(1) 模式

模式(schema)也称为逻辑模式(logic schema),是数据库中全体数据的逻辑结构和特征的描述,是所有用户的公共数据视图。它是数据库系统模式结构的中间层,既不涉及数据的物理存储细节和硬件环境,也与具体的应用程序、开发工具及程序设计语言无关。

模式实际上是数据库数据在逻辑上的视图。一个数据库只有一个模式。数据库模式以某一种数据模型为基础,统一考虑所有用户的需求,并将这些需求有机地结合成一个逻辑体。定义模式时,不仅要定义数据的逻辑结构,例如数据记录由哪些数据项构成,以及数据项的名称、数据类型、取值范围等,而且要定义数据间的联系,定义与数据有关的安全性、完整性要求。

(2) 外模式

外模式(external schema)也称为用户模式(user schema),它是数据库中局部数据的逻辑结构和特征描述,是数据库用户的数据视图,是与某一应用有关的数据的逻辑表示。外模式通常是模式的子集,一个数据库可以有多个外模式。因为外模式是各个用户的数据视图,所以不同的用户在应用需求、看待数据的方式、对数据保密的要求等方面若存在差异,则会产生不同的外模式描述形式。

外模式是保证数据库安全性的一项有力措施。每个用户只能访问对应的外模式中的数据。

（3）内模式

内模式（internal schema）也称为存储模式（storage schema）。一个数据库只有一个内模式，它是关于数据物理结构和存储方式的描述。例如，记录的存储方式究竟是堆存储，还是按照某个（些）属性值的升（降）序存储，还是按照属性值聚簇存储；数据是否压缩存储、是否加密；对于数据的存储记录结构有何规定，如定长结构或变长结构、一个记录不能跨物理页存储等。

3. 数据库的两级映像功能

数据库系统的三级模式是数据的 3 个级别的抽象，使用户能够逻辑地、抽象地处理数据，而不必关心数据在计算机中的表示和存储。为了实现 3 个抽象层次间的连续和转换，数据库系统在 3 个模式间提供了两级映像：外模式/模式映像、模式/内模式映像。正是这两级映像保证了数据库系统中的数据能够具有较高的逻辑独立性和物理独立性。

（1）外模式/模式映像

模式所描述的是数据的全局逻辑结构，外模式所描述的是数据的局部逻辑结构。对应于同一个模式，可以有任意多个外模式。对于每一个外模式，数据库系统都有一个外模式/模式映像，它定义了外模式与模式之间的对应关系。当模式发生改变时（例如增加新的关系、新的属性、改变属性值的数据类型等），由数据库管理员对各个外模式/模式映像作相应的改变，可以使外模式保持不变。应用程序是依据数据的外模式编写的，从而不必修改，保证了数据与程序的逻辑独立性，简称数据的逻辑独立性。

（2）模式/内模式映像

数据库中只有一个模式，也只有一个内模式，所以模式/内模式映像是唯一的，它定义了数据的全局逻辑结构与存储结构之间的对应关系。当数据库的存储结构发生改变（例如选用另一种存储结构）时，由数据库管理员对模式/内模式映像作相应的改变，可以使模式保持不变，从而应用程序也不必改变，保证了数据与程序的物理独立性，简称数据的物理独立性。

1.3 数据库基础理论

1.3.1 数据描述

数据描述就是以数据符号的形式，从满足用户需求的角度出发，对客观事物的属性和运动状态进行描述。数据描述既要符合客观事实，又要适应数据库的原理与结构，同时还要适应计算机的原理与结构。也就是说，由于计算机不能直接处理现实世界中的具体事物，所以人们必须对客观存在的具体事物进行有效的描述与刻画，最终转换成计算机能够处理的数据。在这个转换过程中，将涉及现实世界、信息世界和计算机世界这 3 个范畴。

从现实世界到计算机世界进行描述，数据的转换过程如图 1-6 所示。

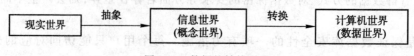

图 1-6 数据的转换过程

① 现实世界。即存在于人们头脑之外的客观世界。

② 信息世界。还可以称为概念世界,是现实世界在人们头脑中的反映,是对客观事物及其联系的一种抽象描述。信息世界不是对现实世界的简单记录,而是要通过选择、分类、命名等抽象的过程来产生概念模型。信息世界只考虑数据本身的结构与相互之间的自然联系,与计算机的具体实现无关。

③ 计算机世界。还可以称为机器世界、数据世界或存储世界,是将信息世界中的事物进行数据化的结果。也就是说,计算机世界的数据模型将信息世界的概念模型进一步抽象,形成便于计算机处理的数据表现形式。

1.3.2 概念模型

概念模型用于信息世界的建模,它是从现实世界到计算机世界的第一层抽象,是数据库设计的有力工具,也是数据库开发人员与用户之间进行交流的语言。因此,概念模型要有较强的表达能力,应该简单、清晰、易于理解。目前最常用的是实体－联系模型。

E－R 图(Entity－Relationship diagram,实体－联系图)提供了表示实体型、属性和联系的方法,用来描述信息世界的概念模型。

1. 实体型

具有相同属性的实体具有相同的特征和性质,用实体名及其属性名的集合来抽象和刻画同类实体。在 E－R 图中,用矩形表示实体,矩形框内写明实体名。

2. 属性

属性是实体所具有的某一特性,一个实体可以由若干个属性来刻画。在 E－R 图中,用椭圆形表示属性,并用无向边将其与相应的实体连接起来,比如学生的姓名、学号、性别都是属性。

3. 联系

在信息世界中,联系用来反映实体内部或实体之间的关系。实体内部的联系通常是指组成实体的各个属性之间的联系,实体之间的联系通常是指不同实体集之间的联系。在 E－R 图中,用菱形表示联系,菱形框内写明联系名,并用无向边将其分别与有关实体连接起来,同时在无向边上标注联系的类型($1:1$、$1:n$ 或 $m:n$)。比如,教师给学生授课存在授课关系,学生选课则存在选课关系。

4. 实体之间的联系

实体之间的联系有一对一联系、一对多联系和多对多联系这 3 种。

(1) 一对一联系

对于实体集 A 中的每一个实体,实体集 B 中至多有一个实体与之联系,反之亦然。例如,在学校里,每个班有一个同学当班长,而这位同学只能在一个班当班长,班级和班长之间就存在一对一联系,记为 $1:1$。

(2) 一对多联系

如果对于实体集 A 中的每一个实体,实体集 B 中有多个实体与之联系,反之,对于实体集 B 中的每一个实体,实体集 A 中至多只有一个实体与之联系,则称实体集 A 与实体集 B 存在一对多联系,记为 $1:n$。例如,每个班有 n 个学生,而每个学生只属于一个班。

（3）多对多联系

如果对于实体集 A 中的每一个实体，实体集 B 中有多个实体与之联系，反之，对于实体集 B 中的每一个实体，实体集 A 中同样有多个实体与之联系，则称实体集 A 与实体集 B 存在多对多联系，记为 $m:n$。例如，一个教师可以讲授多门课程，一门课程可以被多个教师讲授。

图 1-7 表示两个实体之间的这 3 类联系。

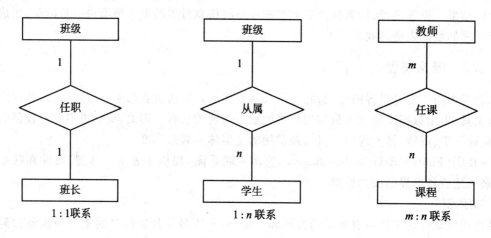

图 1-7　两个实体之间的 3 类联系

5. 一个实例

下面用 E－R 图来表示某个工厂的物资管理的概念模型。

物资管理所设计的实体如下。

① 仓库：包含的属性有仓库号、面积、电话号码。

② 零件：包含的属性有零件号、名称、单价、规格、描述。

③ 供应商：包含的属性有供应商号、姓名、地址、电话号码、账号。

④ 项目：包含的属性有项目号、预算、开工日期。

⑤ 职工：包含的属性有职工号、姓名、年龄、职称。

这些实体之间的关系如下。

① 一个仓库可以存放多种零件，一种零件可以存放在多个仓库，因此仓库和零件具有多对多联系。用库存量来表示某种零件在某个仓库中的数量。

② 一个仓库有多个职工当仓库员，一个职工只能在一个仓库工作，因此仓库和职工具有一对多联系。

③ 职工之间具有领导——被领导的关系，即仓库主任领导若干保管员，因此职工实体型中具有一对多联系。

④ 供应商、项目和零件三者之间具有多对多联系。即一个供应商可以供给若干个项目多种零件，每个项目可以使用不同供应商所供应的零件，每种零件可由不同的供应商供给。

图 1-8 所示为该工厂的物资管理 E－R 图。

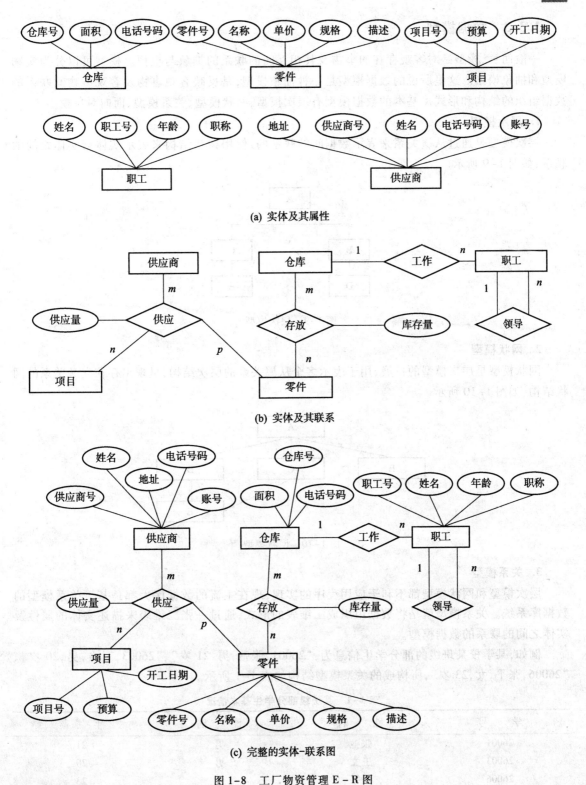

(a) 实体及其属性

(b) 实体及其联系

(c) 完整的实体-联系图

图 1-8　工厂物资管理 E-R 图

1.3.3 数据模型

一般而言,模型是对客观存在的事物及其相互间的联系的抽象与模拟。模型可以分为实物模型和抽象模型。这里所说的数据模型是一种抽象模型,是反映客观事物及客观事物间联系的数据组织的结构和形式。基本的数据模型有层次模型、网状模型、关系模型、面向对象模型等。

1. 层次模型

层次模型是通过从属关系来表示数据间的联系的,使用树状结构来表示实体与实体之间的联系,如图 1-9 所示。

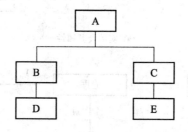

图 1-9 层次模型

2. 网状模型

网状模型是层次模型的扩展,用于表示多个从属关系的层次结构,呈现出存在交叉关系的网状结构,如图 1-10 所示。

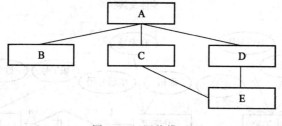

图 1-10 网状模型

3. 关系模型

层次模型和网状模型都不利于应用程序的实现,现在主流的数据库大都是基于关系模型的数据库系统。关系模型就是将数据组织成二维表的形式,通过一张二维表来描述实体的属性及实体之间的联系的数据模型。

例如,某学校某班级的部分学生信息为:"26001,张弛,男,21 岁"、"26003,王文,男,20 岁"、"26006,张平,女,23 岁",所构成的关系模型结构如表 1-1 所示。

表 1-1 某班级部分学生基本情况

学　号	姓　名	性　别	年　龄
26001	张弛	男	21
26003	王文	男	20
26006	张平	女	23

4. 面向对象模型

面向对象模型是面向对象的概念与数据库技术相结合的产物,用以支持非传统应用领域对数据模型提出的新要求。面向对象模型的最基本的概念是对象和类。

在面向对象模型中,对象是指客观事物,对对象的描述具有整体性和完整性。对象不仅包含描述它的数据,而且包含对它进行操作的方法。对象的外部特征与行为是封装在一起的。其中,对象的状态是该对象的属性集,对象的行为是在对象状态上操作的方法集。共享同一属性集和方法集的所有对象构成类。此外,在面向对象模型中还涉及事件。所谓事件就是每一个对象可以识别和响应的某些操作行为。例如,单击按钮就是一个事件。每个对象都有自己的属性和方法,但是所有的对象都具有共性,即对象通过事件接收消息,而且知道做什么以及用什么方法去做。

数据库的性质是由数据模型决定的。也就是说,在数据库中,如果数据的组织结构支持层次模型的特性,则该数据库为层次数据库;如果数据的组织结构支持网状模型的特性,则该数据库为网状数据库;如果数据的组织结构支持关系模型的特性,则该数据库为关系数据库;如果数据的组织结构支持面向对象模型的特性,则该数据库为面向对象数据库。

1.3.4 关系数据库

Access 数据库管理系统是支持关系模型特性的,因此由 Access 创建的数据库为关系数据库。1970 年,"关系数据库之父"埃德加·弗兰克·科德发表了题为《大型共享数据库的关系模型》的论文,文中首次提出了数据库的关系模型。自 20 世纪 80 年代以来,计算机厂商推出的数据库管理系统几乎都支持关系模型,当前数据库领域的研究工作大都以关系模型为基础。

关系数据库是若干以关系模式为依据而定义的数据表的集合,一个关系模式可以视为一张二维表,也称为数据表。这个表包含数据与数据之间的联系。数据表由若干条记录组成,而每一条记录又由若干字段值构成。

1. 关系数据库中的基本概念

① 关系。用二维表的形式表示实体集的数据结构模型。

② 元组。元组也称为记录,在一个关系中,每一行称为一个元组。若干个平行的、相对独立的元组构成关系。

③ 属性。属性也称为字段,在一个关系中,每一列称为一个属性。每个属性由相同类型的数据构成。每个元组包含若干属性,每个属性的取值称为属性值。

④ 关系模式。描述关系结构的关系名和属性名的集合称为关系模式。关系模式所对应的是概念模型中的实体型。

关系模型与关系数据库术语的对照如表 1-2 所示。

表 1-2 关系模型与关系数据库术语的对照

关系模型	关系数据库
关系	表
元组	记录
属性	字段
分量	数据项

2. 关系数据库中的基本运算

关系代数的运算对象是关系,运算结果亦为关系。关系的运算主要分为传统的集合运算和专门的关系运算两大类。传统的集合运算包括并、交、差、广义笛卡儿积这4种;专门的关系运算包括选择、投影、连接(又称联结)等。其中,选择就是从关系中挑选出满足指定条件的元组构成新的关系,投影就是从关系中选择出若干属性列以构成新的关系,连接就是从两个关系中抽取满足一定条件的属性构成新的关系。

(1) 传统的集合运算

假设关系 R 和关系 S 具有相同的 n 个属性,且相同的属性取自同一个域。例如,有如表 1-3 所示的"职工表 A"和如表 1-4 所示的"职工表 B",它们都有相同的 3 个字段,下面以这两个关系为例来说明传统的关系运算。

表 1-3　职工表 A

职工号	姓名	性别
1001	王伟	男
1003	张利	女
1004	李大军	男

表 1-4　职工表 B

职工号	姓名	性别
1003	张利	女
1001	王伟	男
1008	张利	男

① 并

关系 R 和关系 S 的并由属于关系 R 和属于关系 S 的所有元组组成,完全相同的元组只保留一个,其结果仍然有 n 个属性,记为 $R \cup S$。表 1-5 所示为"职工表 A"和"职工表 B"进行并运算的结果。

表 1-5　职工表 A∪职工表 B

职工号	姓名	性别
1001	王伟	男
1003	张利	女
1004	李大军	男
1008	张利	男

② 交

关系 R 和关系 S 的交由既属于关系 R 又属于关系 S 的元组组成,其结果仍然有 n 个属性,记为 $R \cap S$。表 1-6 所示为"职工表 A"和"职工表 B"进行交运算的结果。

表 1-6　职工表 A∩职工表 B

职工号	姓名	性别
1001	王伟	男
1003	张利	女

③ 差

关系 R 和关系 S 的差由只属于关系 R 而不属于关系 S 的元组组成,其结果仍然有 n 个属性,记为 $R-S$。表 1-7 所示为"职工表 A"和"职工表 B"进行差运算的结果。

表 1-7　职工表 A－职工表 B

职工号	姓名	性别
1004	李大军	男

④ 广义笛卡儿积

关系 R 有 m 个属性、i 个元组,关系 S 有 n 个属性 j 个元组,则关系 R 和关系 S 的广义笛卡儿积由 $m+n$ 个属性组成,其中前 m 个属性是关系 R 的属性,后 n 个属性是关系 S 的属性,由 $i \times j$ 个元组组成,记为 $R \times S$。表 1-9 所示为"职工表 A"和"工作表 C"(如表 1-8 所示)的广义笛卡儿积。

表 1-8　工作表 C

工序号	操作
01	搬运
02	保管

表 1-9　职工表 A × 工作表 C

职工号	姓名	性别	工序号	操作
1001	王伟	男	01	搬运
1003	张利	女	01	搬运
1004	李大军	男	01	搬运
1001	王伟	男	02	保管
1003	张利	女	02	保管
1004	李大军	男	02	保管

(2)专门的关系运算

① 选择

选择是指从一个关系中找出满足给定条件的元组。经过选择运算可以构成一个新的关系,其中的元组是原关系的一个子集。例如,从"职工表 A"中选择"性别"为"男"的所有职工,其结果如表 1-10 所示。

表 1-10　男职工表

职工号	姓名	性别
1001	王伟	男
1004	李大军	男

表 1-11　职工姓名表

职工号	姓名
1003	张利
1001	王伟
1008	张利

② 投影

投影是指从一个指定的关系中将若干个属性提取出来构成一个新的关系,其元组数量与原关系中的元组数量相同。例如,从"职工表 B"中提取"职工号"和"姓名"构成新的"职工姓名表",其结果如表 1-11 所示。

③ 连接

连接是指从两个或多个有联系的关系中选取满足连接条件的元组构成新的关系。连接包括内连接、自然连接、左外连接、右外连接、全外连接等。例如,从"职工表 A"和"部门表 D"(如表 1-12 所示)中找出"销售"部门职工的相关信息,其结果如表 1-13 所示。

表 1-12 部门表 D	
职工号	部门
1001	销售
1003	仓储
1004	销售
1008	研发

表 1-13 销售部门职工表			
职工号	姓名	性别	部门
1001	王伟	男	销售
1004	李大军	男	销售

1.4 数据库技术的发展与应用

1.4.1 数据库技术与其他技术的结合

数据库的应用领域非常广泛,无论家庭、公司或大型企业,还是政府部门,都需要使用数据库来存储数据。传统数据库中的很大一部分用于商务领域,如证券行业、金融机构、销售部门、医院、公司或企业以及国家政府部门、国防军工领域、科技发展领域等。随着信息时代的不断发展,数据库也相应地产生了一些新的应用领域。

数据库技术与其他领域中的先进技术相结合,是新一代数据库技术的一个显著特征。在结合过程中涌现出各种新型的数据库,如下所示。

① 数据库技术与分布式处理技术相结合,出现了分布式数据库。
② 数据库技术与并行处理技术相结合,出现了并行数据库。
③ 数据库技术与人工智能相结合,出现了演绎数据库、知识数据库和主动数据库。
④ 数据库技术与多媒体技术相结合,出现了多媒体数据库。
⑤ 数据库技术与模糊技术相结合,出现了模糊数据库。

1.4.2 数据仓库

数据仓库(Data Warehouse,DW)概念的创始人 W. H. Inmon 对数据仓库作出如下定义:数据仓库是面向主题的、集成的、稳定的、随时间变化的数据的集合,用以支持经营管理活动中的决策制定过程。其主要特征如下。

1. 数据仓库是面向主题的

这一特征是与传统数据库面向应用相对应的。主题是指在较高的层次将数据加以归类的一种标准,每一个主题基本上对应一个宏观的分析领域。比如,一个保险公司的数据仓库所组织的主题有可能是客户、政策、保险金、索赔。而按照应用来组织则有可能是汽车保险、人寿保险、健康保险、伤亡保险。由此可以看出,基于主题所组织的数据被划分成相互独立的领域,各个领域都有自己的逻辑内涵而互不交叉。而基于应用领域的数据组织则完全不同,其数据只是为了处理具体应用而组织在一起的。"应用"是客观世界既定的,它对于数据内容所作的划分未必适合分析之需。"主题"在数据仓库中是由一系列表来实现的,也就是说,依然是基于关系数据库的。虽然现在许多人认为多维数据库更适合建立数据仓库,它以多维数组的形式存储数据,但是事实上,大多数多维数据库在数据存储量超过 10 GB 时运行效率欠佳。在一个主题之下,表的划分既可能是由于对数据的综合程度不同,也可能是由于数据所属时间段的不同而进行的。但是无论如何,基于一个主题的所有表都含有一个公共键的属性作为其主键的一部分。公共键将各个表统一联系起来。同时,由于数据仓库中的数据都是同某一时刻联系在一起的,所以每个表除了其公共键之外,还必然包括时间成分作为其码键的一部分。

2. 数据仓库是集成的

如前所述,操作型数据与适合决策支持系统分析的数据之间的差别甚大,因此数据在进入数据仓库之前,必然要经过加工与集成。这一步骤实际上是数据仓库建设中最关键、最复杂的一步。要解决原始数据中的所有矛盾,如字段的同名异义、异名同义、单位不统一、字长不一致等,并且对原始数据结构作一个从面向应用到面向主题的重大转变。

3. 数据仓库是稳定的

数据仓库所反映的是历史数据的内容,而非联机处理数据,因而数据经过集成进入数据仓库之后是极少或根本无需更新的。

4. 数据仓库是随时间变化的

这一特征表现在以下几个方面:首先,数据仓库内的数据时限要远远长于操作环境的数据时限,前者通常在 5～10 年,而后者却通常只有 60～90 天。数据仓库保存数据的时限较长是为了适应决策支持系统进行趋势分析的要求;其次,操作环境中包含当前数据,即在存取操作的瞬间是正确、有效的数据,而数据仓库中的数据都是历史数据;最后,数据仓库中数据的码键都包含时间项,从而表明数据所处的历史时期。

1.4.3 OLTP 与 OLAP

1. OLTP

联机事务处理(On-Line Transaction Processing,OLTP)系统也称为面向交易的处理系统,其基本特征是原始数据可以立即传送到计算中心进行处理,并在很短的时间内给出处理结果。这样做的最大优点是可以及时处理输入数据,并及时地作出回答。联机事务处理系统也称为实时系统(real-time system)。衡量联机事务处理系统的一个重要性能指标是系统性能,具体体现为实时响应时间(response time),即从用户在终端上输入数据之后,到计算机对这个请求给出答复所需要的时间。OLTP 数据库旨在使事务应用程序仅写入所需要的数据,以便尽快处理单个事务。

2. OLAP

联机分析处理(On-Line Analytical Processing,OLAP)是共享多维信息的、针对特定问题的联机数据访问和分析的快速软件技术。它通过对信息的多种可能的观察来进行快速、稳定一致和交互性的存取,允许决策人员对数据进行深入观察。决策数据是多维数据,多维数据就是决策的主要内容。OLAP 专门设计用于支持复杂的分析操作,侧重于对决策人员和高层管理人员的决策支持,可以根据分析人员的要求快速、灵活地进行大数据量的复杂查询处理,并且以一种直观、易懂的形式将查询结果提供给决策人员。

1.4.4 数据挖掘

数据挖掘(Data Mining,DM),在人工智能领域习惯上称为数据库中的知识发现(Knowledge Discovery in Database,KDD),也有人把数据挖掘视为数据库中知识发现过程的一个基本步骤。

知识发现过程由3个阶段组成:数据准备,数据挖掘,结果表达和解释。数据挖掘可以与用户或知识库进行交互。

数据挖掘是从大量数据中发现并提取隐藏在内的、人们事先不知道的但又有用的信息和知识的一种新技术。数据挖掘的目的是帮助决策者寻找数据间潜在的关联,发现被经营者忽略的要素,而这些要素对于预测趋势、决策行为也许是十分有用的信息。数据挖掘技术涉及数据库技术、人工智能技术、机器学习、统计分析等多种技术,它使决策支持系统(Decision Support System, DSS)跨入了一个新的阶段。

传统的决策支持系统通常是在某个假设的前提下通过数据查询和分析来验证或否定这个假设。数据挖掘与传统的数据分析(如查询、报表、联机应用分析)的本质区别是,数据挖掘在没有明确假设的前提下去挖掘信息、发现知识。

数据挖掘技术基于大量的来自实际应用的数据,进行自动分析、归纳推理,从中发掘出数据间潜在的模式,或产生联想、建立新的业务模型,以帮助决策者调用企业发展策略,进行正确的决策。数据挖掘所得到的信息应该具有事先未知、有效和实用这3个特征。

数据挖掘的数据主要有两个来源,既可以是从数据仓库中来的,也可以是直接从数据库中来的。这些实际的应用数据往往是不完全的、有噪声的、模糊的、随机的,因此要根据不同的需求在挖掘之前进行预处理。数据挖掘的功能如下。

① 概念描述。这是指归纳总结出数据的某些特征。

② 关联分析。若两个或多个变量的取值之间存在某种规律,就称为关联,包括相关关联和因果关联。关联规则不仅可能是单维关联,也可能是多维关联。

③ 分类和预测。找到一定的函数或者模型来描述和区分数据类之间的区别,用这些函数和模型对未来进行预测。这些数据类是事先已知的。

④ 聚类。将数据分为多个类,使得类内部的数据之间的差异达到最小,而类之间的数据的差异达到最大。与分类不同的是,聚类之前并不知道类的数目。

⑤ 孤立点的检测。孤立点是指数据中的整体表现行为不一致的那些数据。虽然这些数据是一些特例,但在错误检查和特例分析中往往是很有用的。

⑥ 趋势和演变分析。描述其行为随着时间变化的那些对象所遵循的规律或趋势。

▢ 本章小结

本章概述数据库的基本概念,并通过对数据管理的进展情况的介绍,阐述了数据库技术的产生、发展和应用。

对于数据库系统的组成,要了解数据库系统不仅是一个计算机系统,而且是一个人机系统,人的作用特别是数据库管理员的作用尤为重要。

数据库系统的三级模式和两层映像的系统结构保证了数据库系统能够具有较高的逻辑独立性和物理独立性。

数据模型是数据库理论的核心和基础。本章介绍了组成数据模型的3个要素、概念模型和3种主要的数据库模型。

最后,介绍了数据库新技术及其应用。

□ 习题

1. 试述数据、数据库、数据库管理系统、数据库系统的概念。
2. 试述文件系统与数据库系统的区别和联系。
3. 数据库管理系统的主要功能有哪些？
4. 试述层次模型、网状模型的优、缺点。
5. 试述关系数据库系统的特点。
6. 试述数据库系统的三级模式结构。这种结构的优点是什么？
7. 试述数据库系统的组成。
8. 系统分析员、数据库设计人员、应用程序员的职责各是什么？

Access 数据库与表操作

第2章

目前,数据库管理系统的种类有很多,如 Oracle、Sybase、DB2、SQL Server、Visual FoxPro、Access 等,虽然这些产品的功能不完全相同,操作上的差别也比较大,但它们都是以关系模型作为基础,都属于关系型数据库管理系统。其中,Access 2003 是 Microsoft Office 2003 系列应用软件的一个重要组成部分,是目前最普及的关系型数据库管理软件之一。长久以来,Access 提供的功能与特色与日俱增,Access 2003 更是改善了 Internet 上电子数据交换的整合能力,并且提供了更强的错误检查、控件排序、自动校正、备份/压缩数据库与导入/导出等功能,在整体上提高了 Access 的管理性能,同时更易于与 Office 家族的其他成员进行整合。

本章将在对 Access 数据库管理系统进行简单介绍的基础上,着重讲解 Access 中数据库的相关知识和基本操作,特别是其中表对象的相关知识和基本操作。这是因为表是整个数据库系统的基础,也是数据库中其他对象的操作依据。

2.1 Access 简介

2.1.1 数据库系统实例——金鑫超市管理系统

进行数据库应用系统开发是使用 Access 数据库管理系统软件的最终目的。从本章起,将以开发一个功能相对简单的超市管理系统作为出发点,通过讲解和运用 Access 数据库管理系统软件的操作知识和设计技巧,具体实施一个小型数据库应用系统开发的全过程。选择该实例的原则是要求通用性强、易于理解、务实,而且 Access 提供的基本功能都可以得到很好的体现,这样就不需要花费大量的时间进行业务流程的讲解,从而将教学的注意力集中到数据库的基本概念、方法和常用技术等内容上。

我们所介绍的金鑫超市管理系统,是为某超市业务主管设计的超市业务管理数据库应用系统。金鑫超市是一家中小规模的超级市场,主要经营碳酸饮料、牛奶制品、果汁茶点、烟酒、卤制食品以及卫生、化妆用品和日用品等数十类上百种产品,现有员工 15 名,主要的业务管理工作如下。

　① 进货管理:商品进货、商品入账、订单管理等。

　② 销售管理:商品销售、商品查询、销售排行榜、票据打印等。

　③ 仓库管理:库存查询、商品调价、出入库管理等。

　④ 基本资料:商品信息、员工信息、供应商信息、运货商信息等。

　其中,单就商品信息而言,就包括商品编号、商品名称、进货价、零售价以及商品的规格型号、类别、计量单位,甚至该商品是否畅销、是否有库存、该商品的供应商、运货商等信息。又比如说销售排行榜,如果要将上百种商品按照当月的销售量从高到低排序的话,至少需要花费两个小时;如果再按照销售额排序、按照销售利润排序,或者要求每星期统计一次,甚至每日统计一次,可想而知,随着销售商品种类和销售量的增加,管理工作将变得越来越繁杂,传统的手工管理不仅弊端日益显露,甚至可以说是根本无法胜任的。

　因此,完全有必要引入数据库管理系统,利用计算机的超强存储能力和计算能力帮助解决这些现实问题。在不断地学习和使用过程中,用户将会发现,原来需要翻阅许多本资料袋才能找全的信息,现在只需要轻点一下鼠标就可以完成了;原来需要几天时间才能完成的统计工作,现在只需要几秒钟。

　下面,就从 Access 开发工具入手,逐步进入一个数据库应用系统开发的实践过程。

2.1.2　Access 简介

1. Access 的主要特点

　Access 作为微软公司的旗舰产品 Office 办公集成软件的组件之一,是目前最为流行的桌面数据库管理系统。由于它与 Office 高度集成,为广大用户提供了友好的交互式界面和方便、快捷的运行环境,特别是 Access 2003 对以前的版本作了许多改进,其通用性和实用性大大增强。与其他关系型数据库管理系统相比,Access 2003 具有以下一些特点。

　① 具有 Office 系统的共同优点,如友好的用户界面、方便的向导及完备的帮助和提示等。

　② 作为一个小型数据库管理系统,Access 还提供了许多功能强大的数据库管理工具,如可以制作各种不同风格报表的报表设计器、切换面板管理器等。

　③ Access 还提供了程序设计开发语言 VBA,即 Visual Basic for Applications,使用它可以更加灵活、方便地开发应用程序。

　④ Access 还提供了与其他数据库系统的接口,它可以直接识别由 FoxBase、FoxPro 等数据库系统所创建的数据库文件,也可以同 Excel 电子表格交换数据。

　⑤ 每个 Access 数据库文件都包含该数据库中的所有数据表以及基于数据表建立的查询、窗体和报表等其他数据对象,对数据的管理和存取也是通过这些对象来完成的。

2. Access 的启动和退出

　Access 作为 Office 组件之一,在安装 Office 时只需选择安装 Access 选项就会和 Office 中的其他的组件一起安装到 Windows 系统中。

　(1) 启动 Access

　常用的启动 Access 的方法有以下几种。

　① 利用桌面上的 Access 快捷方式:用户可以将鼠标指针指向桌面上的 Access 快捷方式图

标,双击它即可完成 Access 的启动。

② 利用菜单:单击任务栏中的【开始】→【所有程序】→【Microsoft Office 2003】→【Access 2003】,即可完成 Access 的启动。

③ 双击任何一个扩展名为".mdb"的 Access 数据库文件,系统将启动 Access 并打开所选择的数据库文件。

④ 利用"运行"对话框:单击任务栏中的【开始】→【运行】,在弹出的"运行"对话框中输入"msaccess"命令。

当 Access 启动成功后,将出现如图 2-1 所示的 Access 窗口。它主要由标题栏、菜单栏、工具栏、工作区、任务窗格和状态栏组成。其中,工作区位于 Access 窗口的左下方,即工具栏与状态栏之间的区域,用来显示与系统运行有关的内容,Access 对数据库对象的操作基本上都是在工作区中完成的。除工作区外,其他部分的使用方法与 Office 其他组件的使用方法一致,在此不再细述。

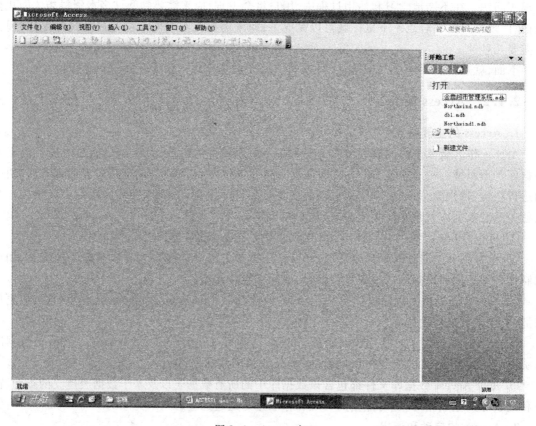

图 2-1　Access 窗口

(2) 退出 Access

常用的退出 Access 的方法有以下几种。

① 单击 Access 窗口右上角的"关闭"按钮。

② 选择【文件】→【退出】命令。

③ 双击 Access 窗口左上角的控制菜单,或单击控制菜单中的【关闭】命令。

④ 按快捷键 Alt + F4。

2.2 创建与使用 Access 数据库

数据库是用户存储信息的仓库,数据库用户要明确创建数据库的目的以及对数据库需要进行的操作。开发数据库应用系统的第一步是创建数据库对象,操作结果是在外部存储器(如磁盘、光盘等)上生成一个扩展名为“.mdb”的数据库文件。其次是在数据库对象中创建数据表对象,一个数据库对象可以包含多个数据表对象。表是 Access 的基础,其他对象如查询、窗体等都是在表对象的基础上建立的。只有表建立好之后,才可以创建其他对象,最终形成完善的数据库应用系统。

2.2.1 创建数据库

Access 提供两种创建新数据库的方法。一是使用数据库向导来完成创建任务,用户只要做一些简单的选择操作,就可以建立相应的表、窗体、查询、报表等对象,从而建立一个完整的数据库;二是先创建一个空数据库,然后再添加表、查询、报表、窗体及其他对象。无论采用哪一种方法,在数据库创建好之后,都可以在任何时候修改或扩展数据库。

1. 利用向导创建数据库

数据库向导提供了一些常用数据库的模板,使用这些模板可以快速地创建数据库。Access 的数据库模板是一个包含表、查询、窗体和报表等的“.mdz”文件,但是表中不含有任何数据,因此利用向导所创建的数据库,其中的表也不含有任何数据。

数据库向导为用户提供了有限的选项来自定义数据库,是创建数据库最简单的方法。具体操作为:使用【文件】→【新建】命令,或单击工具栏上的“新建”按钮;在出现的“新建文件”任务窗格中单击“模板”下的“本机上的模板”超链接按钮,将弹出“模板”对话框;在其中的“数据库”选项卡上,单击要创建的数据库类型的图标,然后单击“确定”按钮;在“文件新建数据库”对话框中,指定数据库的名称和位置,然后单击“创建”按钮启动所选择的数据库向导;按照向导的提示进行相应的选择操作即可。

2. 创建空数据库

利用向导创建的数据库往往不能满足用户的特定要求,所以经常是先创建一个空数据库,然后再添加所需要的表、窗体、报表及其他对象,这是最灵活的创建数据库的方法,但是需要分别定义每一个数据库元素。下面以创建“金鑫超市管理系统”数据库为例,说明最基本的新建一个空数据库的方法。

创建空数据库的方法为:使用【文件】→【新建】命令,或单击工具栏上的“新建”按钮;在出现的“新建文件”任务窗格中单击“新建”下的“空数据库”超链接按钮,将弹出“文件新建数据库”对话框;输入“金鑫超市管理系统”作为文件名,文件类型选择为“.mdb”(这也是默认的 Access 数据库文件类型),保存位置为 C 盘根目录,最后单击“创建”按钮即可打开如图 2-2 所示的“数据库”窗口。这样就创建了一个名为“金鑫超市管理系统.mdb”的数据库文件。

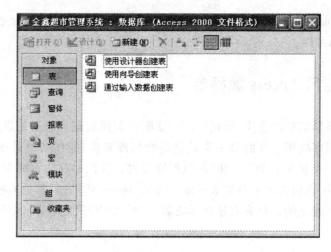

图 2-2 "数据库"窗口

注意,此时在"金鑫超市管理系统.mdb"的数据库文件中没有任何数据库对象,更不存在任何数据,它完全是一个空的数据库。

2.2.2 打开与关闭数据库

如前所述,数据库建立好之后,是以文件的形式存放在外部存储介质(如常用的磁盘)上的。若要对其进行数据输入、编辑、修改及打印输出等操作,必须先将数据库打开,各种操作完成之后还应该关闭数据库。

1. 打开数据库

打开数据库的基本方法为:选择【文件】→【打开】命令,或单击"常用"工具栏中的"打开"按钮，将弹出如图 2-3 所示的"打开"对话框。在"打开"对话框中,"查找范围"下拉列表框用于显示欲打开文档所在的文件夹,用户可以通过右侧的下拉列表框按钮来作出选择,如选择"C 盘根目录"。

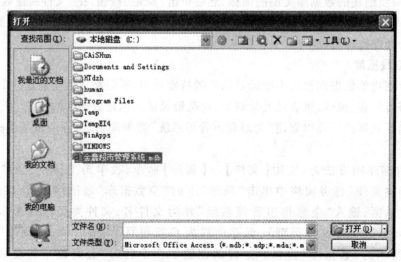

图 2-3 "打开"对话框

注意,在"打开"对话框中,"工具"按钮左侧的 为"视图"按钮,用于确定"打开"对话框中文件的列表方式,如"缩略图"方式、"详细信息"方式、"属性"方式等,图 2-3 中选择的是"列表"方式。

关于打开数据库的几点说明如下。

① 如果要在多用户环境下以共享方式打开数据库,以便对数据库进行读、写操作,可以单击"打开"按钮。使用共享方式打开数据库时,允许网络上的其他用户同时打开并修改同一数据库。

② 对于希望以独占方式打开的数据库,单击"打开"按钮旁边的箭头并选择"以独占方式打开"即可。使用独占方式打开数据库时,其他用户就不能再打开该数据库,这样可以有效地保护自己对网络上的共享数据库所作的修改。

③ 如果要以只读方式打开数据库,以便可以对其查看而不能对其进行编辑和修改,单击"打开"按钮旁边的箭头并选择"以只读方式打开"即可。以只读方式打开数据库时,只能对数据库中的对象进行浏览,不能对这些对象进行修改,可以防止误操作。

④ 如果要以独占只读方式打开数据库,可单击"打开"按钮旁边的箭头并选择"以独占只读方式打开"即可。该方式同时具有独占和只读的特点。

⑤ 如果在"打开"对话框中没有发现所需要的数据库,可以利用【工具】→【查找】命令对其进行查找,此时将弹出"文件搜索"对话框。在该对话框中,可以根据数据库的不同属性(如文件类型、上次保存时间、上次打印时间、批注等),按不同的条件进行快速查找。

⑥ 为方便用户对最近使用过的数据库再次进行操作,Access 系统记录了它最近使用的多个数据库。此时,用户可以从【文件】菜单底部的列表中选择所需要的数据库并将其打开(通过单击鼠标的方式);如果在【文件】菜单底部没有列出文件名,可以使用【工具】→【选项】命令,在弹出的"选项"对话框中单击"常规"标签,选中"最近使用的文件列表"复选框,并在右边的文本框中输入所需要的数字,用以表示在【文件】菜单底部将要显示的文件数目。

2. 关闭数据库

如果仅关闭数据库文件,不退出 Access,可以按照以下操作之一进行。

① 选择【文件】→【关闭】命令。

② 单击如图 2-2 所示"数据库"窗口的"关闭"按钮。

③ 单击如图 2-2 所示"数据库"窗口左上角的控制菜单,选择其中的【关闭】命令。

④ 双击如图 2-2 所示"数据库"窗口左上角的控制菜单。

如果要在关闭数据库文件的同时退出 Access,可以按照退出 Access 的方法操作(参见 2.1.2 小节)。

2.2.3 Access 数据库对象

作为一个数据库管理系统,Access 将数据库定义成一个". mdb"文件,其中包括表、查询、窗体、报表、页、宏和模块这 7 种数据库对象,每一种数据库对象都可以完成不同的数据库功能。Access 数据库就是通过各种数据库对象来管理信息的。

1. Access 中的 7 种数据库对象

(1) 表

表(table)又称为数据表,是用来存储数据的数据库对象,是数据库中最基本的对象,是创建其他对象的基础。一个数据库中可以包含多个数据表,通常一个表围绕一个主题建立,如商品信息表、雇员表。为每个不同的主题建立单个的表,可以提高数据库的工作效率,减少因数据输入而产生的错误。表之间可以建立关系,建立了关系的多个表可以像一个表一样被使用。

表以行、列的格式组织数据,每一行称为一条记录,每一列称为一个字段。其中,字段是信息的基本载体,每个字段都代表一条信息在某一方面的属性,不同的属性需要用不同类型的数据来表示,但是同一个字段中的数据的类型必须是相同的。例如,在雇员表中的"姓名"字段全部是字符型数据,而"出生日期"字段则全部是日期型数据。

（2）查询

查询(query)是用来操作数据表中信息的数据库对象,是数据库的核心操作。在数据库建立好后,用户对数据表最常用的操作就是查询。查询就是根据用户的需要,按照一定的条件从一个或多个表中筛选出所需要的信息,并将结果显示在一个虚拟窗口中。

利用查询可以通过不同的方法来查看、更改以及分析数据,也可以将查询作为窗体和报表的记录源。查询到的数据记录的集合称为查询的结果集,以二维表的形式显示出来,但是结果并没有真正被存储,只是存储了查询的方式。每次执行查询时,都要对基本表中的数据重新进行组织,也就是说,查询的结果是动态的。

（3）窗体

窗体(form)是数据库和用户进行交互操作的图形界面,在窗体中可以方便地浏览、输入以及更改数据库中的数据。

窗体对象包含命令按钮、文本框、列表框等各种对象,在开发应用程序时称为控件。Access提供了丰富的控件用于开发功能强大的应用程序,同时还有针对性地提供一些与数据库操作有关的控件,可以将控件与某个数据源(如某个表或某个查询结果)的字段进行绑定,从而方便地操作数据库中的内容。利用窗体可以将整个应用程序组织起来,形成一个完整的应用系统。

（4）报表

报表(report)的主要功能是将数据库中的数据以一定的版式显示或打印输出。用户可以控制报表上的每个对象的尺寸和外观,更重要的是,报表还具有数据计算和分类汇总等统计功能,可以将数据从数据库中提取出来并进行分析和整理。

报表中的数据既可以来自表,也可以来自查询结果,但是在报表中不能输入数据。

（5）页

页(page)又称为数据访问页,是 Access 发布网页的数据库对象。它是一种特殊的网页,在一定程度上集成了 IE 浏览器与 FrontPage 编辑器的功能,为通过网络发布数据提供了便利。

数据访问页直接与数据库相连,用户通过数据访问页可以查看和编辑保存在 Access 数据库中的数据。对页中显示的数据进行筛选、排序和其他关于数据格式的改动,只会影响该数据访问页的副本;而对页中数据本身的改动,如修改值、添加或删除数据,则改动结果会被保存在数据库中。

（6）宏

宏(macro)是指用来自动完成某些特定任务的一个或多个操作的集合,是快速实现简单操作的数据库对象。

宏里面的每个操作都能实现特定的功能,如打开某个窗体、打印某个报表等。宏既可以单独使用,也可以与窗体配合使用。灵活地使用宏,可以避免很多重复性操作,从而大大提高工作效率。

(7) 模块

模块(module)是 VBA 程序的集合,是实现数据库较为复杂操作的数据库对象。模块将声明和过程作为一个单元保存,用来完成宏无法完成的任务。模块的功能与宏类似,但是它所定义的操作比宏更为精细和复杂,用户可以根据自己的需要编写程序。

模块有两种基本类型:类模块和标准模块。类模块与某个窗体或报表相关联。标准模块则用于存放其他 Access 数据库对象所使用的公共过程。

虽然 Access 无需编程也能创建数据库应用程序,但是运行效率更高、功能更复杂的数据库应用程序要通过编程来实现。

2. Access 中 7 种数据库对象的组织形式

如前所述,Access 数据库将数据库对象和数据都存储在一个扩展名为".mdb"的文件中。当创建或打开".mdb"的 Access 数据库文件时,就会出现如图 2-2 所示的"数据库"窗口。这个"数据库"窗口就是 Access 数据库文件的命令中心,在这里可以创建和使用 Access 数据库中的任何对象。在如图 2-2 所示的"数据库"窗口中,包含以下几个部分。

① 标题栏:用于显示数据库的名称和文件格式。

② 工具栏:使用工具栏中的"打开"按钮可以处理现有对象,使用工具栏中的"设计"按钮可以修改现有对象,使用工具栏中的"新建"按钮可以创建新对象。

③ 在窗口左侧的"对象"之下,列出了 Access 中的 7 种数据库对象,单击某个对象类型(如"表"或"窗体")就可以显示该类型对象的列表,对象的列表按照所单击的对象类型的不同而变化。单击"对象"可以将 7 种数据库对象显示出来或折叠起来。

④ 在窗口左侧的"对象"列表下面是"组"列表。与"对象"不同的是,可以将属于不同类型的数据库对象组织到一个"组"中。例如创建一个组,其中包含主窗体、子窗体及其基于的表或查询,则可以很容易地管理带有子窗体的窗体。这样当单击该组中的图标时,这些窗体、子窗体和表、查询就会显示在该组的列表中。对组可以进行的操作如下。

(a) 创建组。在数据库窗口左侧"对象"列表的空白处单击右键,选择快捷菜单中的【新组】命令,在弹出的"新建组"对话框中输入新组名称即可。此时,"组"列表中将列出新组的图标和名称。

(b) 向组中添加数据库对象。将数据库对象从窗口右侧的"对象"列表中拖至要添加它的组图标上即可。注意,向组中添加对象只是在该组中创建指向该对象的快捷方式,并不会影响对象的实际位置。而且,可以向组中添加不同类型的对象,组即由从属于该组的数据库对象的快捷方式组成。

(c) 从组中删除数据库对象。从"组"中选择要删除的数据库对象快捷方式,再单击右键快捷菜单中的"删除"命令即可。注意,从组中删除数据库对象的快捷方式并不会删除对象本身。

采用类似的方法,还可以进行重命名组中的数据库对象、删除或重命名组等操作。

2.2.4　数据库保护

对于所建立的数据库而言,无论超市管理系统,还是财务管理系统,都要考虑它的安全性,使

数据不被他人非法查看和修改。常用的保护数据库的方法有设置数据库密码、编码数据库、设置
启动选项、生成 MDE 文件和设置用户级安全机制等。

1. 设置数据库密码

保护数据库比较简单的方法是为数据库设置密码,具体方法为:以独占方式打开数据库(具
体操作参见 2.2.2 小节);在"数据库"窗口中使用【工具】→【安全】→【设置数据库密码】命令打
开"设置数据库密码"对话框;在该对话框的"密码"和"验证"文本框中输入相同的密码信息即
可。注意,密码是区分英文大、小写字母的,所使用的密码最好同时包含英文大、小写字母、数字
和符号,这样可以增加安全性。

数据库设置密码后,每次打开数据库都需要输入打开密码。如果密码错误,则无法打开数据
库。同样,如果数据库不需要密码保护了,可以撤销为数据库所设置的密码。具体方法为:以独
占方式打开数据库,使用【工具】→【安全】→【撤销数据库密码】命令打开"撤销数据库密码"对
话框,在"密码"文本框中输入打开密码即可。

2. 编码数据库

在某些文字处理程序中使用 open 语句可以将数据库当作文本文件来处理,从而修改数据库
中的数据。为了进一步保护数据库,可以对数据库进行编码,其目的就是使数据库文件成为无法
以文本文件加以打开的格式,这样使用其他工具或文字处理程序就无法查看数据库中的内容了。

在 Access 环境中,无论数据库文件是否打开,都可以使用【工具】→【安全】→【编码/解码数
据库】命令对数据库进行编码。为数据库编码可以压缩数据库文件,并帮助防止该文件被文字
处理程序读取,但是对数据库的编码最好配合其他安全策略,因为 Access 对于仅仅实施过编码
的数据库文件仍然可以正常操作。

解码的过程就是编码的逆过程,与编码方法一致。

3. 设置启动选项

可以使用启动选项来指定一些设置,如启动窗体(数据库打开时自动打开的窗体)、数据库
应用程序标题和图标。在启动窗体中可以通过 VBA 代码验证用户名和密码,还可以隐藏如
图 2-2 所示的"数据库"窗口,设置自己的切换面板窗体。

设置启动选项的具体方法为:使用【工具】→【启动】命令,在随后出现的如图 2-4 所示的
"启动"对话框中进行相应的设置即可。

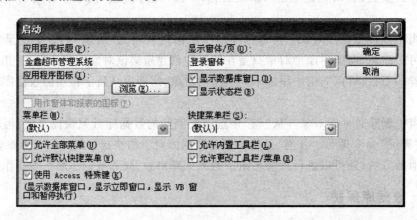

图 2-4　"启动"对话框

4. 生成 MDE 文件

Access 数据库的文件类型是 MDB,由 MDB 可以生成 MDE 文件。如果数据库中包含 VBA 代码,则将".mdb"形式的数据库文件保存为".mde"文件时会编译所有的标准模块和类模块,删除所有可编译的源代码,并压缩目标数据库。这将有助于保护代码本身的安全性,并可防止有人修改数据库中的窗体、报表和模块的设计。

生成 MDE 文件的具体方法为:打开要生成 MDE 文件的数据库文件,使用【工具】→【数据库实用工具】→【生成 MDE 文件】命令即可。

如果数据库文件与当前的 Access 版本不匹配,应该使用【工具】→【数据库实用工具】→【转换数据库】命令进行转换。需要特别注意的是,MDE 文件不能恢复为 MDB 文件,如果需要修改 VBA 代码以及窗体、报表的设计,必须在 MDB 文件中进行,所以在生成 MDE 文件之前,一定要对 MDB 文件进行备份。

5. 设置用户级安全机制

无论设置数据库密码、编码数据库,还是设置启动选项、生成 MDE 文件,虽然都可以对数据库进行一定的安全保护,但是方法简单、安全性低。保护数据库的最佳方法是用户级安全机制,就是事先定义若干用户或用户组,并进一步设置各个用户或用户组对表、查询、窗体、报表和宏等的特定操作的权限,以后在使用数据库时就必须先输入用户名和密码,Access 则会根据用户的权限对他们的操作进行限制。

（1）工作组信息文件

工作组就是多用户环境下的一组用户。工作组信息文件就是 Access 在启动时读取的包含工作组中用户信息的文件,包括用户的账户名、密码以及所属的组,这些信息决定了哪些用户可以打开数据库以及他们对数据库中各个对象的访问权限。例如,可以赋予一个用户使用报表的权限,而赋予另一个用户组查看报表的权限,但是不能修改报表的设计。

在安装 Access 时,系统会自动创建默认的工作组信息文件,文件名为"System.mdw"。使用【工具】→【安全】→【工作组管理员】命令可以显示当前使用的工作组信息文件的基本属性。

用户在使用默认的工作组信息文件启动数据库时,系统会自动以不带密码的"管理员"身份登录数据库(虽然用户没有感觉到),此时用户对数据库具有完全的操作权限。

（2）组和用户

Access 提供管理员组和用户组这两个默认组,每个工作组信息文件都会有这两个组,且不能删除这两个组。管理员组是系统管理员的组账户,对所有数据库都拥有完全的操作权限。安装程序自动将默认的管理员用户账户添加到管理员组中;用户组包含所有用户账户,在创建用户账户时,Access 会自动将其添加到用户组中。

使用【工具】→【安全】→【用户与组账户】命令,在弹出的如图 2-5 所示的"用户与组账户"对话框中,显示出可用的组和用户以及用户隶属于哪个组。从中可以看出,工作组信息文件中的默认用户是管理员,他隶属于管理员组和用户组且不可删除。用户只有以"管理员组"成员的身份登录数据库,才有权对用户与组进行相应的操作。该对话框中有 3 个选项卡。

① "用户"选项卡。在该选项卡中单击"新建"按钮,会出现"新建用户/组"对话框,输入用户名和个人 ID(也称 PID,可以用 4~20 个字符)即可建立一个新的用户。注意,输入的个人 ID

图 2-5 "用户与组账户"对话框

不是密码,Access 用个人 ID 和用户名来为用户账户生成经过加密的标识符。

②"组"选项卡。在该选项卡中,可以新建、删除其他的组。

③"更改登录密码"选项卡。在该选项卡中,按要求输入旧密码、新密码和验证就可以完成对登录密码的更改。注意,Access 只可以为当前用户设置密码,而第一次是以管理员的身份登录的,因此只能定义管理员的密码。

工作组信息文件可以包含多个组,一个组可以有多个用户,一个用户又可以同时隶属于多个组。

(3) 权限

权限表明用户或组对数据库中的数据和对象所拥有的操作能力。Access 将对数据库的操作权限分为不同的类型,如读取数据、更新数据、插入数据和删除数据的权限,读取设计和修改设计的权限,以独占方式打开的权限和管理员权限等。不同类型的权限具有不同的访问能力。其中的某些权限会自动隐含其他权限,例如对表的"更新数据"权限会自动隐含"读取数据"和"读取设计"权限,因为只有具有这两项权限才能修改表中的数据。

为用户赋予权限有两种方式:显式的和隐式的。显式的权限是指直接赋予某一用户的权限,该权限对其他用户没有任何影响;隐式的权限是指赋予组的权限,将用户添加到组中也就同时赋予用户该组的权限,而将用户从组中移出也就取消了用户的隐式的权限。

并不是所有用户都可以更改权限,只有对数据库具有管理员权限的用户(管理员或管理员组的成员)及数据库文件的创建者才具有更改权限的权限。

(4) 设置安全机制向导

了解了用户级安全机制的基本概念后,就可以通过"设置安全机制向导"来简化对用户级的安全机制的设置工作。"设置安全机制向导"的基本步骤是:另建工作组信息文件,在文件中建立组,建立用户,指定权限,取消管理员及用户的最高使用权限。

使用【工具】→【安全】→【设置安全机制向导】命令打开"设置安全机制向导"对话框,然后根据向导的提示逐步进行操作即可。

2.3 创建表

Access 空数据库建立好之后，才可以建立表、查询、窗体等数据库对象。在各种数据库对象中必须首先建立的是表，因为表是用来存储和管理数据的对象，它是整个数据库系统的基础，也是数据库中其他对象的操作依据。本节将介绍表的设计、表的创建以及对表中数据的输入和编辑等操作。

2.3.1 表的设计

1. 表的结构

表是数据库中最基本的对象，是与特定主题（如商品或供应商、教师或学生等）有关的数据集合。一个数据库根据需要可以包含一个或多个表。在本书所介绍的"金鑫超市管理系统"中，就包含商品表、类别表、供应商表、雇员表、订单表等多个数据表，"类别表"如表 2-1 所示。

表 2-1 类别表

类别编号	类别名称	负责人	供应商名称	说　明
L01	碳酸饮料	李秀艳	东海	2 个工作日可到货
L02	牛奶制品	张文杰	日日发	24 小时内可到货
L03	果汁茶类	康小丽	佳佳	2 个工作日可到货
L04	酒类	杨洋	玉成	3 个工作日可到货
L05	点心	马慧芳	百达	24 小时内可到货
L06	卤制食品	孙伟	百达	24 小时内可到货
L07	调味品	贾海涛	宏仁	3 个工作日可到货
L08	卫生化妆用品	王慧如	可欣	3 个工作日可到货
L09	日用品	赵帅	日日发	3 个工作日可到货
L10	文具	赵帅	大千	5 个工作日可到货

Access 是一个关系数据库系统，那么其中的表也必须是一个满足关系模型的二维表。所谓二维表，就是用行和列两个方向来表示事物状况或信息的数据集合，又称为关系。二维表涉及以下基本术语。

（1）字段

字段，又称为属性，是数据表中的列。每个字段都有一个字段名（表 2-1 的"类别表"中的第一行就是字段名），字段名在一个表中不能重复。字段是 Access 信息最基本的载体，每个字段都代表一条信息在某一方面的属性，不同类型的字段存放与该类型匹配的数据，如"类别名称"字段是字符型的，"进货日期"字段是日期型的。

字段（或属性）是表的组织形式，它包括表中的字段个数以及每个字段的基本属性，如字段名称、数据类型、字段宽度、是否建立索引等。

（2）记录

在表 2-1 所示的"类别表"中，从第二行开始的每一行都称为一条记录，也可以称为元组。所以，记录就是表中的行，是表中的数据，它由一个或多个字段的值组成。一条记录就是一条完整的信息，用于显示一个对象的所有属性。向表中输入数据就是为表中记录的每一个字段赋值，通常把不包含任何记录的表称为空表。

需要说明的是，在对表进行操作时，是对表的结构和表的内容分别进行操作的，即对字段和记录分别进行操作。

（3）域

字段（或属性）的取值范围称为域。

（4）分量

分量是记录中的一个字段值，或者说是元组中的一个属性值。关系模型要求关系必须是规范化的，最基本的条件就是关系中的每一个分量都必须是一个不可再分的数据项，即不允许表中还有表。所以，分量是关系的最小单位，一个关系中的全部分量构成该关系的全部内容。

（5）候选关键字

如果一个或多个属性的组合能够唯一地标识一个元组，那么这个属性或属性的组合就称为候选关键字，也可称为候选键。一个关系中可以有多个候选关键字，如在表 2-1 所示的"类别表"中，"类别编号"和"类别名称"字段都是候选关键字。

（6）主关键字

一个关系中可以有多个候选关键字，而在该关系中正在使用的候选关键字只能有一个，这个正在使用的候选关键字就是主关键字，也可称为主键。所以，一个关系中最多只能有一个主关键字，如在表 2-1 所示的"类别表"中，就可以从两个候选关键字中选择"类别编号"字段作为主关键字。

（7）外部关键字

如果一个属性或属性的组合不是所在关系的关键字，但它是其他关系的关键字，那么该属性或属性组合就被称为外部关键字，也可称为外键。例如，在表 2-1 所示的"类别表"中，"供应商名称"字段不是关键字，但它又是另一个"供应商表"的关键字，那么"供应商名称"字段就是"类别表"的外部关键字。

2. 表的设计原则

表是数据库中最基本的信息结构，确定表是数据库设计过程中最重要的步骤。在设计表时，应该遵循以下原则。

① 每个表应该只包含关于一个主题的信息。如果每个表只包含关于一个主题的信息，则可以独立于其他主题来维护每个主题的信息，这意味着每种数据只需存储一次，这样可以提高数据库应用效率，并减少数据输入中的错误。例如，将类别信息与雇员信息存放在不同的表中，这样就可以在删除某个类别信息后仍然保留对该类别商品负责的雇员的信息。

② 确定表中的字段。每个表中都包含关于同一主题的信息，表中的各个字段则包含关于该主题的各个方面的特性。例如，"雇员表"可以包含雇员的编号、姓名、性别、出生日期、家庭地址和电话号码等字段。在确定每个表的字段时，要注意以下问题。

（a）每个字段都直接与表的主题相关。

（b）不包含推导或计算的数据，如表达式的计算结果。

（c）包含所需要的所有信息。

（d）以最小的逻辑部分保存信息。例如，对英文姓名应该将姓和名分开保存。

③ 明确有唯一值的字段。为了连接保存在不同表中的信息（如将某个类别的信息与该类别的所有商品相连接），数据库中的每个表必须包含能够唯一确定表中每条记录的字段或字段组合，这种字段或字段组合就是前面讲到的主关键字。

2.3.2 表的创建

一个完整的数据表由表结构和表中的记录组成。数据表对象的结构是指数据表的框架，也就是数据表中的一个个字段，它主要包含字段名称、数据类型等属性，字段构成了二维表的列；表中的记录就是表中的数据，是一条条完整的信息，由一个或多个字段的值组成，记录构成了二维表的行，不包含任何记录的表通常称为空表。

创建一个表的过程也可以分为创建表的结构、向表中输入和编辑数据这两个步骤。表有两种常用的视图："设计视图"和"数据表视图"。使用"设计视图"可以创建和修改表的结构，使用"数据表视图"可以查看、添加、删除及编辑表中的数据。下面就分别介绍如何创建表的结构、向表中输入和编辑数据。

1. 创建表的结构

Access 提供了多种创建表的方法：一是使用数据库向导创建一个数据库，包括全部表、窗体及报表等对象；二是使用表向导，并从预先定义好的各种表中选择字段；三是将数据直接输入到空白的数据表中，当保存新的数据表时，Access 将分析数据并自动为每一个字段指定适当的数据类型及格式；四是使用"设计视图"从无到有地指定表结构的全部细节，再填充表中的数据。无论采用哪一种方法创建表，随时都可以使用表的"设计视图"来进一步自定义表，例如新增字段、设置默认值或创建输入掩码等。

下面以创建"金鑫超市管理系统"中的"类别表"为例，说明使用"设计视图"从无到有地创建表的步骤和方法（其他方法，希望读者通过自学掌握）。

第一步：打开"金鑫超市管理系统"数据库文件，在"数据库"窗口中单击左侧"对象"列表中的"表"对象，结果如图 2-2 所示。

第二步：在"数据库"窗口中双击"使用设计器创建表"，或者单击"数据库"窗口工具栏中的"新建"按钮，在弹出的"新建表"对话框中双击"设计视图"，都将进入表的设计视图，界面如图 2-6 所示。

数据表设计视图的上半部分为字段定义网格，其中每一行定义一个字段，包括字段的名称、类型和说明，字段名称的左边有三角箭头的一列称为行选定器，单击它可以选定整个字段行；数据表设计视图的下半部分用于设置更具体的字段属性，如格式、默认值、有效性规则等，当光标插入点在某一网格内时，右下角的窗格内还将显示该状态下的简短说明。

第三步：定义表中的每个字段，包括命名字段、确定字段的数据类型、字段说明和字段属性的设置等。在定义字段的过程中，任何时候都可以通过 F1 键获取系统帮助。

（1）命名字段

在表设计视图第一行的"字段名称"列输入"类别编号"即可。Access 中字段的命名规则如下。

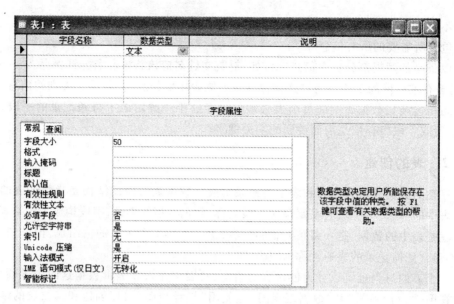

图 2-6 表的设计视图

① 字段名长度最多只能为 64 个字符(包括空格)。

② 可以包含字母、数字、空格及其他字符的任意组合。

③ 不能包含句号 (.)、感叹号 (!)、方括号 ([ ])、先导空格及回车符等不可打印字符。

④ 字段的命名最好见名知意,便于理解。

⑤ 同一个表中的字段名不能重复。

(2) 确定字段的数据类型

单击图 2-6"数据类型"列右边的下三角箭头,选择"文本"数据类型即可。

数据类型决定了数据的存储和使用方法,数据表中同一列数据(即同一字段)必须具有相同的数据类型。Access 支持的数据类型非常丰富,能够满足各种信息系统开发的需要。字段的数据类型包括以下几种。

① 文本型

文本型是系统默认的数据类型,通常用于表示文字数据,如商品名称、姓名等;也可以表示不需要计算的数字字符所组成的数据,如电话号码、邮政编码、学号等;还可以表示文字与数字的组合,如"多媒体教室 306"、"坞城路 696 号"等。

文本型字段的数据包括汉字和 ASCII 字符集中的所有可打印字符(英文字符、数字字符、空格和其他专用字符)。文本型字段的默认长度为 50 个字符,最大长度为 255 个字符,通过设置"字段大小"属性可以控制输入字段的最大字符数。

② 备注型

备注型与文本型数据在本质上是一样的。所不同的是,备注型字段可以保存较长的文本数据,如个人简历、备忘录等,它没有数据长度方面的限制,仅受限于磁盘空间。对备注型字段不能进行排序和索引。

③ 数字型

数字型字段用来存储由数字(0~9)、小数点和正、负号所组成并可以进行算术运算的数据。

由于这种类型的表现形式和存储方式不同,又可以分为整型、长整型、单精度型、双精度型等类型,其长度由系统设置,分别为 1 B、2 B、4 B、8 B。数字型默认为长整型,通过设置"字段大小"属性可以对具体类型作出选择。

④ 日期/时间型

日期/时间型数据是用来存储和表示与日期和时间有关的数据的,长度固定为 8 B。

根据日期/时间型数据的显示格式的不同,又可以分为常规日期、长日期、中日期、短日期、长时间、中时间、短时间等类型,通过设置"格式"属性可以控制日期/时间的显示格式。

⑤ 货币型

货币型数据是一种特殊的数字型数据,专门用于存储和处理与货币有关的数据,固定长度为 8 B。向货币型字段输入数据后,系统会自动添加货币符号和千位分隔符。当数据的小数部分超过 2 位时,系统会自动进行四舍五入操作。

⑥ 自动编号型

每一个数据表中只允许有一个自动编号型字段,用户不能对该字段的值进行输入或编辑。在向表中添加记录时,由系统为该字段指定一个顺序号,这个顺序号可以是递增的或随机的,但一定要是唯一的。系统对于尚未建立主键的新的数据表,建立主键的方法就是为这个表添加一个自动编号型字段。

自动编号型字段固定占用 4 B。

⑦ 是/否型

是/否型数据是用来存储只包含两个值的数据,如是/否、真/假、开/关等,常用来表示逻辑判断结果。

⑧ OLE 型

OLE(Object Linking and Embedding,对象链接与嵌入)型字段用于存放表中链接或嵌入的对象,这些对象以文件的形式存在,可以是 Word 文档、Excel 电子表格、声音、图像和其他二进制数据等。OLE 字段的长度最大可达 1 GB。

⑨ 超链接型

超链接型字段以文本的形式保存超链接的地址,用来链接到文件、网页、本数据库中的对象、电子邮件地址等,单击超链接可以打开超链接的目标对象。

⑩ 查阅向导型

创建允许用户使用组合框或下拉列表框选择来自其他表和来自值列表的值的字段,对该类型字段的定义将通过启动"查阅向导"来进行。

(3) 字段说明

在表的设计视图中,"说明"列用于帮助说明对该字段的简短提示,如该字段的用途、数据输入方式以及该字段对输入数据的格式要求等。"说明"列不是必须填写的。

为某个字段添加说明信息后,在该表的"数据表视图"中,当光标停留在该字段上时,所添加的说明信息将显示在状态栏中。

(4) 字段属性的设置

在为表中的所有字段都定义了字段名称、数据类型以及必要的说明后,一个表的结构就基本上创建完成了。但是,还可以进一步定义字段属性。字段属性是一组特性,通过它可以控制数据在字段中的存储、输入或显示方式等。每一个字段都拥有字段属性，不同的数据类型所具有的字段属性是各不相同的。

关于字段属性的设置，稍后再详细加以介绍。

第四步：保存对表结构的设计。

设计好新表之后，要关闭表设计视图并保存新表。具体方法为：单击表设计视图右上角的"关闭"按钮，并以"类别表"作为新表的名称。

在保存新表的过程中，系统将询问"是否创建主键"。如果选择"是"，系统将自动为新表添加一个自动编号型的字段作为主键，并回到"数据库"窗口；如果选择"否"，系统将不会对新表做任何修改，并回到"数据库"窗口。

这时在"数据库"窗口中将会出现刚刚创建的"类别表"。通过"表设计"工具条上的"保存"按钮或"文件"菜单中的"保存"命令，也可以完成对表操作的保存。

2. 向表中输入和编辑数据

建立了表结构之后，就可以向表中输入和编辑数据记录了。对表中数据的输入和编辑操作都要在数据表视图中完成，数据表视图用于填充表中的数据。对于刚刚建立的数据表来说，在切换到数据表视图之后，会显示一个只有表头而没有数据的空表，用户可以按表头的样式填充数据。具体操作步骤如下。

第一步：在"数据库"窗口的对象列表中，单击"表"，出现数据库中包含的所有表名。

第二步：双击要输入数据的表名，如"类别表"；或选定"类别表"，再单击"数据库"窗口中的"打开"按钮，即可打开如图 2-7 所示的数据表视图。

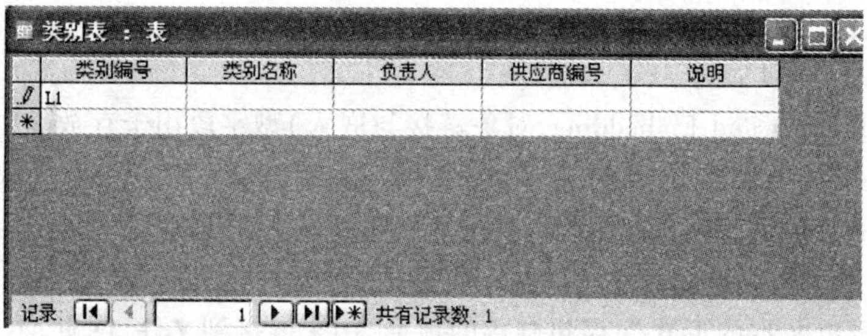

图 2-7　数据表视图

数据表视图以行、列的格式显示表中的所有数据，在其中可以完成对数据的编辑、添加和删除以及搜索等各种操作。数据表视图对应的窗口中显示出在设计视图中设计好的表的结构，其中最上面的一行即为定义好的各个字段的名称；最左边一列为行选定器（或称记录选定器），以笔形标记的行表示当前正在编辑的记录，用"＊"标记的行表示可以在该行输入新的记录，随着数据的不断输入，窗口中显示的行会越来越多，同时用"＊"标记的行也会逐渐下移；最下面是记录导航工具栏，可以使用它快速选定数据表中的记录。

第三步：在数据表视图中输入和编辑数据。

第四步：关闭数据表视图，保存数据并结束输入和编辑操作。

设计视图和数据表视图的切换方法非常多，无论在表的哪一种视图状态下，都可以通过【视图】菜单或者表工具栏中的"视图"按钮或者从表窗口标题栏的右键快捷菜单中进行相应的选择。

在数据表视图中输入数据的操作比较简单，不再细述。下面只介绍一些特殊数据的输入和编辑方法。

（1）输入和编辑较长字段的数据

对于备注型字段的输入和较长的文本字段的输入，可以展开字段以便对其进行输入和编辑。此时，只需将光标插入点移至该字段，按下 Shift + F2 组合键即可弹出如图 2-8 所示的"显示比例"对话框。在此对话框中输入数据，单击"确定"按钮，就可以把输入的数据保存到该字段中；单击"字体"按钮，打开"字体"对话框，还可以设置"显示比例"对话框中文字的字体、字形、大小、颜色等显示效果。

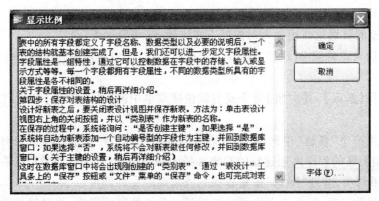

图 2-8 "显示比例"对话框

（2）输入是/否型的数据

Access 数据表中，在是/否型字段上显示的是一个复选框。选中复选框表示输入"是"，Access 会将"-1"存入数据库中；不选中复选框表示输入"否"，Access 会将"0"存入数据库中。

（3）输入超链接型的数据

超链接型字段以文本的形式保存超链接的地址，用来链接到文件、网页、本数据库中的对象、电子邮件地址等，单击超链接可以打开超链接的目标对象。

对于超链接型数据，既可以直接通过键盘输入，也可以选择【插入】→【超链接】命令或右键快捷菜单中的【超链接】→【编辑超链接】命令，打开如图 2-9 所示的"插入超链接"对话框。在该对话框中选择所需要的超链接对象并单击"确定"按钮，就可以将选中的地址保存到字段中。

图 2-9 "插入超链接"对话框

（4）输入日期/时间型的数据

Access 的日期/时间型数据可以接受从 100 年到 9999 年的日期与时间值。在输入时，年、月、日之间可以用"/"或"-"作为分隔符，时、分、秒之间用"："作为分隔符，日期与时间之间要有空格。例如，可以输入"1987/2/12"、"18：12"和"1987-2-12 8：12"等数据。

对日期/时间型数据输入完毕后，默认将按"常规日期"格式显示，即日期用"-"分隔，时间用 12 小时制表示。例如，上面的几个数据将分别显示为"1987-2-12"、"下午 06：12：00"和"1987-2-12 上午 08：12：00"。

（5）输入 OLE 型的数据

对于 OLE 型的数据应使用插入对象的方式来输入，步骤如下。

第一步：将插入点移到 OLE 型字段并单击鼠标左键，字段网格中将出现一个虚线框，表示该字段已被选中。

第二步：选择【插入】→【对象】命令或右键快捷菜单中的【插入对象】命令，打开"插入对象"对话框。

第三步：如果选中"新建"单选项，则对话框中显示各种已经在系统注册的对象类型，可以通过与这些对象相关联的程序来创建新的对象并插入到字段中；如果该对象已经存在，则可以选中"由文件创建"单选项，通过"浏览"按钮查找到所需要的文件即可。

输入 OLE 型数据后，双击该字段可以打开与对象相关联的程序，并对对象进行编辑。

（6）查阅向导型字段的定义与输入

查阅向导用于创建一个"查阅"字段，它提供一系列确切的值以供输入数据时从中直接作出选择。这使得数据输入更为方便，也确保了字段数据的一致性。"查阅"字段所提供的值既可以来自固定值，也可以来自表或查询。

例如，在"金鑫超市管理系统"中有一个如图 2-10 所示的"商品表"，该表中"类别名称"字段的值应该取自表 2-1 所示的"类别表"。如果逐一手工输入，不仅工作量大、容易出错，而且极易造成数据的不一致性，例如可能将啤酒的类别名称输入为"酒水类"，而在"类别表"中却只有"酒类"，这样会给以后的管理带来很大的混乱。解决问题的办法就是将"商品表"中的"类别名称"字段设置为查阅向导型。

商品编号	商品名称	类别名称	零售价	单位数量	库存量
S1	修正带	文具	￥2.00	每包20支	13
S2	矿泉水	碳酸饮料	￥4.00	每箱12瓶	22
S3	运动饮料	碳酸饮料	￥7.50	每箱24瓶	49
S4	苹果汁	果汁茶类	￥2.50	每箱24瓶	39
S5	牛奶	牛奶制品	￥1.00	每箱12瓶	17
S6	啤酒	酒类	￥2.30	每箱12瓶	30
S7	味精	果汁茶类	￥4.50	每袋6包	24
S8	番茄酱	酒类	￥7.00	每箱12瓶	13
S9	盐	卤制食品	￥3.20	每箱30盒	53
S10	麻油	牛奶制品	￥21.35	每箱30盒	0
S11	酱油	日用品	￥12.00	每袋500克	120
S12	海鲜粉	碳酸饮料	￥3.80	每袋500克	15
S13	胡椒粉	卫生化妆用品	￥3.60	每袋6包	6
S14	龙井	文具	￥228.00	每袋500克	15

图 2-10　"商品表"及查阅向导型数据

对"商品表"中的"类别名称"字段设置查阅向导型数据的方法和步骤如下。

第一步:在"商品表"设计视图中,选择"类别名称"字段,将数据类型设置为"查阅向导"。

第二步:在出现的"查阅向导"中选择"使用查阅列查阅表或查询中的值",单击"下一步"按钮。

第三步:为"查阅"字段选择提供数值的表,"类别名称"字段的值将来源于"类别表",故选择"类别表",单击"下一步"按钮。

第四步:选择"类别表"中的"类别名称"字段作为查阅列中的数据来源,单击"下一步"按钮,并按照向导的提示直至完成所有操作。

为"商品表"的"类别名称"字段设置查阅列后,该字段的值只能取自"类别表"中的"类别名称"字段。如果任意输入一个不在列表中的值,那么这个数据是无法保存到数据库中的。同样,如果"类别表"中的"类别名称"字段增加一个新值,如"干果类",那么这个新值(即"干果类")也会自动被添加到"商品表"的查阅列中。对于删除字段或修改字段值的操作,情况完全相同。

2.3.3 字段的属性设置与维护

为表中的所有字段都定义了字段名称、数据类型以及必要的说明,并且向表中输入所需要的数据后,一个完整的表就基本上创建完成了。但是,如果在设计表结构时考虑不周,或不能适应时间和特殊情况的需求,就需要对表结构进行必要的修改。

另外,在设计表结构时,还应该考虑对字段显示格式、输入方式、字段标题、字段默认值、字段的有效规则和有效文本等属性的设置。

1. 字段的维护

有时候,用户会根据应用的变化对表结构进行修改,修改内容主要有插入字段、删除字段、移动字段的位置等。表结构的修改主要在设计视图中完成。表设计视图的工具栏(简称表设计工具栏)如图 2-11 所示。注意,表设计工具栏与表工具栏是不同的,它们是在不同的视图下对表进行不同操作的两个不同的工具栏。

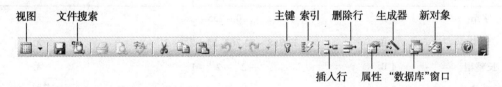

图 2-11　表设计工具栏

(1) 插入字段

在设计视图中打开相应的表,选中要在上面插入行的字段。使用【插入】→【行】命令,或单击表设计工具栏中的"插入行"按钮,则可以插入一个空白行;在该行中输入要添加字段的各项信息。使用【文件】→【保存】命令,或单击表设计工具栏中的"保存"按钮保存所作的更改即可。

(2) 删除字段

在设计视图中打开相应的表,选中要删除字段的行。使用【编辑】→【删除行】命令,或单击表设计工具栏中的"删除行"按钮,则可以删除该字段;使用【文件】→【保存】命令,或单击表设计工具栏中的"保存"按钮保存所作的更改即可。

需要注意的是,删除字段将同时删除该字段中的所有数据。

（3）移动字段的位置

在设计视图中打开相应的表,单击行选定器选择要移动的字段。然后,用鼠标拖动被选中的字段行的行选定器。随着鼠标的移动,会显示一条细的水平线,将此水平线拖动到字段要移动到的指定位置上即可。

（4）修改字段

修改字段也是在设计视图中完成的,可以修改字段名称、数据类型、说明以及其他的字段属性。

需要注意的是,对于已经存储数据记录的表,修改其字段类型可能会造成一些数据丢失,甚至会对整个数据库造成影响,例如将影响那些依据该字段的查询、窗体及报表中的数据等。同时,当表中输入数据之后,就不能将任何字段的数据类型改为"自动编号"型。

2. 字段的属性设置

字段属性是一组特性,通过它可以控制数据在字段中的存储、输入或显示方式等。每一个字段都拥有属性,不同的数据类型所具有的字段属性是各不相同的。

在对字段属性进行实际的设置操作时,一定要先在设计视图上半部分的字段定义网格中选中该字段,因为所有的字段属性的设置都是针对行选定器中字段名称左端有三角箭头的那个字段的。

（1）字段大小

字段大小属性可以设置文本型、数字型或自动编号型的字段中可以保存的数据的最大容量。也就是说,只有文本型、数字型或自动编号型才可以设置字段大小。文本型的字符数目在 1 ~ 255 之间,默认为 50,而且一个汉字和一个英文字符一样,都占用一个字符;数字型数据的长度由具体的类型决定,默认为长整型,可设置值如表 2-2 所示。

表 2-2　数字型字段大小的设置

设　　置	字 段 大 小	数据取值范围	小 数 位 数
字节	1 B	$0 \sim 255$	无
整型	2 B	$-32\,768 \sim 32\,767$,即 $-2^{15} \sim 2^{15}-1$	无
长整型	4 B	$-2^{31} \sim 2^{31}-1$	无
单精度型	4 B	$-3.4 \times 10^{38} \sim 3.4 \times 10^{38}$	7
双精度型	8 B	$-1.797\,7 \times 10^{308} \sim 1.797\,7 \times 10^{308}$	15
小数	12 B	$-10^{28}-1 \sim 10^{28}-1$	28

设置字段大小属性时,应该注意以下几点。

① 尽量使用满足需要的最小的字段大小,因为较小的数据的处理速度更快,所需内存空间更少。

② 将字段大小的值由大转换为小时,可能会丢失数据。例如,把文本型的字段大小由 50 转变成 20,则超过 20 个字符的数据都会丢失;把单精度型转变成整型,则小数部分将四舍五入为最接近的整数,而且如果值在 $-32\,768 \sim 32\,767$ 的范围之外都将成为空字段。

③ 在表设计视图中保存了对字段大小的更改后,将无法撤销由更改该属性所产生的数据更改,所以对字段大小的修改一定要谨慎。

④ 自动编号型的字段大小可以设置为长整型和同步复制 ID 两种,默认为长整型,同步复制 ID 的字段大小为 16 B,需要更多的磁盘空间,用于处理数据量较多的表。

⑤ 可以通过【工具】→【选项】命令打开"选项"对话框,在其中的"表/查询"选项卡中,对默认的数据类型和字段大小进行设置。

(2) 格式

使用字段的格式属性,可以在不改变数据实际存储的情况下,改变数据的显示或打印格式。它对不同的数据类型使用不同的设置。除 OLE 对象之外,其他数据类型都可以设置字段的格式属性。例如,可选择以"月/日/年"或其他格式来设置日期,也可以从预定义格式的列表中选择货币显示的格式,等等。

① 文本型和备注型数据的格式

对于文本型和备注型数据,可以为其设置自定义的显示格式。自定义格式最多可以包含 3 节,第 1 节为字段中包含文本时的格式,第 2 节为字段中为 0 长度字符串时的格式,第 3 节为字段中为 Null 值时的格式,各节之间用分号";"加以分隔(关于 0 长度字符串和 Null 值,稍后将会介绍)。可以使用以下符号来设置文本型和备注型数据的格式。

(a) @(字符占位符):当输入数据的长度大于等于由格式符号所设置的长度时,用输入数据从右向左填充字符占位符;当输入数据的长度小于由格式符号所设置的长度时,该位置则用空格字符来填充。

(b) &(字符占位符):与字符占位符@类似,只是当输入数据的长度小于由格式符号所设置的长度时,该位置不需要任何字符来填充。

(c) <(强制小写):将所有字符以小写格式显示。

(d) >(强制大写):将所有字符以大写格式显示。

例如,如果在两个文本型字段的格式属性中分别输入格式:(@@)_@@@ 和(&&)_&&&,则当输入数据"AbCd1234"时,两个字段的显示值均为"AbC(d1)_234";而当输入数据"4"时,前者显示为"( )_ 4"(即在小括号中有两个空格,下划线后有两个空格),后者显示为"()_4"(即没有任何空格)。

另外,强制大、小写符号">"和"<"可以与两种字符占位符结合起来使用。例如,设置格式为:>(@@)_@@@,则输入数据"AbCd1234"或"ABCD1 234"时,显示的值均为"ABC(D1)_234"。

如果为某个字段设置的格式为:@;"none";"unknown",则当该字段中有数据时,将显示出与输入相同的文本;当向该字段中输入一对没有空格的半角双引号时,将显示"none";如果没有向该字段中输入任何数据,或仅仅在该字段中输入回车键,将显示"unknown"。(注意:在格式设置中,双引号内的字符会照原样显示,即为原义字符。)

② 数字型和货币型数据的格式

可以对数字型和货币型数据使用系统预定义格式或自定义格式。

如果要使用数字型或货币型数据的系统预定义格式,只需在设计视图的上半窗格中选定该字段,然后将光标插入点移到下半窗格中的"格式"属性框中,从下拉列表框中进行选择即可。

可供选择的预定义格式有常规数字、货币、百分比和科学计数值等,默认格式为常规数字,即以输入方式显示数字。

数字型或货币型数据的自定义格式最多可以包含 4 节,第 1 节为正数的格式,第 2 节为负数的格式,第 3 节为零值的格式,第 4 节为 Null 值的格式,各节之间用分号";"加以分隔。可以在设计视图的"格式"属性框中使用以下符号来设置数字型和货币型数据的格式。

(a),(英文逗号):千位分隔符。

(b).(英文句点):小数分隔符。

(c) 0(数字占位符):显示一个数字或 0。对输入数据以小数点为界,整数部分从右向左填充数字占位符,小数部分从左向右填充数字占位符。当输入数据的整数部分的长度小于格式符号中整数部分设置的长度时,不足的部分在整数最前面用 0 字符来填充;当输入数据的小数部分的长度不足时,不足部分在小数最后面用 0 字符来填充,而当小数部分超长时,会自动四舍五入为所设置的小数长度来显示。

(d) #(数字占位符):与占位符 0 类似,只是当输入数据的长度小于格式符号设置的长度时,该位置不需要任何字符来填充。

(e) ¥(或 $):显示为原义字符"¥"(或" $ ")。

(f) 无论系统预定义格式还是自定义格式中的小数位数,均可通过"小数位数"属性来覆盖已有的设置。

例如,如果在两个货币型字段的格式属性中分别输入格式" $0,000.00"和" $#,###. ##",则当输入数据"12345.678"时,两个字段的显示值均为" $12,345.68";而当输入数据"12.3"时,前者显示为" $0,012.30",后者则显示为" $12.3"。

如果为某个字段设置的格式为:+0.0;(-0.00);"zero";"unknown",则当该字段中的数据为正数时,数字前面会显示正号" +",且保留一位小数;当该字段中的数据为负数时,数字将放在一对圆括号内,且前面会显示负号" -",并保留两位小数;当该字段中的数据为 0 时,将显示"zero";当该字段中的数据为 Null 时,将显示"unknown"。

③ 日期/时间型数据的格式

可以对日期/时间型数据使用系统预定义格式或自定义格式。

如果要使用日期/时间型数据的系统预定义格式,只需在设计视图的上半窗格中选定该字段,然后将光标插入点移到下半窗格的"格式"属性框中,从下拉列表框中进行选择即可。可供选择的预定义格式有常规日期、长日期、中日期、短日期和长时间、中时间、短时间等,默认格式为常规日期。

可以在设计视图的"格式"属性框中使用以下符号来设置日期/时间型数据的自定义格式。

(a):(英文冒号):时间分隔符。

(b) /:日期分隔符。

(c) d:一个月中的日期。根据具体日期,以没有前导 0 的 1~31 来显示日期。

(d) dd:一个月中的日期,以两位数字 01~31 依据具体日期进行显示。

(e) ddd:星期的前 3 个字母,从 Sun 到 Sat 依据具体日期进行显示。

(f) dddd:以全称表示星期,从 Sunday 到 Saturday 依据具体日期进行显示。

(g) w:显示具体日期是一周中的哪一天,从 1 到 7。

（h）ww：显示具体日期是一年中的第几周，从 1 到 53。

（i）m：一年中的月份，根据具体日期以没有前导 0 的数字 1~12 来显示月份。

（j）mm：一年中的月份，以两位数字 01~12 依据具体日期进行显示。

（k）mmm：月份中的前 3 个字母，从 Jan 到 Dec 依据具体日期进行显示。

（l）mmmm：月份的全称，从 January 到 December 依据具体日期进行显示。

（m）q：显示具体日期是一年中的第几个季度，取值从 1 到 4。

（n）y：显示具体日期是全年中的第几天，取值从 1 到 366。

此外，还可用 hh 或 h 来表示小时显示时是否要有前导 0；用 nn 或 n 来表示分钟显示时是否要有前导 0；用 mm 或 m 来表示对秒的显示是否要有前导 0；用 yy 或 yyyy 来设置年份的显示是用 2 位还是 4 位数；用 AM/PM 或 am/pm、A/P 或 a/p 来表示 12 小时计时，用 AMPM 来表示 24 小时计时。例如，如果把两个日期/时间型字段的格式属性分别设置为：dddd"，"mmmm d"，"yyyy 和"今天是全年的第" ww "个星期,第" y "天"，为两个字段输入相同的数据"2010-9-10"后，前者显示为"Friday,September 10,2010"，而后者则显示为"今天是全年的第 37 个星期，第 253 天"。

（3）输入掩码

输入掩码可以用来限制和验证正在输入数据库中的数据，它为输入字段中的数据提供了一种样式或"掩码"，只有符合此样式的数据才被系统允许输入。

输入掩码作为一种控制用户输入的格式，由字面显示字符（如括号、句号和连字符等，又称原义字符）和掩码格式字符（用于指定可以输入数据的位置以及数据的种类、字符数量）组成。输入掩码最多可以包含 3 节：第 1 节为被指定的输入掩码本身；第 2 节用来控制原义字符是否与输入值一起保存，使用"0"表示要保存，使用"1"或未输入任何字符则表示不保存；第 3 节用来为一个空格指定所显示的字符，可以指定为任意字符。各节之间用分号"；"加以分隔。

例如，如果在"金鑫超市管理系统"的"商品表"设计视图的上半窗格中选定"商品编号"字段，然后将光标插入点移到下半窗格的"输入掩码"属性框中，并输入：

"JXCS－"0000；0；*

那么在"商品编号"字段就只能输入诸如 0001 或 2352 之类的数据。这是因为双引号中的原义字符会按照字符的原样显示，之后的 4 个 0 是指用户必须输入 4 位数字，且不允许包含正、负号等，分隔符后面的 0 是指要将原义字符"JXCS－"与输入的 4 位数字一起存储在字段中，最后的" * "是占位符，表明在字段中未输入数据时将用 4 个" * "来代替 4 个 0 的位置显示。如果用户在该字段中妄图输入 0~9 之外的其他符号，系统将不会接收；如果输入的数字不足 4 位，系统将弹出如图 2-12 所示的提示对话框；如果输入数字超过 4 位，则超过的部分也不会被接收。

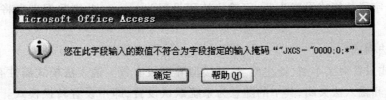

图 2-12　"输入掩码"提示对话框

可以用于输入掩码的格式符如下。

① 0：必须输入 0~9 的数字，不允许有正、负号，即输入数目与格式符数目完全一致的 0~9

的数字。

②9：与格式符0类似，只是可以选择输入0～9的数字或空格，即输入数目可以小于掩码中所设置的长度。

③#：可以选择输入0～9的数字、空格和正、负号。

④L：必须输入字母A～Z或a～z。

⑤?：可以选择输入A～Z或a～z。

⑥A：必须输入字母或数字。

⑦a：可以选择输入字母或数字。

⑧&：必须输入任意一个字符或空格。

⑨C：可以选择输入任意一个字符或空格。

⑩<：将所有字符转换为小写格式。

⑪>：将所有字符转换为大写格式。

输入掩码对于数据输入的控制很有帮助。例如，可以根据新身份证的组成特点，为"身份证号码"字段创建输入掩码：00000000000000000A，即前17位是由数字构成的身份证的本体码，最后一位是数字或字母的校验码。此外，对于电话号码的输入、英文姓名的输入等都可以通过掩码进行控制。

设置输入掩码时，应该注意以下几点。

① 如果需要将任意一个或多个字符定义为字面显示字符（或称原义字符），只需将它们放在一对半角双引号内即可。在前面所介绍的输入掩码的任意一个格式符前面加上反斜杠"\"，也可以直接将该字符定义为字面显示字符。例如\A，即可显示A，而不是将A作为格式符。

② 无论格式符中的输入要求是必需的还是可选的，实际接收到的字符数都不会比定义的字符数多。

③ 如果输入掩码设置为 password，可以将该字段输入的值作为密码处理，即对于任何输入的数据如实存储，但是却显示为"＊"。

④ 设置字段的输入掩码，还可以单击"输入掩码"文本框右面的"生成"按钮，在弹出的"输入掩码向导"对话框中完成。

⑤ 输入掩码只在输入新的数据时起到控制作用，对已经完成（或已经存储）的数据则不起作用。

⑥ 如果同时定义了字段的显示格式和输入掩码，则在添加或编辑数据时，系统将使用输入掩码，而输入完成后则以"格式"属性的设置进行显示。同时使用"格式"和"输入掩码"属性时，要注意它们的结果不要发生冲突。如果两者发生了冲突，则"格式"属性优先于"输入掩码"属性，即如果某个字段的格式设置为@，而输入掩码设置为 password，则数据表中将按照输入的信息原样显示。

（4）输入法模式

输入法模式只针对文本型、备注型、超链接型等字段有效。输入法模式属性有3个选项：随意、输入法开启和输入法关闭，其中的随意为系统默认设置，即不设置转换模式。如果为某个字段设置"输入法开启"，则在输入记录时，只要光标移动到该字段就会自动切换到中文输入法。

（5）标题

"标题"属性是一个最多包含2 048个字符的文本值。在数据表视图中，"标题"属性中的文本将取代字段名称显示为该列的列标题。在系统默认情况下,标题属性为空,此时系统将字段名称显示为该列的列标题。

由于可以设置字段标题,可以将"标题"指定为一个更便于查看数据库或录入数据的比较通用的、熟悉的名字,而将字段名称定义为比较简单的符号,这样将大大方便对表的操作和对程序的编写。

（6）默认值

默认值就是定义字段所取的缺省值。在一个数据表中,往往会有一些记录的字段值相同,如在"金鑫超市管理系统"中,70%的供货商都在"北京",这时就可以将"供货商表"中"地址"字段的默认值设置为"北京"。这样,Access 每生成一条新的记录,就会把这个默认值插入相应的字段中,用户可以接受该默认值,也可以输入其他的城市来取代这个默认值。

需要注意的是,在设置默认值时,必须与字段中所设置的数据类型等属性相匹配,否则就会出现错误。

（7）有效性规则

有效性规则是一个条件表达式,用于对输入到本字段中的值进行约束。设置该属性后,系统会自动将输入的值放在条件表达式中进行判断。如果结果为真值,则接收输入;如果结果为假值,将显示出错提示(提示内容来自于有效性文本的输入,或系统的标准错误提示信息),并强迫光标停留在该字段所在的位置上,直到数据符合字段的有效性规则为止。

有效性规则可以用来防止非法的数据输入。例如,在"出生日期"字段中就可以通过设置有效性规则来防止输入一个大于当前日期的日期值。如果对表达式具备一定的基础,可以直接在"有效性规则"文本框中输入一个表达式作为规则;否则,可以单击"有效性规则"文本框右侧的"生成"按钮,在打开的如图 2-13 所示的"表达式生成器"对话框中进行设置。

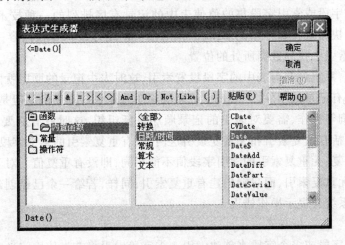

图 2-13 "表达式生成器"对话框

在表达式生成器上方是一个表达式框;中间是常用的运算符按钮,单击某个按钮后,将在表达式框中的插入点处插入相应的运算符;下方是用于创建表达式的各种元素。将这些元素粘贴到表达式框中即可形成表达式,也可以在其中直接输入表达式。表达式生成器下部的 3 个列表框的功能如下。

① 左框:包含多个文件夹,其中列出函数集(包括系统内置函数和用户自定义函数)、常量集和操作符集,单击某一文件夹便会在中框和右框中列出相应的内容。

② 中框:列出左框中选定文件夹内指定的元素或指定元素的类别。例如,如果在左框中单击"内置函数"文件夹,中框内便会列出 Access 函数的类别。

③ 右框:列出在左框和中框中选定的元素的值。例如,单击左框的"内置函数"文件夹,选定中框列表中的"日期/时间"项,则右框中会列出所有的有关日期/时间的函数,双击所需要的内容,则被选取的内容就会自动出现在表达式框中。

用表达式生成器生成表达式" <= Date( )",单击"确定"按钮即可完成有效性规则的设置。对于"出生日期"字段,必须输入一个不大于当前日期的日期值这一要求便会实现。

需要注意的是,在设置有效性规则时,必须与字段中所设置的数据类型等属性相匹配,否则就会出现错误。

(8) 有效性文本

当输入数据违反有效性规则的设置时,可以使用有效性文本属性来指定提示给用户的信息。默认情况下,该属性的值为空,将显示系统的标准错误提示信息。

有效性文本可以是不超过 255 个字符的文本值。例如,可以将前面所提到的"出生日期"字段的有效性文本的属性设置为"输入的日期值不能大于当天的日期!",那么当有效性规则" <= Date( )"被违反时,将提示信息"输入的日期值不能大于当天的日期!"

值得注意的是,有效性文本只有在有效性规则被违反时才会显示出来。

(9) 索引

索引属性用来指定字段是否有索引及索引的类型。

① 索引的概念及类型

索引是按索引字段或索引字段集的值使表中的记录有序排列的一种技术。在 Access 的表中经常使用索引来快速查找和排序记录,就像在书籍中使用目录来查找内容一样。在查找某个数据时,可以先在索引中找到数据所处的位置。

在默认情况下,系统没有为表中的字段设置索引,这时表中记录的顺序就由数据输入的前后顺序来决定。除非有记录被删除,否则表中记录的顺序总是保持不变的。但是,为了加快对数据的检索、显示或查询等操作,需要对表中的记录顺序重新组织,这时就有必要为字段设置索引。Access 中的索引包括有重复索引和无重复索引这两种:有重复索引的索引字段值可以相同,即索引字段的值可以重复;无重复索引的索引字段值不能相同,即没有重复值。对于已经存在重复值的字段,不能创建无重复索引,而只能创建有重复索引;同样,若给一个已经创建了无重复索引的字段输入重复值,系统会提示操作错误。

② 创建索引

可以基于单个字段或多个字段来创建索引。多字段索引将首先使用定义在索引中的第一个字段进行排序,在第一个字段中出现重复值的记录时,再进一步用索引中定义的第二个字段进行排序,以此类推(字段数最多为 10 个)。

创建单字段索引的步骤为:在表设计视图的上半部分的字段定义网格中单击要创建索引的字段;在表设计视图的下半部分的"索引"属性框中单击,然后从下拉列表框中选择"有(有重复)"或"有(无重复)",即可创建相应类型的索引。

创建多字段索引的步骤如下。

第一步：在表设计视图中，单击如图 2-11 所示的"表设计工具栏"中的"索引"按钮，或使用【视图】→【索引】命令，弹出如图 2-14 所示的"索引"对话框。

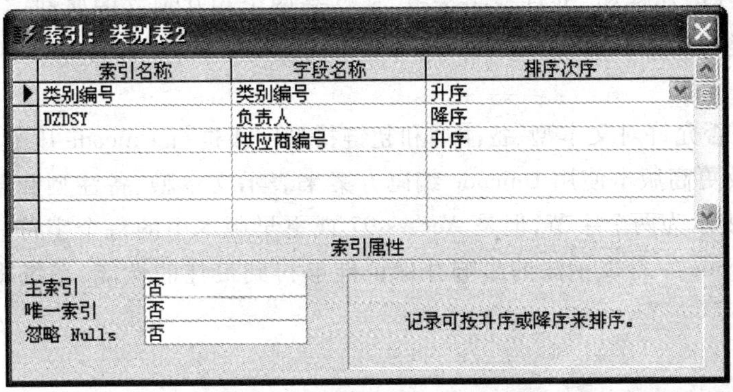

图 2-14 "索引"对话框

第二步：在"索引名称"列中输入索引名称，可以定义新的名称（如"DZDSY"）或直接使用索引字段的名称（如"类别编号"）；在"字段名称"列中，单击向下箭头，选择需要建立索引的字段；"排序次序"的默认值是"升序"，通过下拉列表框还可以选择"降序"。

在"索引"对话框中，如果定义了某个名称的索引后，它下面一行或几行的"索引名称"列为空，则该索引是多字段索引。图 2-14 中的"DZDSY"索引就是多字段索引，它包括对"负责人"字段的降序排序和对"供应商编号"字段的升序排序。如果定义了某个名称的索引后，其下一行的索引也有单独的名称（即"索引名称"列不为空），则该索引为单字段索引。如图 2-14 中的"类别编号"索引。

通过"索引"对话框可以创建、查看和编辑一个表中的所有索引，而通过表设计器只能对按升序排列、索引名称为索引字段名的单字段索引进行相应的操作。有关索引应该注意以下几点。

（a）通过索引，可以显著地加快查找和排序操作，也可以加快对字段的查询操作。根据需要可以创建多个索引，但是系统会需要更多的空间来存储信息，并且使增加、删除或更新记录的速度减慢。所以，对不经常使用的索引要及时予以删除。

（b）表中的主关键字会被自动设置索引，且为无重复的索引类型。

（c）对备注型、超链接型、OLE 型等数据类型的字段则不能设置任何索引。

（10）必填字段和允许空字符串

Access 中允许区分两类空值：零长度字符串和 Null 值。零长度字符串是不包含任何字符的字符串，可以使用零长度字符串来表示用户知道该字段没有值，输入方法是输入一对连续的没有空格的双引号（""）；Null 值用来表示字段中丢失的或未知的数据，输入方法是直接在字段中按回车键。

例如，当"客户表"中含有一个"传真"字段时，如果不知道客户的传真号，或者不知道该客户是否有传真号，则可以将该字段留为 Null 值。如果事后确定那位客户没有传真号，则可以在该字段中输入一个零长度字符串，表示这里没有任何值。同样，对于"商品表"中的"零售价"字段，如果其值为 Null，表示尚未定价，或不知道价格；如果其值为 0，则表示不需要付费，是免费商品或赠品。

"必填字段"属性用于决定用户是否可以将该字段留空,以产生 Null 值;"允许空字符串"属性则决定文本型、备注型或超链接型的字段是否可以包含零长度字符串。

注意,"必填字段"属性和"允许空字符串"属性是两个相互独立的属性,"必填字段"属性仅用于确定 Null 值是否对字段有效。有些字段(如主关键字字段)不允许包含 Null 值。

(11) Unicode 压缩

该属性定义是否允许对文本型、备注型和超链接型字段进行 Unicode 压缩。

Access 2000 及更高版本使用 Unicode 编码方案来表示文本型、备注型和超链接型字段中的数据,将每个字符表示为两个字节,但是 Access 97 或更早版本中的每个字符只以一个字节来表示。为了消除 Unicode 字符表示法的影响并保证能够得到最佳的性能,系统将该属性的默认值设置为"是"。

2.4　使用表

在对表进行结构的设计和数据输入之后,用户便可使用该表,实现数据处理的过程。对表中的数据处理包括添加、删除或更新表中的数据,对表中数据的查找和替换、记录的排序和筛选等操作,以及改变行高、列宽等表的外观,这些操作都可以在数据表视图中完成。

2.4.1　表的维护

表的维护包括对数据表的复制、删除和重命名等操作。

表作为数据库中最基本的对象,包括表的结构和表中数据这两个部分,所以对数据表的复制就可以区分为只复制结构、只复制数据、同时复制结构与数据这 3 种情况。无论哪种情况,复制操作都是相同的,方法如下。

在"数据库"窗口中选定需要复制的表后,使用【编辑】→【复制】命令,或单击数据库工具栏中的"复制"按钮,或右击该表,从快捷菜单中选择"复制"命令。然后,在"数据库"窗口的"表"对象中进行"粘贴"操作,将弹出如图 2-15 所示的"粘贴表方式"对话框。如果选择"粘贴选项"中的"只粘贴结构"或"结构和数据"单选项,则需要在"表名称"文本框中输入复制后的新表名称;如果选择"将数据追加到已有的表"单选项,则需在"表名称"文本框中输入指定的、已经存在的表名。

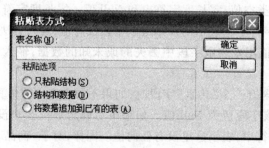

图 2-15　"粘贴表方式"对话框

此外,通过【文件】→【另存为】命令,将表另存一个副本,同样可以达到复制的效果。而且,使用这种方式还可以把表复制成"窗体"、"报表"或"数据访问页"类型的数据库对象。

对数据表的删除和重命名操作与 Office 其他组件的操作一致,不再细述。

2.4.2 表中数据的编辑

对表中数据的编辑包括对记录的定位和选择、对记录进行添加、删除、修改和复制等操作。

1. 定位记录

当表中的记录很多时,要操作某条记录,首先应把该记录定位为当前记录。常用的记录定位方法如下。

① 利用数据表视图最下端的记录导航工具栏,如图 2-16 所示,在记录编号框内输入记录号,按回车键即可定位于该条记录上;也可以单击工具栏上的"首记录"、"上一条记录"、"下一条记录"、"尾记录"和"新记录"按钮,从而直接定位于相应的记录。

图 2-16 记录导航工具栏

② 使用菜单【编辑】→【定位】下的相应命令。

③ 如果记录数较多,无法在数据表视图窗口中全部显示,还可以用滚动条上的滚动框来查找指定的记录。此时,滚动框旁边的记录号为屏幕顶端所显示的记录的记录号。

2. 选择记录

在数据表视图中,可以选择一条记录、多条记录或全部记录。

① 选择一条记录:定位于该记录后,使用【编辑】→【选择记录】命令,或直接单击该记录的行选定器。

② 选择多条记录:单击第一条记录的行选定器,拖动鼠标左键至所需要的最后一条记录。

③ 选择全部记录:使用【编辑】→【选择所有记录】命令即可。

3. 添加记录

在数据表视图中,使用【插入】→【新记录】命令,或单击如图 2-17 所示的表工具栏上的"新记录"按钮,则可插入一条新的空白记录,然后输入新记录中的数据即可。

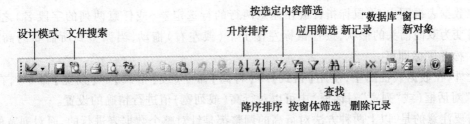

图 2-17 表工具栏

4. 删除记录

选定要删除的记录,使用【编辑】→【删除记录】命令,或单击如图 2-17 所示"表工具栏"上的"删除记录"按钮。因为对记录所执行的删除操作是无法恢复的,所以在删除记录之前,系统将弹出提示框以便用户进一步确认。

5. 修改记录

在数据表视图中,将插入点移动到要修改数据的相应字段处直接进行修改即可。既可以修改整个字段的值,也可以修改字段中的部分数据。

在进行修改时,应该注意的是,对于 OLE 型数据,双击该字段即可打开与对象相关联的程序,并对对象进行编辑;对于通过"查阅向导"创建的"查阅"字段,其值只能从列表中进行选择,不能随意修改;对于备注型或较长的文本型数据,可以按 Shift + F2 组合键,在"显示比例"对话框中进行编辑;对于自动编号型数据,不可以进行任何修改。

6. 复制记录

在数据表视图中,选中要复制的记录,使用【编辑】→【复制】命令,然后单击要复制的位置,再使用【编辑】→【粘贴】命令即可。还可以使用表工具栏上的"复制"和"粘贴"按钮实现相同的功能。

2.4.3　调整表的外观

在处理数据时,有时需要重新安排数据在表中的显示方式,其目的就是使表更清楚、更美观。例如,改变字体、调整表的外观颜色、改变字段的显示次序、调整字段的显示宽度和高度、隐藏列和显示列等。

1. 改变字段的显示次序

在处理数据时,有时需要移动某些列来满足查看数据的需要,可以通过改变字段的显示次序来达到这一目的。具体方法为:在数据表视图中,将鼠标指针定位在需要移动的字段的字段名上,鼠标指针将变为一个粗体的黑色向下箭头,单击选中该列;按住鼠标左键,并拖动鼠标到所需要的位置上,释放鼠标左键,所选字段即可移动到新的位置上。

前面已经介绍过,在表的设计视图中也可以更改字段的顺序,此时不仅将更改字段在表中的保存顺序,还将更改数据表视图中的字段顺序;而在数据表视图中所作的调整,仅仅影响数据表视图中字段的显示顺序,并不会影响设计视图中的字段顺序。

2. 调整字段显示的行高和列宽

在数据表视图中,有时由于数据过长或字号过大,会导致数据不能正常显示。这时,可以通过调整字段的显示宽度和高度来显示字段中的全部数据。

在数据表视图中,将鼠标指针放在任意两行的行选定器(或任意两列的字段名)之间,鼠标指针将变为双向箭头的形状,按住鼠标左键上下(或左右)拖动,当调整到所需要的高度(或宽度)时,松开鼠标即可。

此外,在数据表视图中,使用【格式】→【行高】命令(或【格式】→【列宽】命令),在弹出的"行高"对话框(或"列宽"对话框)中可以对行高(或列宽)值进行精确的设置。

需要注意的是,以上两种方法对行高的调整都是针对整个数据表进行的,而对列宽的调整都仅仅针对所选择的列进行。

3. 隐藏/取消隐藏

在数据表视图中,有时为了查看表中的主要数据,可以把某些字段暂时隐藏起来,在需要时再将其显示出来。

使用【格式】→【隐藏列】命令,即可将光标插入点所在的列隐藏起来。

使用【格式】→【取消隐藏列】命令,将弹出"取消隐藏列"对话框,在该对话框中列出表中的所有字段。如果选中某一字段的复选框,该字段就将显示在表中;如果取消某一字段的复选框,该字段就将隐藏起来。

4. 冻结/取消冻结

在实际操作中,有时由于字段数量过多,在数据表视图中无法看到所有字段,可以通过将一列或多列冻结来解决这个问题。当列被冻结后,无论怎样拖动水平滚动条,被冻结的列始终可见,并显示在窗口的最左边。

冻结列的具体方法为:在数据表视图中,选定要冻结的字段,使用【格式】→【冻结列】命令即可。这时可以看到,该字段被调整到窗口的最左端,而且与相邻字段之间的分隔线变成黑色的细实线。

使用【格式】→【取消对所有列的冻结】命令,可以取消冻结操作。

5. 设置数据表格式

在数据表视图中,可以改变单元格的显示效果、设置背景颜色和边框以及选择网格线的显示方式等。这些操作都可以通过设置数据表的格式来完成,具体方法为:在数据表视图中,使用【格式】→【数据表】命令,在弹出的如图 2-18 所示的"设置数据表格式"对话框中进行相应的设置即可。

图 2-18 "设置数据表格式"对话框

6. 改变字体

通过改变数据表中数据的字体、字形、字号和颜色等特征,可以使数据的显示更加清楚、美观。具体方法为:在数据表视图中,使用【格式】→【字体】命令,在弹出的"字体"对话框中进行相应的设置即可。

2.4.4 数据的查找与替换

数据表作为 Access 数据库的基本对象,它所具有的一个显著特点就是包含着大量的原始数据。如果要从表中成百上千的数据记录之间手工逐一挑选出某些数据,将是一件极其烦琐的工作。为此,Access 提供了多种途径来快速查找所需要的数据,可以查找特定的内容、记录或记录组。

1. 按记录号查找

如果知道待查数据在表中的记录号,或者想了解某条记录,就会使查找工作变得十分简单。此时,只需在记录导航工具栏的记录编号框内输入记录号,再按回车键即可定位于该记录。

2. 按指定内容查找

虽然利用记录号来查找数据的方法十分简便,但是在大多数情况下,用户只知道所要查找的内容,却并不知道相应的记录号。此时,便可通过"查找"对话框,在指定的范围内将包含特定内容的记录逐一查找出来。具体方法如下。

在数据表视图中,使用【编辑】→【查找】命令,或使用 Ctrl + F 快捷键,或单击表工具栏中的"查找"命令按钮,均可打开如图 2-19 所示的"查找和替换"对话框。在其中进行相应的设置后,单击"查找下一个"按钮,系统便会自动选取查找到的匹配内容。如果还要继续查找以后出现的内容,单击"查找下一个"按钮即可。

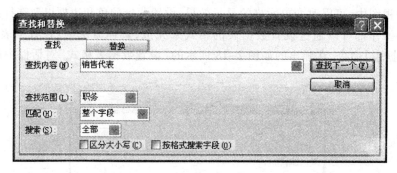

图 2-19　"查找和替换"对话框

在查找过程中,应该注意以下几点。

① 在"查找内容"文本框中输入要查找的内容。如果只知道要查找的部分内容,可以通过使用通配符来进行条件的限定(注意:通配符专门用于文本型数据)。可供使用的通配符如表 2-3 所示。

表 2-3　有关通配符的使用说明

字　符	功　能	示　例
*	通配多个任意字符	"wh * "可以找到 white 和 why,但却找不到 wash
?	通配一个任意字符	"b? ll"可以找到 ball 和 bill,但却找不到 beall
[ ]	通配方括号内的任意一个字符	"b[ae]ll"可以找到 ball 或 bell,但却找不到 bill
!	通配任何不在括号内的字符	"b[!ae]ll"可以找到 bill 和 bull,但却找不到 bell
–	通配指定范围内的任意一个字符。必须以递增的顺序来指定范围(从 A 到 Z,而不是从 Z 到 A)	"b[a-c]d"可以找到 bad、bbd 和 bcd,但却找不到 bdd
#	通配任意一个数字字符	"1#3"可以找到 103、113、123 等,但却找不到 1d3

② 在"查找范围"下拉列表框中,列出了查询内容的两个搜索范围,即对整个数据表进行查找或只对某个字段进行查找。注意,"查找范围"下拉列表框中所包括的字段是在进行查找之前光标插入点所在的字段,所以最好在查找之前将光标插入点移到所要查找的字段上,这样会比对整个表进行搜索要快得多。

③ 在"匹配"选项中选择查找所需满足的条件,包括字段的任何部分、整个字段、字段开头这3个选项。如果选择了"整个字段"选项,则在进行查找时,只查找字段内容与输入的查找内容完全相同的记录。

④ 在"搜索"选项中选择进行查找时的搜索方向,可以选择从光标插入点"向上"或"向下"查找,也可以选择"全部"选项以便在整个字段(或数据表)中进行查找。

⑤ 如果要将查找到的内容替换成其他的值,单击"替换"选项卡,在其中输入需要替换成的新的数据即可。

3. 查找空值或零长度字符串

在 Access 中,还可以使用查找功能来搜索空值或零长度字符串这类比较特殊的数据。这需要在如图 2-19 所示的"查找和替换"对话框中进行如下操作。

① 如果要查找未设置格式的空值,在"查找内容"组合框中输入 Null,并要确保"按格式搜索字段"复选框未被选中,即可查找到空值。

② 如果空字段已经被设置了格式(如@ ;"none";"Unknown"),则输入设置了格式的字符串"Unknown",并确保选中"按格式搜索字段"复选框,即可查找到空值。

③ 如果要查找已经设置了格式(如@ ;"none";"Unknown")的零长度字符串,在"查找内容"组合框中输入设置了格式的字符串"none",并确保选中"按格式搜索字段"复选框,即可查找到零长度字符串。

2.4.5 记录排序

在数据表视图中,有时需要以不同的顺序显示记录,这时就可以对数据表中的记录进行排序操作。同时,排序还可以加快查找和替换的速度。排序就是根据当前表中的一个或多个字段的值对整个数据表中的所有记录重新进行排列,有升序和降序这两种方式。

排序的具体方法为:在数据表视图中,单击用于排序记录的字段,在【记录】→【排序】命令中进一步选择【升序排序】或【降序排序】命令;或者直接单击表工具栏中的"升序排序"或"降序排序"命令按钮,即可完成相应的排序操作。

在排序过程中,应该注意以下几点。

① 当按照上述方法同时选取了多个字段进行排序时,系统将会从最左边的字段开始排序。内容相同时,再按照相邻的第二个字段排序,以此类推。

② 排序次序将和表一起被保存,并且在重新打开该表或者创建基于该表的其他数据库对象时,自动重新应用排序次序。

③ 排序记录时所依据的规则是"中文"排序,即当文本型数据按升序排序时,排列的顺序为数字、英文字母、中文。其中,数字将作为字符串而不是数值来排序,例如,对文本字符串"1"、"2"、"11"和"22"的排序结果为"1"、"11"、"2"、"22";英文按字母顺序排序且不区分大、小写;中文按拼音的字母顺序排序。

④ 使用升序排序日期和时间,是指由较早的时间到较后的时间;使用降序排序日期和时间时,则是指由较后的时间到较早的时间。

⑤ 在以升序来排序字段时,任何包含空值 Null 的记录将列在表的最前面(如果字段中同时包含 Null 值和零长度字符串,则先排序包含 Null 值的字段,然后是零长度字符串)。

⑥ OLE 型的字段不能被排序。一般情况下,也不对备注型和超链接型字段进行排序。

2.4.6　记录筛选

筛选是查找和处理数据表中的记录子集的快捷方法。通过筛选,可以使数据表中符合设定筛选条件的记录被显示出来,而将不满足条件的其他记录隐藏起来,形成数据表中的记录子集,这样可以快速访问大量记录中真正关心的数据。与排序不同,筛选并不重排记录,而只是暂时隐藏不满足条件的那些记录。

Access 中提供了"按选定内容筛选"、"按窗体筛选"、"输入筛选目标"和"高级筛选/排序"这 4 种筛选操作,下面分别进行介绍。

1. 按选定内容筛选

如果希望只有包含选定值的记录才会被检索出来,即希望将数据表中所有包含某一个值的记录全部显示出来,那么使用"按选定内容筛选"将非常方便。例如,仍然以"金鑫超市管理系统"中的"商品表"为例,假设希望对所有"类别名称"为"碳酸饮料"的商品进行查看,操作步骤如下。

第一步:在数据表的字段中,查找希望在筛选结果的所有记录中都包含某个值的实例,并选择该值。在本例中,将选择任意"类别名称"字段中为碳酸饮料的记录,并将光标插入点定位在该记录的"类别名称"字段中。

第二步:在表工具栏上单击"按选定内容筛选"按钮,或者使用【记录】→【筛选】→【按选定内容筛选】命令,则在数据表中将只显示"类别名称"字段值为"碳酸饮料"的记录,如图 2-20 所示。

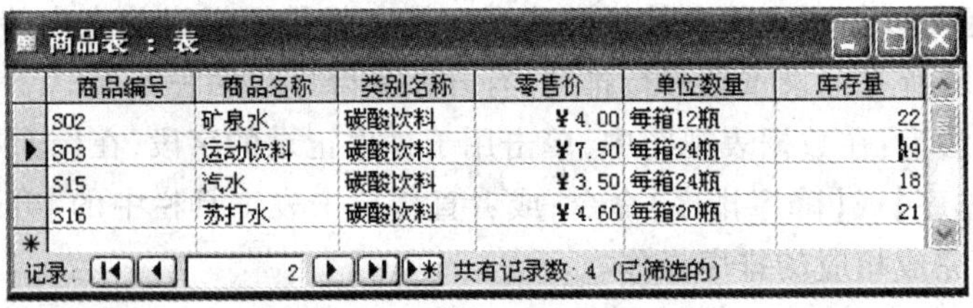

图 2-20　筛选结果示意图

在图 2-20 中,可以看到新生成的数据表中所有记录的"类别名称"字段的值都是"碳酸饮料",而且在记录导航工具栏中,记录数要比筛选之前的记录数小,说明"商品表"中不是所有商品的类别都是碳酸饮料,其他不是碳酸饮料的商品的信息都被隐藏起来了。

第三步:如果有多个筛选准则,可以重复第一、二步,直到获得所需要的记录集合。此时,多个筛选准则之间为并列关系,即所获得的记录集合将同时满足这些准则。

此外,Access 还提供了与"按选定内容筛选"功能相似的"内容排除筛选",具体方法是使用【记录】→【筛选】→【内容排除筛选】命令,利用该筛选可以生成一个不包含某一特定值的记录子集。

在筛选过程中,应该注意以下几点。

① 对数据表进行筛选之后,表工具栏中的"应用筛选"按钮会自动被按下。此时,单击该按钮将取消筛选操作,或者也可以使用【记录】→【取消筛选/排序】命令。

② 选择值的方式决定了筛选将返回的记录。如果选定字段的整体内容,或将插入点放在字段中而不进行任何选择,则筛选结果为与该字段值完全匹配的记录;如果选择字段中值的开头部分,则筛选结果为字段中的值以所选字符开头的记录。

③ 对于空字段,也可以使用"按选定内容筛选"(或"内容排除筛选"),以筛选出所有该字段为空(或不为空)的记录集合。

④ 对于应用筛选后所得到的记录子集,仍然可以进行其他的针对数据表的操作,如调整外观、增加或删除记录、排序甚至修改表结构等操作。

2. 按窗体筛选

虽然在"按选定内容筛选"中可以有多个筛选条件,但各个条件之间都是并列的关系,而实际情况是,在筛选中还经常会遇到"或"的关系。例如,查看"所有的碳酸饮料或者单价大于 5 元的调味品",在这个准则中既有"并列"关系,又有"或"的关系,很显然,使用"按选定内容筛选"是不合适的,此时便可以使用"按窗体筛选"。

下面仍然以"金鑫超市管理系统"中的"商品表"为例,假设希望对所有"类别名称"为"碳酸饮料"的商品或者单价大于 5 元的调味品进行查看,具体的操作步骤如下。

第一步:在数据表视图中,使用【记录】→【筛选】→【按窗体筛选】命令,或单击表工具栏上的"按窗体筛选"按钮,可以切换到如图 2-21 所示的"按窗体筛选"窗口。在该窗口中,Access 将数据表变成单一的记录,并且每个字段组成一个下拉列表框,允许从字段的所有值中选取一个作为筛选内容。同时,在窗体的底部可以为每一组设定的值指定其"或"条件。

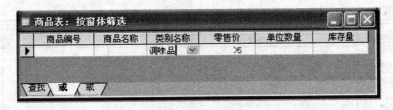

图 2-21 "按窗体筛选"窗口

第二步:单击要用于指定条件的字段"类别名称",在它的下拉列表框中列出了该字段的所有记录值,从中选择所需要的内容,如"碳酸饮料"。

第三步:单击窗口底部的"或"选项卡,在新的窗体中为筛选准则设置"或"条件,如图 2-21 所示。从"类别名称"字段列表框中选择要搜索的字段值"调味品",并且在"零售价"字段中输入表达式">5",这样构成的条件为"类别名称为调味品,并且零售价大于 5"。该条件与第二步中构成的条件"类别名称为碳酸饮料"存在"或"的关系。

如果需要添加其他的"或"条件,重复第三步,继续单击窗口底部的"或"选项卡,在其中输入新的"或"条件即可。所以一定要注意,在同一个窗口中的多个字段下指定的条件存在"并列"关系,在不同窗口中指定的条件存在"或"关系。

如果要查找某一特定字段为空或非空的记录,可以在字段中输入"Is Null"或"Is Not Null"。

第四步:单击表工具栏上的"应用筛选"按钮,或使用【筛选】→【应用筛选/排序】命令,即可生成一个满足条件的记录子集。

3. 输入筛选目标

"输入筛选目标"的方法是使用"筛选目标"框中输入的值或表达式作为筛选准则,以查找含有该值或满足该表达式的所有记录。

具体方法为:在数据表视图中,在需要指定准则的字段上单击鼠标右键,在出现的快捷菜单的"筛选目标"输入框中输入要作为准则的值或表达式,再按回车键即可。

4. 高级筛选/排序

"按选定内容筛选"、"按窗体筛选"和"输入筛选目标"这3种筛选方法是筛选中比较容易的方法,可以利用字段中已有的信息在单个表或查询中生成一个记录子集,而使用"高级筛选/排序"则针对数据库中的多个表或查询,同时可以方便地在固定的界面中设置筛选准则和排序方式。具体操作步骤如下。

第一步:在数据表视图中,使用【记录】→【筛选】→【高级筛选/排序】命令,将弹出如图 2-22 所示的"高级筛选"窗口。该窗口分为上、下两个窗格,上半部分显示的是筛选所需要的数据来源,既可以是一个表,也可以是多个表;下半部分用于设置筛选准则和排序方式。

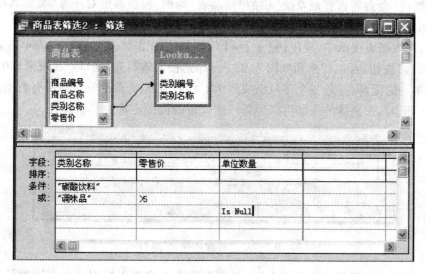

图 2-22 "高级筛选"窗口

第二步:将需要指定用于筛选记录的值或准则的字段添加到设计网格中,如图 2-22 所示,筛选准则为"所有类别名称为碳酸饮料的商品,或者类别名称为调味品且零售价大于 5 的商品,或者单位数量字段为空值的商品"。在高级筛选准则的描述中应当注意,同一行的为"并列"条件,不同行的为"或"条件。

第三步:如果要指定某个字段的排序次序,可以单击该字段的"排序"单元格。然后,单击旁边的箭头,选择相应的排序次序,可以是升序、降序和不排序。当设置了多个排序字段之后,Access 会首先排序设计网格中最左边的字段,然后排序该字段右边的字段,以此类推。

2.5 数据完整性

数据库系统是对现实系统的模拟,现实系统中存在各种各样的规章制度,以保证系统正常、有序地运作。例如,在"金鑫超市管理系统"中对商品的折扣就有规定,还有可能规定某类商品的库存不能超过某个限定值等。现实系统中的这些规章制度可以转换成数据库系统中的各种约束,即构成数据库系统的完整性要求。

在数据库系统中,数据完整性是指保证数据正确的特性。通过完整性约束,可以帮助用户阻止非法数据的输入。数据完整性一般包括实体完整性、域完整性和参照完整性。Access 提供了实现这些完整性的方法和手段。

2.5.1 实体完整性与主关键字

1. 主关键字

实体完整性是保证表中记录唯一的特性,即在一个表中不允许有重复的记录。在 Access中,利用主关键字来保证表中记录的唯一,即保证实体唯一。

如果一个字段的值或多个字段的值能够唯一地标识表中的一条记录,这样的字段或字段组合就称为候选关键字,也可以称为候选键。一个表中可以有多个具有这种特性的字段或字段组合。也就是说,一个表中可以有多个候选关键字。但是,某个表中正在使用的候选关键字只能有一个,这个正在使用的候选关键字就是主关键字,也称为主键。所以,一个关系中最多只能有一个主键。作为主键,必须满足以下两个条件。

① 不能为空:如果为空,表明该值不确定,则无法标识表中的记录。

② 不能重复:如果重复,则主键所标识的记录将失去唯一性。

2. 主关键字的设置

对于主键的设置,可以在定义表结构的同时进行,也可以在定义完表结构后再追加。如果为已经保存有数据的表设置主键,系统将首先对该字段(或字段组合)的值进行实体完整性的判断,即检查该字段(或字段组合)是否符合主键的两个条件。如果符合,则完成设置;如果不符合,则无法将该字段(或字段组合)设置为主键,并给出操作失败的提示。在失败时,可以将不符合条件的字段值进行修改,然后再设置主键即可。

如果要将"金鑫超市管理系统"中"商品表"的"商品编号"字段设置为主键,具体方法为:在"商品表"的设计视图中,单击设计视图上半窗格"商品编号"字段所在的行,使用【编辑】→【主键】命令,或者使用右键快捷菜单中的"主键"命令,或者单击表设计工具栏上的"主键"按钮,均可将该字段设置为主键。

关于主键,应该注意以下几点。

① 设置了主键之后,该字段的左边将出现一个小钥匙。所以,在表的设计视图中,字段名称前面有小钥匙的即为主键。

② 如果设置其他的字段为主键,则原来设置的主键会自动被取消。如果仅仅取消原有的主键,而不重新设置主键,只需在表设计视图中选中构成主键的字段,然后再单击表设计工具栏上的"主键"按钮即可。

③ Access 还允许为多个字段(即字段组合)设置主键,方法与设置单字段主键的方法相同。只是在表设计视图中对多个字段进行选择时,按住 Ctrl 键,再逐一单击所需字段的行选定器即可。在设置了多字段主键后,每一个参与组合的字段前面都有一个小钥匙,但是一定要清楚,此时的主键仍然只有一个,只不过是由多个字段组合而成罢了。

④ 对于设置为主关键字的字段,Access 会自动将其设置为主索引(是"无重复"索引类型的),以加快记录的搜索和排序速度。可以在该字段的索引属性中看到设置索引的情况,也可以打开如图 2-14 所示的"索引"对话框进行查看。

⑤ 对主关键字的值尽量不要作修改。因为主关键字在表中具有重要的地位,它不仅标识表中的记录,而且经常要与其他表中的字段进行关联。

⑥ 对于数据表来说,主键并不是必需的,但是为了保证数据的实体完整性,最好为每个数据表都设置一个主键。如果在保存新建的表之前没有设置主键,系统将询问是否创建主键。如果选择"是",系统将为该表添加一个自动编号型的字段作为主键。

2.5.2　域完整性与约束规则

域是指字段(或属性)的取值范围,域的完整性就是对字段取值范围的约束。前面所讲的数据类型的定义就属于域完整性的范畴。比如,对于数字型字段,通过指定不同的宽度来说明不同范围的数字数据类型,从而可以限定字段的取值类型和取值范围。此外,还可以用一些域约束规则来进一步保证域完整性。域的约束规则也称作字段有效性规则,在插入或修改字段值时被激活,主要用于数据输入正确性的检验。

建立字段有效性规则,仍然是在表的设计视图中进行的。在表设计视图下半窗格的"字段属性"中,有一组定义字段有效性规则的项目,它们分别是"有效性规则"、"有效性文本"和"默认值",具体操作可以参看 2.3.3 小节。注意,"有效性规则"是条件表达式,"有效性文本"是字符串表达式,"默认值"的类型则由字段的类型确定。

2.5.3　参照完整性与表之间的关联

如果将数据的完整性约束按照属于"表本身"还是属于"表间"来分类,那么实体完整性和域完整性都属于"表本身"的完整性约束,而参照完整性则属于"表间"的完整性约束。所以,参照完整性与表间的联系有关,它的基本含义是,当插入、删除或修改一个表中的数据时,通过参照相互关联的另一个表中的数据可以检查对该表的数据操作是否正确。

在表和表之间建立关联,是实现数据参照完整性的前提。

1. 表间关联的类型

表是数据库中最基本的信息结构,是用来存储数据的数据库对象,是创建其他对象的基础。通常情况下,一个数据库中可以包含多个数据表,而每个表只包含关于一个主题的信息,如"金鑫超市管理系统"中的"商品表"、"类别表"等。为每个不同的主题建立单独的表,可以提高数据库的工作效率,减少因数据输入而产生的错误。但是,实际上这些表与表之间又存在着某种必然的联系,通过这种联系才能将数据库中的多个表联结成一个有机的整体。

表和表之间的关联关系可以分为 3 种类型:一对一联系、一对多联系和多对多联系。

(1)一对一联系

如果表 A 中的一条记录最多与表 B 中的一条记录关联,反之,表 B 中的一条记录也最多与表 A 中的一条记录关联，那么称表 A 与表 B 之间存在一对一联系。

例如，“金鑫超市管理系统”中的“商品表”与如图 2-23 所示的“折扣商品表”就存在一对一联系。因为“商品表”中的任意一种商品在一定的时间段内只能有一种售价，如果有折扣的话就会唯一对应“折扣商品表”中的一条记录；反之，“折扣商品表”中的任意一种商品都必须是该超市所销售的商品之一。也就是说，“折扣商品表”中的任意一条记录都必须对应“商品表”中的一条记录。

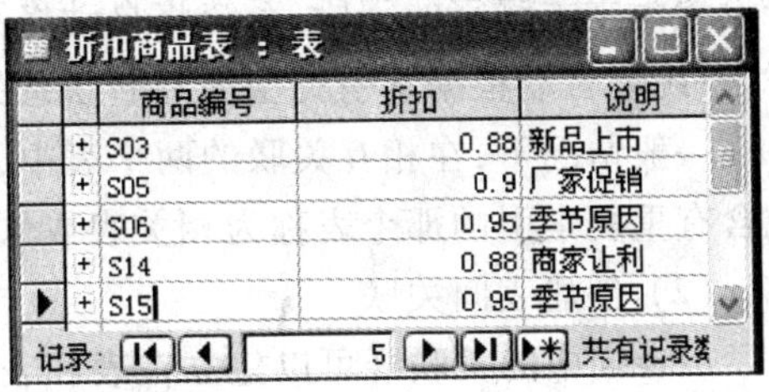

商品编号	折扣	说明
S03	0.88	新品上市
S05	0.9	厂家促销
S06	0.95	季节原因
S14	0.88	商家让利
S15	0.95	季节原因

图 2-23 折扣商品表

（2）一对多联系

如果表 A 中的一条记录可以与表 B 中的多条记录关联，反之，表 B 中的一条记录最多与表 A 中的一条记录关联，那么称表 A 与表 B 之间存在一对多联系。

例如，“金鑫超市管理系统”中的“类别表”与“商品表”就存在一对多联系。因为一个类别的商品可能会有很多种，如“碳酸饮料”类就包括矿泉水、运动饮料、汽水等商品；反之，一种商品只能属于一个商品类别。

（3）多对多联系

如果表 A 中的一条记录可以与表 B 中的多条记录关联，反之，表 B 中的一条记录也可以与表 A 中的多条记录关联，那么称表 A 与表 B 之间存在多对多联系。

例如，“金鑫超市管理系统”中的“商品表”与“销售明细表”就存在多对多联系。因为一张销售单可以包含多种商品，对于“销售明细表”中的每一条记录，在“商品表”中都可以有多条记录与之对应；同样，每种商品也可以出现在许多销售单中，对于“商品表”中的每一条记录，在“销售明细表”中也有多条记录与之对应。

Access 并不直接处理表间的这种多对多联系，而是把这种多对多联系分解成两个一对多联系。“金鑫超市管理系统”中的具体做法就是增加一个“销售项目表”，在该表中包含“商品编号”、“商品名称”、“销售数量”、“销售单编号”等字段。这样，“商品表”与“销售项目表”就存在一对多联系，因为每种商品可以有多行销售项目，但是每个销售项目只能指向一种商品；“销售明细表”与“销售项目表”也存在一对多联系，因为每次可以销售多个项目，但是每个销售项目只能和一次销售有关。

所以，在表和表之间的 3 种关联关系中，Access 实际上处理的是一对一联系和一对多联系。

2. 建立数据表之间的关联

（1）创建表间关联的条件

Access 中对表间关联的处理是通过两个表中的公共字段在表之间建立的。这两个字段既可以是同名字段，也可以是不同名的字段，但是必须具有相同的数据类型。

建立表间联系的这个公共字段必须是其中一个表的主键（或被设置为无重复索引的字段）。如果这个字段在另一个表中也是主键（或被设置为无重复索引的字段），则 Access 会在这两个表之间建立一对一联系；如果这个字段在另一个表中被设置为有重复索引，则 Access 会在这两个表之间建立一对多联系。

因此，创建表间关联的条件，一是要保证建立关联的表具有相同数据类型的字段；二是每个表都要依据该字段建立索引。而表间联系的类型则是由关联字段的索引类型确定的(注意,对于设置为主关键字的字段,系统将自动将其设置为主索引,参看 2.5.1 小节)。在创建表间关联时,系统会自动根据索引类型来判断联系的类型。

一般情况下,在相互关联的两个表中,把包含主键(或无重复索引)字段的表称为主表,而将包含有重复索引的那个表称为相关表或从表。

(2)创建表间关联

Access 中的关联既可以建立在表和表之间,也可以建立在查询和查询之间,还可以建立在表和查询之间。建立关联操作不能在已经打开的表之间进行。因此在建立关联时,必须先关闭所有数据表。

在"金鑫超市管理系统"中,为"类别表"和"商品表"建立关联的步骤如下。

第一步:在"金鑫超市管理系统"的"数据库"窗口中,打开"类别表"的设计视图,为其中的"类别编号"字段设置主键并保存;打开"商品表"的设计视图,为其中的"LBBH"字段设置有重复索引并保存。

第二步:在"数据库"窗口中,使用【工具】→【关系】命令,或单击数据库工具栏上的"关系"按钮,弹出"关系"窗口,并出现如图 2-24 所示的"显示表"对话框。在该对话框中选择要创建关联的表(或查询),如"类别表",再单击"添加"按钮即可将"类别表"添加到"关系"窗口中。采用同样的方法,把所需要的表都添加到"关系"窗口中。单击"关闭"按钮,出现如图 2-25 所示的"关系"窗口。

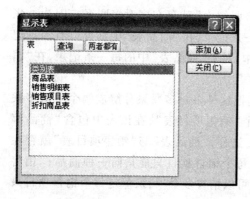

图 2-24 "显示表"对话框

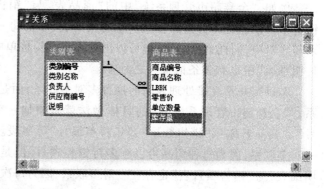

图 2-25 "关系"窗口

第三步:从"关系"窗口中可以看出,"类别表"中的"类别编号"字段为粗体显示,说明该字段是主键。按住鼠标左键将"类别表"的"类别编号"字段拖动到"商品表"中的"LBBH"字段,松开鼠标后,将出现如图 2-26 所示的"编辑关系"对话框,单击"确定"按钮,则在"类别表"和"商品表"之间建立了一对多联系,具体的表现是在"关系"窗口中的两个表之间多了一条连线。

到目前为止,表之间的联系就创建好了,但是 Access 默认并没有建立任何参照完整性约束。此时,对"类别表"的任何操作都不会影响"商品表",同样对"商品表"的任何操作也不会影响"类别表"。

此外,创建表间关联后,在"关系"窗口中,单击表之间的连线(选中时,关系线会变成粗黑状),然后从右键快捷菜单中选择"删除"命令即可删除表间关联;选择"编辑关系"命令可以打开

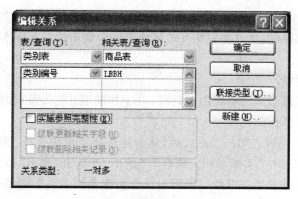

图 2-26 "编辑关系"对话框

"编辑关系"对话框以重新设置表间关联。

（3）使用子表

当两个表建立了关联之后，通过关联字段就有了主表和子表之分。子表的概念是相对于主表而言的，子表是嵌套在主表中的表。当用户使用主表时，可以方便地处理子表中的数据，包括对子表中的记录的添加、删除等操作。

在数据表视图中打开主表时，可以通过单击折叠按钮"＋"来打开子表，以显示与该主表中的记录在子表中相对应的记录（如图 2-27 所示为"类别表"主表和"商品表"子表），也可以单击"－"按钮关闭子表的显示。

在数据表视图中打开主表，使用【格式】→【子数据表】→【删除】命令，可以删除子表。注意，此时仅仅是解除了子表与主表的嵌套关系，并不是真正地删除子表，也不会改变任何已经设置的表间关联。

	类别编号	类别名称	负责人	供应商编号	说明
- L1		碳酸饮料	李秀艳	东海	2个工作日可到货

	商品编号	商品名称	零售价	单位数量	库存量
	S15	汽水	￥3.50	每箱24瓶	18
	S16	苏打水	￥4.60	每箱20瓶	21
	S02	矿泉水	￥4.00	每箱12瓶	22
	S03	运动饮料	￥7.50	每箱24瓶	49
＊					

	类别编号	类别名称	负责人	供应商编号	说明
+ 110		文具	赵帅	大千	5个工作日可到货
+ L2		牛奶制品	张文杰	日日发	24小时内可到货
+ L3		果汁茶类	唐小丽	佳佳	2个工作日可到货
+ L4		酒类	杨洋	玉成	3个工作日可到货
+ L5		点心	马慧芳	百达	24小时内可到货
+ L6		卤制食品	孙伟	百达	24小时内可到货
+ L7		调味品	贾海涛	宏仁	3个工作日可到货
+ L8		卫生化妆用品	王慧如	可欣	3个工作日可到货
▶ + L9		日用品	赵帅	日日发	3个工作日可到货
＊					

记录：|◀ ◀   10 ▶ ▶| ▶＊ 共有记录数：10

图 2-27 "类别表"主表和"商品表"子表

此外，在数据表视图中，还可以通过执行【插入】→【子数据表】命令为该表添加子表。

3. 实施参照完整性

表之间建立关联的目的是实施"参照完整性"以维护表之间的逻辑关系。参照完整性作为输入或删除记录时,为维持表之间已经定义的关系而必须遵循的一个规则系统,它会在插入、删除或修改一个表中的数据时,通过参照相互关联的另一个表中的数据来检查对该表的数据操作是否正确。

(1)实施参照完整性

对一个表间关联实施参照完整性的条件是:对于相关表(或从表)中的任何一条记录,都必须在主表中存在与之相匹配的记录。

在"关系"窗口中选中表之间的关系线后,从右键快捷菜单中选择"编辑关系"命令,在弹出的"编辑关系"对话框中选中"实施参照完整性"复选框,并单击"确定"按钮,系统就会自动判断该关联关系是否可以实施参照完整性。如果不符合实施参照完整性的条件,则必须编辑相关表中的记录以满足该条件,否则将无法对相关联的两个表实施参照完整性。

实施参照完整性后,在"关系"窗口中的关系线两端将分别标注"1"和"∞",这表示该关系是一对多联系,"1"表示"一"方,"∞"表示"多"方。此后,对实施了参照完整性的表的操作会遵循以下规则。

① 如果主表中的主键字段不包含某个值,那么该值也不能被输入到相关表的外键字段(即关联的公共字段)中。例如,"类别表"和"商品表"的关系,如果设置了"参照完整性",则"商品表"中的"LBBH"字段的值必须存在于"类别表"中的"类别编号"字段,或者为空值。

② 如果在相关表中存在匹配的记录,则不能从主表中删除这条记录。例如,在"商品表"中某一商品属于某一类别,那么在"类别表"中就不能删除该类别的记录。

③ 如果主表中的某条记录在相关表中有与之匹配的记录,则不能在主表中更改该记录的主键值。例如,在"商品表"中的某一商品属于某一类别,那么在"类别表"中就不能更改该类别的类别编号。

实行参照完整性后,还可以进一步选择"级联更新相关字段"和"级联删除相关记录"两个复选框。

(2)级联更新相关字段

如果实施了参照完整性,并进一步选中了"级联更新相关字段"复选框,那么无论何时更改主表中的记录的主关键字的值,系统都会自动在相关表中的所有记录中将该值更新为新的值。例如,在"商品表"中,某几种商品都属于某一类别,那么在"类别表"中更改了该类别的类别编号后,"商品表"中的这几条相关记录的"LBBH"字段都会自动更改为新的类别编号值。

(3)级联删除相关记录

如果实施了参照完整性,并进一步选中了"级联删除相关记录"复选框,那么无论何时删除主表中的记录,系统都会自动删除相关表中与之匹配的所有记录。例如,在"商品表"中,某几种商品都属于某一类别,那么在"类别表"中删除该类别的记录后,"商品表"中的这几条相关的商品记录都会自动被删除。

2.6 数据的链接、导入与导出

为了方便数据的共享,Access 还提供了数据的链接、导入和导出等技术手段。

1. 数据的链接

所谓数据的链接是指在 Access 中,直接使用存储在已经打开数据库之外的文件中的表(如其他 Access 数据库中的表、Excel 工作表以及 dBASE 系统中的表等)，并对表中的数据进行访问。

数据链接的具体方法为：打开要链接数据所在的数据库，使用【文件】→【获取外部数据】→【链接表】命令，打开"链接"对话框，从中选择被链接表的文件存储位置、文件类型以及文件名，单击"链接"按钮。此时会有以下几种不同的情况。

① 如果链接的是文本文件，将打开"链接文本向导"。

② 如果链接的是 Excel 工作表，将打开"链接数据表向导"。

③ 如果链接的是其他的 Access 数据库中的表，将打开"链接表"对话框。

④ 如果链接的是 HTML 文档，将打开"链接 HTML 向导"。

总之，依据向导的提示进行相应的选择操作后，即完成了对数据的链接。这时，在"数据库"窗口中会显示出该链接文件的图标，图标的前面有一个表示链接的小箭头。把这个存储在已经打开数据库之外的文件中的表称为链接表，而把其他的表称为本地表。

Access 允许访问链接表中的记录，可以对链接表中的记录进行添加、删除和编辑等操作，但是不能更改其结构。同时，对链接表中数据的修改也会反映到原表中。对原表的任何结构或数据的修改都会反映到链接表中。

通过对链接表执行复制和粘贴操作，可以将链接表转换为本地表，具体可以参看 2.4.1 小节。还可以删除链接表，但对链接表的删除仅仅是删除用于打开表的信息，而不是真正删除表本身。

2. 导入表

除了前面介绍的创建表的方式之外，Access 还提供了导入表的功能，即直接将外部的表(如其他 Access 数据库中的表、Excel 工作表、文本文件、HTML 文档以及 dBASE 系统中的表等)导入到当前数据库中。

导入表的具体方法为：打开要导入表的数据库，使用【文件】→【获取外部数据】→【导入】命令，将打开"导入"对话框。从中选择被导入表的文件存储位置、文件类型以及文件名，单击"导入"按钮，其余情况与链接表的操作类似。

导入表的结果是生成一个本地表，此时可以对导入表进行结构和记录等方面的各种操作。另外，对导入表的任何操作都不会影响原表，反之亦然。

3. 导出表

Access 不仅可以将其他格式文件的数据链接或导入到数据表中，而且可以将数据表或查询中的数据导出到其他格式的文件中。

导出表的具体方法为：在要导出表的"数据库"窗口的"表"对象中，单击以选中将要导出的表名；使用【文件】→【导出】命令，将弹出"导出为…"对话框；在该对话框中设置导出后文件的保存位置、文件类型和文件名称；单击"导出"按钮，打开相应文件类型的导出向导，根据向导的提示完成操作即可。

▢ 本章小结

本章在对 Access 数据库管理系统进行简单介绍的基础上，以一个小型超市管理系统为出发点,讲解了 Access 数据库的主要特点、基本操作、内部组成和安全保护。重点讲解了表对象的相关知识和基本操作,因为表既是整个数据库系统的基础,也是数据库中其他对象的操作依据。

Access 支持文本型、数字型、日期/时间型、备注型、OLE 型等多种数据类型。在创建表之前,首先要设计好表的结构,包括设计字段名、数据类型以及其他字段属性,如格式、输入掩码、标题、有效性规则等。创建表的方法多种多样,但是以在设计视图中创建作为最主要的手段,因为所有其他方式所创建的表都必须在设计视图中进行结构上的修改和维护。创建合理的表结构,并向其中输入所需要的数据之后,一个表才真正成为完整的表。

表创建好之后,用户便可使用该表实现数据的处理过程。对表中的数据处理包括添加、删除或更新表中的数据,对表中数据的查找和替换、记录的排序和筛选等操作,以及改变行高、列宽等表的外观,这些操作都可以在数据表视图中完成。

在数据库系统中保证数据的正确性至关重要,通过完整性约束可以帮助用户阻止非法数据的输入。Access 通过实体完整性和域完整性来实现对一个表中数据的正确性验证,而对于多个相互之间有一定关系的数据表,则提供了参照完整性的方法。

为了方便数据的共享,Access 还提供了导入、导出和链接等技术手段。

习题

一、单项选择题

1. Access 是一个基于(   )的数据库管理系统。

    A. 层次模型   B. 网状模型   C. 关系模型   D. 面向对象模型

2. (   )不是 Access 数据库中所包含的对象。

    A. 表   B. 向导   C. 窗体   D. 报表

3. 根据关系规范化理论,关系模式的任何属性(   )。

    A. 均可再分   B. 命名可以不唯一   C. 不可再分   D. 以上都不能

4. 在数据库中能够唯一地标识一个元组的属性或属性组合称为(   )。

    A. 记录   B. 字段   C. 域   D. 关键字

5. 由 Access 所创建的数据库文件,其默认的扩展名为(   )。

    A. . dot   B. . mdb   C. . xls   D. . ppt

6. 在 Access 的表中,给一个字段设置索引,可以(   )。

    A. 在运行时自动给出该字段的帮助信息   B. 给记录自动编号

    C. 加快排序或查找记录的速度   D. 排除重复的数据记录

7. 以下关于主键的描述,不正确的是(   )。

    A. 主键的值必须唯一   B. 主键的值不可重复

    C. 对于一个数据表来说,主键不是必需的   D. 对设置为主键的字段不可索引

8. 如果一个班里只能有一个班长,而且一个班长不能同时担任其他班的班长,那么班级和班长这两个实体之间的关系属于(   )。

    A. 一对一联系   B. 一对多联系   C. 多对多联系   D. 无联系

9. 若要正确地建立多表联系,则(   )。

    A. 至少应该先建立这些表的报表   B. 应该先为每个表都设置一个主键

    C. 应该先对这些表进行排序   D. 应该在这些表中建立索引

10. 记录是表中一组字段的集合,同一表中的所有记录都具有(　　)的结构。

    A. 相同　　　　　　B. 不同　　　　　　C. 随机　　　　　　D. 由数据库管理系统决定

11. 属于 Access 可以导入的数据源是(　　)。

    A. Access　　　　　B. FoxPro　　　　　C. Excel　　　　　　D. 以上皆是

12. 在使用表设计器定义表中的字段时,不是必须设置的内容是(　　)。

    A. 字段名称　　　　B. 数据类型　　　　C. 说明　　　　　　D. 以上皆是

13. 在 Access 中,不合法的字段名是(　　)。

    A. SEX　　　　　　B. [NAME]　　　　C. Birthday　　　　D. X_M

14. 在一个数据库表中最多可以设置(　　)个主关键字(主键)。

    A. 1　　　　　　　B. 2　　　　　　　C. 3　　　　　　　D. 小于等于字段数目

15. Access 数据库中的对象包括(　　)等。

    A. 表、模块和数据访问页　　　　　　　　B. 表单、窗体和查询

    C. 表、组和报表　　　　　　　　　　　　D. 查询、报表和宏组

16. 在 Access 的表中,数字型字段(　　)。

    A. 固定占有 2 B　　　　　　　　　　　　B. 固定占有 4 B

    C. 固定占有 8 B　　　　　　　　　　　　D. 以上说法都不对

17. 在 Access 中,(　　)是数据库中存储数据的最基本的对象。

    A. 表　　　　　　　B. 工作表　　　　　C. 报表　　　　　　D. 查询表

18. 如果在表的设计视图中,字段名称前面出现钥匙标记,表明该字段被(　　)。

    A. 锁定,不可再更改其内容　　　　　　　B. 设置了密码

    C. 设置成主关键字(主键)　　　　　　　D. 其他数据库所引用

19. 如果要将一小段音乐存放在表的某个字段中,应将该字段的数据类型设置为(　　)。

    A. OLE 对象　　　　B. 超链接　　　　　C. 备注　　　　　　D. 查阅向导

20. 文本型字段的"格式"属性使用@;"尚未输入",则下列叙述中正确的是(　　)。

    A. 代表所有输入的数据　　　　　　　　　B. 只可输入"@"符号

    C. 此栏不可以是空白　　　　　　　　　　D. 若未输入数据,则会显示"尚未输入"这 4 个字

21. Access 中的数据类型不包括(　　)。

    A. 文本型　　　　　B. 备注型　　　　　C. 通用型　　　　　D. 货币型

22. 不能进行索引的字段类型是(　　)。

    A. 备注型　　　　　B. 数字型　　　　　C. 字符型　　　　　D. 日期时间型

23. Access 在同一时间可以打开(　　)个数据库。

    A. 1　　　　　　　B. 2　　　　　　　C. 3　　　　　　　D. 4

24. 在 Access 中,以下关于在两个表中建立关系的说法中,正确的是(　　)。

    A. 如果两个表的相关字段都是主键,则可以创建一对一联系

    B. 如果仅有一个相关字段是主键,则可以创建一对一联系

    C. 如果两个表的相关字段都是主键,则可以创建多对多联系

    D. 如果两个表的相关字段都是主键,则可以创建一对多联系

25. 以下关于有效性规则和有效性文本的叙述中,正确的是(　　)。

    A. 只要对数据进行有效性规则的验证,有效性文本就会显示

    B. 只有当数据被验证符合有效性规则时,有效性文本才会显示

    C. 只有当数据被验证不符合有效性规则时,有效性文本才会显示

    D. 有效性规则和有效性文本是字段的两个相互独立的属性,不存在直接关系

二、填空题

1. 字段的有效性规则是给字段输入数据时设置的_____。

2. 如果在一个表中设置了主键，表中记录的_____就将依赖于主键的取值。

3. _____是查找和处理数据表中记录子集的快捷方法，可以使数据表中符合设定条件的记录显示出来，而将其他不满足条件的记录隐藏起来，以形成数据表中的记录子集。

4. 表结构的设计和维护是在_____中完成的，表中数据的编辑和修改是在_____中完成的。

5. 对于事先难以确定长度上限值的文本，需要采用_____型数据进行存储，这种数据类型没有数据长度等方面的限制，仅受限于磁盘空间。

6. Access 提供了两个默认组：管理员组和_____，它们不可以被_____。

7. Access 中的索引类型有两种，即_____和无重复索引。对表中的某一字段建立索引时，若其值有重复，只能选择_____索引。

8. 默认的工作组信息文件是_____。

9. 文本型字段最多可以容纳_____个汉字。

10. 一个学生可以同时选修多门课程，一门课程可以由多个学生选修，学生和课程之间的联系为_____。

11. 为数据库设置密码时，数据库必须以_____方式打开。

12. Access 的数据完整性一般包括实体完整性、域完整性和_____。

13. 可以将 Access 数据库中的数据发布在 Internet 上的是_____。

14. 在 Access 中提供了_____、_____、"输入筛选目标"和"高级筛选/排序"这 4 种筛选操作。

15. 创建表间关联的条件，一是要保证建立关联的表具有相同数据类型的字段；二是每个表都要_____。

三、简答题

1. 简述 Access 2003 的主要特点。

2. 简述 Access 中表和数据库之间的关系。

3. Access 数据库中的数据对象有哪几种？各有什么作用？

4. 使用设计器、使用向导、导入表和通过输入数据来创建表，有何不同？

5. 表间有几种关联？如何建立两个表的一对多联系？

6. 什么是主关键字？它有哪些特点？如何设置主关键字？

7. 简述"数据表视图"和数据表的"设计视图"的不同构成和作用。

8. 简述常用的保护数据库安全的方法。

9. 什么是筛选？Access 中的筛选包含哪几种类型？各有哪些应用？

10. 表的导入和导出各有什么作用？如何对表进行导入和导出操作？

查 询

第 **3** 章

上一章介绍了数据表的基本操作。在将数据保存到数据表中之后,就可以对数据进行不同的分析和处理,查询就是用来对数据进行检索、分析、计算和更新等加工处理的数据库对象。本章主要介绍查询的基本概念和不同类型的查询的建立方法。

3.1 查询概述

查询是基于表或其他查询而建立的,它可以把一个或多个表中的数据按照一定的准则进行重新组合,使多个表中的数据在一个虚拟表中显示出来。Access 为用户提供了选择查询、交叉表查询、参数查询、操作查询和 SQL 查询这 5 种类型的查询。

3.1.1 查询的概念

查询实际上是将分散的数据按一定的条件重新组织起来,形成一个动态的数据记录集合。理解查询概念时,应该注意以下几点。

① 查询的数据源既可以是表,也可以是其他的查询。用户可以根据实际需要对数据库中的某个表或某些表进行数据提取、加工、处理等,通过执行查询可以将分散在多个表中的数据集中起来。

② 查询不仅可以从指定的数据源中提取数据,而且还可以对数据进行一系列运算,例如统计商品总数、计算某一类商品的均价等。

③ 查询的结果是一个动态的数据记录集。这个记录集在数据库中并没有真正地存在,只是当查询运行时实时地从数据源中提取并组建而成的。在关闭一个查询之后,其结果集就不存在了,而结果集中的所有记录仍将保存在原来的基本表中。查询的结果与数据源中的数据始终保持同步。也就是说,当记录数据信息的基本表发生变化时,查询结果将是变化之后的实际数据。

从形式上看,查询的结果与基本表的外观十分相似,也是由行与列组成的,但表是用来存储原始数据的,而查询是在表或其他查询的基础上创建并对原有数据所进行的再加工。

虽然查询结果是一个动态的记录集,但是该数据集也可以用于生成新的基本表并永久保存。同时,利用查询还可以对数据表中的记录进行插入、修改和删除等更新操作。

④ Access查询对象只记录查询方式,包括查询条件与所执行的动作(添加、删除、更新等)。当用户调用一个查询时,就会按照它记录的查询方式进行查找,并执行相应的操作,如显示一个结果记录集,或执行其他操作等。

⑤ 由于查询是经过处理的数据集合,因而适合作为数据源,为窗体、报表或数据访问页等其他数据库对象提供数据。

通过理解查询的概念,可以总结出查询的主要功能为:提取数据、实现计算、数据更新、生成新表以及作为其他对象的数据源等。

3.1.2 查询的种类

查询可分为选择查询、交叉表查询、参数查询、操作查询、SQL查询这5种类型。

1. 选择查询

选择查询是最常用的查询类型,它可以按照一定的规则从多个表或其他查询中获得数据,并进行排序、分组和统计等计算。利用选择查询可以方便地查看一个或多个表中的部分或全部数据。

2. 交叉表查询

交叉表查询类似于Excel中的数据透视表,它可以计算并重新组织数据的结构,可以更加方便地分析数据。

3. 参数查询

参数查询在运行时将弹出一个对话框,提示用户输入数据,并将该数据作为查询条件。

4. 操作查询

操作查询除具有从数据源中抽取数据的功能之外,还具有更新数据的功能。操作查询又可以分为追加查询、删除查询、更新查询、生成表查询这4种类型。

(1)追加查询

利用追加查询,可以将一个或多个表中的一组记录添加到另一个或多个表的尾部。例如,将包含新客户信息的查询结果直接添加到原有的"客户表"表中,而不需要手工输入。

(2)删除查询

利用删除查询,可以从一个或多个表中成批地删除记录,而不是只删除一条记录。例如,可以使用删除查询来删除没有订单的产品。

(3)更新查询

利用更新查询,可以对一个或多个表中的一组记录进行批量更改。例如,可以给销售业绩达到一定指标的雇员增加5%的工资。

(4)生成表查询

利用生成表查询,可以将一个或多个表中的数据的查询结果转存为新表。

5. SQL查询

SQL查询是通过直接在SQL窗口中输入SQL语句而建立的查询。SQL(Structured Query Language,结构化查询语言)是数据库操作的工业化标准语言。在查询的"设计视图"中创建查询时,Access 会在后台构造等价的 SQL 语句,用户可以在 SQL 视图中查看和编辑对应的 SQL 语句。Access 的 SQL 查询包括联合查询、传递查询、数据定义查询等。

3.1.3 查询的创建方法与视图

在 Access 中,建立查询的方法有 3 种,分别是使用查询向导、设计视图和 SQL 命令。本章主要介绍利用查询向导和设计视图来建立查询,利用 SQL 命令建立查询将在下一章中讲解。

Access 提供了 4 种创建不同查询的向导,即简单查询向导、交叉表查询向导、查找重复项查询向导、查找不匹配项查询向导,它们创建查询的方法基本相同,用户可以按自己的需要进行选择。在查询设计视图中,不仅可以创建新的查询、修改已有的查询,还可以修改作为窗体、报表或数据访问页数据源的 SQL 语句。查询设计视图中所作的更改也会反映到相应的 SQL 语句中去。对创建查询来说,设计视图的功能更为丰富,但是使用向导创建基本的查询比较方便。可以先利用向导创建查询,然后在设计视图中对它进行修改。

在 Access 中,查询常用的视图有 3 种:一是设计视图,即查询设计器对话框;二是数据表视图,用于显示查询结果集;三是 SQL 视图,通过 SQL 语句进行查询。

例 3.1 在"金鑫超市管理系统"数据库中,创建一个"各类商品"查询,其中包括 4 个字段,即类别名称、商品名称、单价、规格,分别来自于"商品"和"商品分类"这两个表,这两个表之间建立了一对多联系。该查询的 3 种视图分别如图 3-1、图 3-2 和图 3-3 所示。

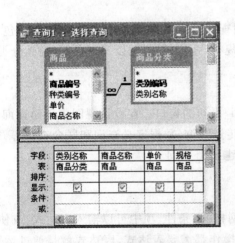

图 3-1 查询的设计视图　　　　图 3-2 查询的数据表视图

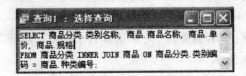

图 3-3 查询的 SQL 视图

1. 查询的设计视图

查询设计视图是用来设计查询的窗口。打开查询设计视图的方法有很多,在"数据库"窗口中单击对象栏的"查询"按钮,再选择查询对象列表中的"在设计视图中创建查询"快捷方式,或单击"数据库"窗口中工具栏上的"新建"按钮,在弹出的"新建查询"对话框中选择"设计视图"选项,都可以打开查询设计视图及"显示表"对话框。

查询设计视图分为上、下两个部分。上半部分是表或查询的显示区,用于显示查询所使用的基本表或查询,可以是多个表或查询;下半部分是查询"设计网格",其中的每一列都对应于查询结果数据集合的一个字段,每一行分别是字段的属性和要求。查询设计视图下半部分的各项含义如下。

① 字段:设置定义查询对象时需要从数据源中选择的字段。

② 表:设置字段的来源。

③ 排序:设置是否需要排序以及排序的方式。

④ 显示:设置被选择的字段是否在数据表视图中显示出来。

⑤ 条件:设置对字段的限制条件。如果条件放在同一行,则表示"并列"的条件;如果条件放在"或"一行,则表示"或者"的条件。

设计查询的过程为:先选择查询所使用的表或其他查询(将自动显示在设计视图的上半窗格中);再从下半窗格的"字段"一行中选择所需要的字段;输入查询条件,设置排序方法以及是否显示等属性。

查询建立好之后,可以直接单击"查询设计"工具栏中的"运行"按钮或使用【查询】→【运行】命令来执行该查询,此时将显示查询的数据表视图。

2. 查询的数据表视图

数据表视图用于显示在设计视图中所创建的查询的结果集。本例中,查询结果集包含的是"商品"表中所有记录的"商品名称"、"单价"和"规格"字段的数据,以及来自于"商品分类"表的"类别名称"字段信息。

3. 查询的 SQL 视图

查询的 SQL 视图是用来显示和编辑对应 SQL 语句的窗口。在设计视图中创建查询时,Access 将在后台构造等效的 SQL 语句。另外,对于传递查询、数据定义查询和联合查询等,则无法在设计视图中创建,而必须直接在 SQL 视图中创建 SQL 查询。

3.1.4 查询条件

在进行查询时,可以设置查询条件。在设计网格的"条件"项中可以输入表达式,或使用"表达式生成器"来输入条件表达式。Access 的许多操作都需要表达式,表达式就是通过运算符将常量、变量、函数等按一定的规则组合而成的式子,表达式也称为准则。

1. 运算符

Access 的运算符有 5 种:算术运算符、关系运算符、连接运算符、逻辑运算符、对象运算符。各种运算符的作用如表 3-1 所示。

(1) 算术运算符

对算术运算符说明如下。

① 算术运算符中,除了"-"外都是双目运算符。"-"运算符在单目运算中表示负号的意思,在双目运算中作算术减法运算。

表 3-1 Access 的运算符

类 型	运 算 符	描 述
算术运算符	+(加)、-(减)、Mod(取余或求模)、\(整除)、*(乘)、/(除)、-(负号)、^(指数或幂)	进行数学计算的运算符
关系运算符	=(相等)、<>(不相等)、>(大于)、<(小于)、>=(不小于)、<=(不大于)、Like、Is	进行比较的运算符
连接运算符	&、+(字符连接符)	合并字符串的运算符
逻辑运算符	Not(非)、And(与)、Or(或)、Xor(异或)、Eqv(相等)、Imp(隐含)	执行逻辑运算的运算符
对象运算符	!(叹号运算符)、.(点运算符)	引用一个窗体、报表或控件,引用对象的属性

② 整除要求两个操作数都是整数。如果操作数中有小数,先四舍五入取整后再作运算。运算得到的结果舍去小数部分而取整。例如,5.7\2.2,结果为3。

③ 求模运算计算两个数相除后的余数,要求两个操作数都是整数。如果操作数中有小数,先四舍五入取整后再作运算。如果被除数是正数,余数是正数;如果被除数是负数,余数是负数。运算得到的结果舍去小数部分而取整。例如,-11 Mod 3,结果为-2。

④ 算术运算符的优先级:幂>取负值>乘和除>整除>求模>加和减。

(2)关系运算符

对关系运算符说明如下。

① 对两个操作数进行比较,得到一个逻辑值。

例如:

示 例	"a" = "A"	true < false	"aa" < "ab"	"aa" < "aaa"	"郝" < "王"	"" < "3"
结果	true	true	true	true	true	true

② 关系运算符的优先级相同。

(3)逻辑运算符

对逻辑运算符说明如下。

① 对两个逻辑值进行比较,结果仍然是逻辑值。

例如:true = -1 And false = 0 And false > true,结果为 true。

② 逻辑运算符的优先级:Not > And > Or 和 Xor > Eqv > Imp。

(4)连接运算符

对连接运算符说明如下。

① "&"强制将两个操作数作为字符串连接。

② "+"只对字符串进行连接。

③ 连接运算符的优先级相同。

（5）优先级汇总

对优先级说明如下。

① 括号 > 算术运算符 > 连接运算符 > 关系运算符 > 逻辑运算符。

② 当优先级相同时，运算顺序是从左到右。

（6）对象运算符

对对象运算符说明如下。

① 叹号运算符，用来引用一个窗体、报表或控件。

例如，forms！学生信息窗体！t2，功能是引用学生信息窗体中的控件t2。

② 点运算符，引用对象的属性。

例如，Me！t2. forecolor = 255，功能是将当前窗体控件t2的前景色设置为红色。

2. 表达式

表达式是指由常量、变量、运算符及括号按一定的规则组成的式子，通过运算产生一个明确的结果，结果的类型由数据与运算符共同确定。

（1）表达式的书写规则

① 乘号不能省略。

② 括号必须配对出现。

③ 表达式从左到右书写，如 y^3 应该写作 y^3。

（2）不同数据类型间的转换

在算术运算中，如果操作数具有不同的数据精度，则规定统一先将操作数转换为精度最高的类型后再进行计算。例如，一个整数加上一个实数，则首先将两个操作数都转换为实数，再进行计算。类型精度的顺序如下：整型 < 长整型 < 单精度 < 双精度。

3.2　选择查询

选择查询是最常见的查询类型，它可以从一个或多个表中提取数据，并进行排序、分组和统计等计算。利用选择查询，可以方便地查看一个或多个表中的部分或全部数据。

3.2.1　创建选择查询

选择查询可以利用查询向导创建或在设计视图中创建。使用查询向导创建查询的过程比较简单，用户只需根据查询向导提示的步骤进行操作，即可生成所需要的查询。与查询向导相比，查询设计视图是功能更强、更为重要的查询设计工具。

例3.2　在"金鑫超市管理系统"数据库中，利用查询设计器创建一个检索商品信息的选择查询。操作步骤如下。

① 在"数据库"窗口中，切换到查询对象，打开查询设计器，将"商品"表添加到查询设计视图中。

② 在"查询设计"窗口中，单击字段行第一列右上角的下拉按钮，选择"商品编号"作为查询的第一个字段标题，选择"商品名称"作为查询的第二个字段标题。同样，在第三列添加"单价"字段，在排序行选择"降序"；在第四列添加"规格"字段。此时，查询设计器窗口如图3-4（a）

所示。

③ 单击"保存"按钮,在"另存为"对话框中输入"商品信息查询"作为新查询的名称,再单击"确定"按钮。查询结果如图3-4(b)所示。

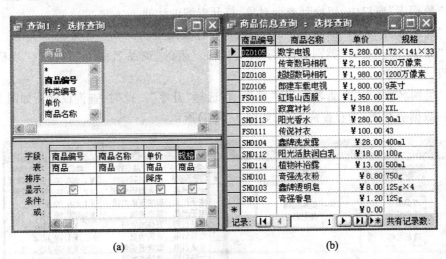

(a)   (b)

图3-4 商品信息查询

3.2.2 创建基于多个表的选择查询

与使用查询向导相比,使用查询设计器可以自主、灵活地设计查询,尤其是创建基于多个表的查询时更是如此。在将多个表(或查询)添加到查询中时,表与表之间的关系将决定 Access 抽取数据的方式。大致可以分为以下几种情况。

① 如果事先已经在"关系"窗口中建立了表与表之间的关系,则在查询中添加相关表时,Access 将自动在设计视图中显示连接线。

② 如果没有创建关系,但是添加到查询中的两个表都具有相同的或兼容的数据类型字段,并且两个连接字段中有一个是主键,Access 将自动为它们建立连接。

③ 如果查询中的表不是直接或间接地连接在一起的,则 Access 无法了解记录和记录之间的关系,只能显示两个表间记录的全部组合,即笛卡儿积。

有时候,查询中包含的表没有可供连接的字段,则需要添加其他表(或查询)作为表之间的桥梁。例如,如果查询中包含"客户"和"订单明细"表,但却找不到可以连接的字段,考虑到"订单"表与这两个表都相关,可以将其添加到查询中,作为两个表之间的连接。

建立了表与表(或查询)之间的连接之后,如果在查询设计视图中同时将两个表(或查询)中的字段添加到设计网格中,查询将检查连接字段的匹配值(内部连接)。如果值相匹配,则将两条记录组合成一条记录,并显示在查询结果中。如果一个表(或查询)在另一个表(或查询)中没有匹配记录,则两者的记录都不在查询结果中显示。有时候,可能希望无论是否有匹配记录,都选取一个表(或查询)的全部记录,此时则需要更改连接类型。

例3.3 在"金鑫超市管理系统"数据库中,利用查询设计器创建一个按类别检索商品的查询。

本例将在"金鑫超市管理系统"数据库中创建一个名为"按类别查询商品"的查询,其中包括4个字段,即"类别名称"、"商品名称"、"单价"和"规格",分别来自"商品分类"表和"商品"表。操作步骤如下。

① 在"数据库"窗口中,切换到查询对象,打开查询设计器。

② 将"商品分类"表和"商品"表添加到查询设计视图中。

③ 将"商品分类"表的"类别名称"字段及"商品"表的"商品名称"、"单价"、"规格"字段分别添加到设计网格中。

④ 在"类别名称"和"商品名称"的"排序"行选择"升序"。此时,查询设计器如图3-5(a)所示。切换到数据表视图,查看查询结果,如图3-5(b)所示。

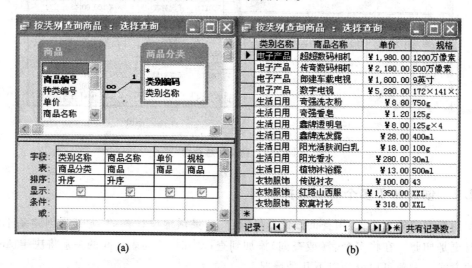

(a)　　　　　　　　　　　　　　(b)

图3-5　按类别查询商品

3.3　查询中的条件与计算

3.3.1　查询中的条件

在使用查询设计器的过程中,经常需要指定条件来限定查询的范围和结果。条件必须是一个合法的关系或逻辑表达式。条件表达式的写法参见3.1.4节。

在查询的设计视图中,查询中的条件写在"条件"一栏中。根据字段的数据类型的不同,写法也不同。需要注意的是,条件中的各种符号都必须是半角形式。在查询中输入条件时,可以自行输入表达式中的各个元素,将其组合成表达式,也可以通过表达式生成器来构造表达式。

1. 文本条件

除了可以直接在"条件"一栏中写上条件外,还可以使用 Like、Not 等运算符和#、?、*、[字符表]等通配符。

例如,建立一个基于"商品"表的查询,在"商品名称"字段的"条件"一栏中写入 Like"*电视",表示查询有关电视商品的记录。

此外,在查询条件中还可以使用文本函数,常用的文本函数如表3-2所示。

表3-2 常用的文本函数

函　　数	功　　能
Space(n)	返回由 n 个空格组成的字符串
String(n,字符串表达式)	返回由第二个参数的第一个字符组成的字符串,字符个数为 n
Left(字符串表达式,n)	从字符串表达式左侧第一个字符开始截取 n 个字符
Right(字符串表达式,n)	从字符串表达式右侧第一个字符开始截取 n 个字符
Len(字符串表达式)	返回字符串表达式中的字符数目
Ltrim(字符串表达式)	去掉字符串表达式的前导空格
Rtrim(字符串表达式)	去掉字符串表达式的尾部空格
Trim(字符串表达式)	去掉字符串表达式的前导空格和尾部空格
Mid(字符串表达式,n_1[,n_2])	从字符串表达式左侧的第 n_1 个位置开始,截取连续 n_2 个字符

2. 数值条件

在查询条件中可以使用比较运算符 > 、< 、= 、<= 、>= 和 < > 等,也可以使用逻辑运算符 Not、And、Or 以及运算符 Between 等。

例如,在"商品"表的"单价"字段的"条件"一栏中填写"80",则显示所有单价为 80 元的商品的记录;填写" >=80"则显示所有单价不少于 80 元的商品的记录;填写 Between 80 And 100,则显示所有单价在 80~100 元之间的商品的记录。

又如,要查询"单价"在 80 元以下或 90 元以上、"库存数量"小于 10 的商品的记录,应该先建立基于"商品"表和"库存"表的查询,将表中的"单价"和"库存数量"字段添加到查询中。在"库存数量"字段列的"条件"一栏中写上" <10",并在同一行的"单价"字段列中写上" <=80",然后再在下一行上的"库存数量"字段列的"条件"一栏中写上" <10",并在同一行的"单价"字段列中写上" >=90",如图 3-6 所示。

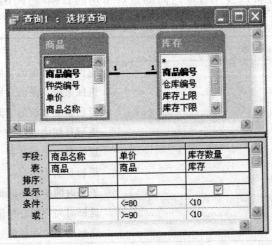

图 3-6　数值条件的写法

在数值条件中还可以使用数值函数,常用的数值函数如表3-3所示。

表3-3　常用的数值函数

函 数 名	含 义	举 例	运 算 结 果
Abs(N)	取绝对值	Abs(-4.8)	4.8
Cos(N)	余弦函数	Cos(π)	-1
Exp(N)	以 e 为底的指数函数	Exp(3)	20.086
Log(N)	以 e 为底的对数函数	Log(10)	2.303
Rnd	产生随机数	Rnd	0~1 间的随机数
Sin(N)	正弦函数	Sin($\pi/2$)	1
Sqr(N)	平方根函数	Sqr(9)	3
Tan(N)	正切函数	Tan(0)	0

对此说明如下。

① 在三角函数中,参数均以弧度表示。

② 对于随机函数 Rnd,返回的是[0,1]范围内的双精度数。该随机数的产生取决于称为种子(Seed)的初始值。在默认情况下,每次运行应用程序时,系统都提供相同的种子。如果把同一个程序运行多遍,则每次产生的随机数相同。有时为了产生不同的随机数,可以采用 Randomize 语句。

Randomize 语句的语法格式是 Randomize [number],其中 number 用来为随机数生成器初始化,这个参数可以省略。

3. 日期条件

日期型数据的格式是在它的前后加上符号"#"。例如,要查询金鑫超市 2009 年的商品销售额,应该首先建立基于"交易清单"表的查询,并将"购买时间"等相关字段添加到查询中。在"购买时间"的"条件"一栏中填写"Between #2009 - 1 - 1# And #2009 - 12 - 31#"。

日期条件表达式中还可以使用日期时间函数。常用的日期/时间函数如表3-4所示。

表3-4　常用的日期/时间函数

函 数	功 能
Now( )	返回系统当前的日期和时间
Date( )	返回系统当前的日期
Time( )	返回系统当前的时间
Year(日期表达式)	返回日期中的年份
Month(日期表达式)	返回日期中的月份
Day(日期表达式)	返回日期中的日
Hour(时间表达式)	返回时间中的小时值
Minute(时间表达式)	返回时间中的分钟值
Second(时间表达式)	返回时间中的秒值

例如,要查询5月份的商品销售记录,可以在"购买时间"字段的"条件"一栏中填写"Month（[购买时间]）=5"。

3.3.2 查询中的计算

在 Access 中,查询不仅具有查找数据的功能,而且具有计算的功能。在查询中可以执行许多类型的计算。例如,可以计算一个字段值的总和或平均值,使两个字段的值相乘,或者计算从当前日期起3个月后的日期。在查询中有预定义计算和自定义计算这两种基本计算。

预定义计算就是"总计"计算,用于对查询中的记录组或全部记录进行统计或汇总,其中包括求和、求平均值、求记录数、求最小值、求最大值、求标准偏差或方差等。

自定义计算就是使用一个或多个字段中的数据,在每条记录上执行数值、日期或文本计算。对于这类计算,需要直接在设计网格中创建新的计算字段。

1. 创建总计字段

查询中的"总计"计算,如分组、求和、求平均值等,在查询设计器中通常是关闭的。如果要使用这些功能,可以单击设计工具栏上的 Σ（总计）按钮,Access 系统在查询设计器下部的设计网格中就会插入一个"总计"行,以便用户进行各种"总计"计算。

"总计"行中的下拉列表框的选项有12个,其中9个选项为汇总函数,分别是总计、平均值、最小值、最大值、计数、标准差、方差、第一条记录、最后一条记录;还有3个选项为非函数选项,分别是分组、表达式、条件。

汇总函数对某个字段是否有效,取决于该字段的数据类型。例如,如果字段中包含文本,就不能使用"总计"、"最大"或"最小"函数,但是可以使用"计数"函数。"计数"函数用于统计值（记录）的个数,对于空白值（如零长度字符串）也统计在内,但是对空值（表示没有值或值不确定）不进行统计。使用汇总函数进行"总计"计算时,不能包含有空值（Null）的记录。

另外3个选项的含义及用法如下所示。

① 分组:定义要执行计算的组。例如,如果要按类别显示销售额的总计,则要在"总计"行的"类别名称"网格中选择"分组"。

② 表达式:创建表达式中包含总计函数的计算字段。通常,在表达式中使用多个函数时,将创建计算字段。

③ 条件:指定不用于分组的字段准则。如果选择了这一项,Access 将清除"显示"复选框,隐藏查询结果中的这个字段。

如果一个字段具有对数据源中的数据进行某种"总计"计算的功能,则可称为总计字段。总计字段使用某种汇总函数对数据源中相应的字段值进行处理,并将处理结果作为该字段的值。

使用查询设计网格中的"总计"行,可以为某个字段指定一个用于"总计"计算的汇总函数。"总计"计算既可以用于查询中的全部记录,也可以用于一个或多个记录组。

例3.4 在"金鑫超市管理系统"数据库中,创建一个具有分类统计功能的查询。

本例将在"金鑫超市管理系统"数据库中创建一个名为"各类商品平均单价"的查询,其中包括3个字段,即"类别名称"、"商品名称"和"单价",分别来自"商品分类"表和"商品"表。查询的功能是将结果记录集按"类别名称"分组,分别求出每组商品的单价的平均值。操作步骤如下。

① 在"数据库"窗口中,切换到查询对象,打开查询设计器,将"商品"表和"商品分类"表添加到查询设计器的上半部分,将"商品分类"表的"类别名称"字段以及"商品"表的"商品名称"字段和"单价"字段添加到下半部分设计网格的前3个字段中。

② 单击查询设计工具栏上的Σ按钮,在查询设计器下半部分的设计网格中插入一个"总计"行。

③ 在"总计"行的"类别名称"下拉列表框中选择"分组",在"商品名称"下拉列表框中选择"第一条记录",在"单价"下拉列表框中选择"平均值"。此时,查询设计器如图3-7(a)所示。

④ 切换到"数据表视图",查看该查询的执行结果,如图3-7(b)所示。将该查询以文件名"各类商品平均单价"保存起来。

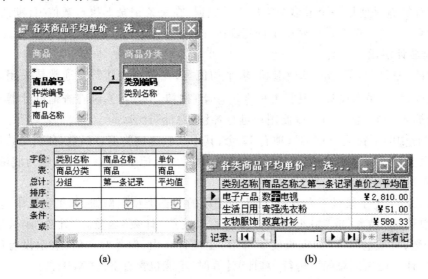

(a)   (b)

图3-7 查询中的预定义计算

2. 创建计算字段

在设计表时,为了节约存储空间,且避免在更新数据时产生不能同步进行的错误,剔除了那些可以通过其他字段计算得到的字段。如果用户需要这些字段的值,可以在查询设计网格中直接添加计算字段。利用计算字段,可以用一个或多个字段的值进行数值、日期及文本等各种计算。

计算字段是对基础表或查询中的数字型字段进行横向计算以产生结果的字段,是在查询中自定义的字段。它所显示的是指定表达式的计算结果,而不是字段所存储的值。当表达式的值有所改变时,该字段的值将会重新计算。创建计算字段的方法是,将表达式直接输入到查询设计网格的"字段"中。

例3.5 在"金鑫超市管理系统"数据库中,创建一个具有计算字段的查询。

本例将在"金鑫超市管理系统"数据库中创建一个名为"库存商品金额"的查询,其中包括来自于"商品"表的2个字段,即"商品名称"、"单价"字段,以及来自"库存"表的"库存数量"字段,还有计算字段"金额"。查询的功能是根据商品的单价和库存数量来计算其金额。操作步骤如下。

① 在"数据库"窗口中,切换到查询对象,打开查询设计器,将"商品"表和"库存"表添加到查询设计器的上半部分,将"商品"表的"商品名称"、"单价"字段和"库存"表的"库存数量"字段添加到下半部分设计网格的前3个字段中。

② 在"字段"行的第四个网格中输入"金额:[单价]*[库存数量]",此时,查询设计器如图3-8(a)所示。切换到数据表视图,查看该查询的执行结果,如图3-8(b)所示。将该查询以文件名"库存商品金额"保存起来。

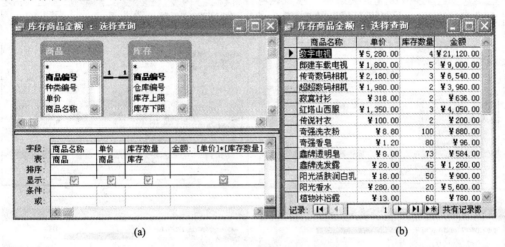

(a) (b)

图3-8 查询中的计算字段

3.4 交叉表查询

交叉表查询是指将表或查询中的某些字段中的数据作为新的字段,按照另一种方式查看数据的查询。在行与列的交叉处可以对数据进行各种运算,包括求和、求平均值、求最大值、求最小值、计数等。

既可以使用查询向导,也可以使用查询设计器来创建交叉表查询。在查询设计器中,需要指定将作为列标题的字段值、作为行标题的字段值以及进行求和、求平均值、计数或其他类型运算的字段值。

例3.6 在"金鑫超市管理系统"数据库中,使用查询向导创建一个按类别检索商品平均单价的交叉表查询。

本例将创建一个基于"按类别查询商品"查询的交叉表查询,检索各类商品的平均单价。其中,"类别名称"字段为行标题,"商品名称"字段为列标题,"单价"字段为总计内容。操作步骤如下。

① 打开"金鑫超市管理系统"数据库,切换到"数据库"窗口的"查询"对象,单击工具栏上的"新建"按钮,弹出"新建查询"对话框,选择"交叉表查询向导",弹出第一个对话框。

② 在"视图"选项区域中选择"查询"单选项,并选择列表框中的"查询:按类别查询商品"项,如图3-9(a)所示。然后,单击"下一步"按钮,弹出第二个对话框。

③ 选择行标题。将"可用字段"列表中的"类别名称"移入"选定字段"列表中,如图3-9(b)

所示。然后,单击"下一步"按钮,弹出第三个对话框。

④ 选择列标题。选定列表中的"商品名称",如图3-9(c)所示。然后,单击"下一步"按钮,弹出第四个对话框。

⑤ 选择行、列交叉点处的值。选定字段列表中的"单价",然后选定"函数"列表中的"平均",如图3-9(d)所示。单击"下一步"按钮,弹出第五个对话框。

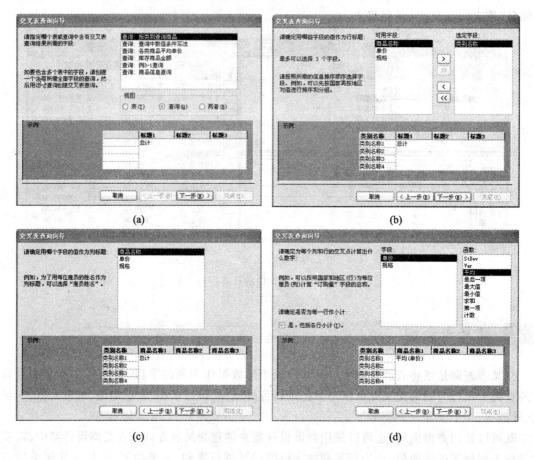

(a)　(b)

(c)　(d)

图3-9　交叉表查询向导

⑥ 接受对话框中显示出来的查询名称"按类别查询商品_交叉表",选择"查看查询"单选项(默认),并单击"完成"按钮,结束创建交叉表查询的工作。此时,Access将自动打开刚刚创建的查询的数据表视图窗口,在其中显示查询结果,如图3-10所示。

图3-10　交叉表查询结果记录集

3.5 参数查询

通常,在查询中定义的所有条件都被保存在查询中。如果想查看查询结果,则运行已有的查询即可。但是,如果要在每次运行时都改变条件,则需要使用参数查询。

参数查询又称为人机对话查询。当运行一个参数查询时,会显示对话框,要求输入一些数据作为查询中相应条件的一部分,从而得到查询结果。

例3.7 在"金鑫超市管理系统"数据库中,创建一个带有参数的查询。该查询根据用户输入的商品类别,输出该类别所有商品的单价信息。操作步骤如下。

① 在"数据库"窗口中,切换到查询对象,打开查询设计器,将"商品"表和"商品分类"表添加到查询设计器的上半部分,将"商品分类"表的"类别名称"字段以及"商品"表的"商品名称"、"单价"和"规格"字段添加到下半部分设计网格的前4个字段中。

② 在"类别名称"字段的"条件"一栏中输入"[请输入商品的类别名称:]",此时,查询设计器如图3-11(a)所示。

③ 切换到数据表视图,查看参数查询的结果。首先弹出"输入参数值"对话框,如图3-11(b)所示。在"请输入商品的类别名称:"文本框中输入"电子产品",单击"确定"按钮,弹出如图3-11(c)所示的查询结果。将该查询以文件名"商品单价参数查询"保存起来。

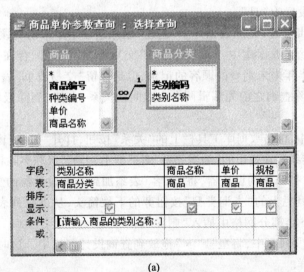

图3-11 商品单价参数查询

3.6 操作查询

操作查询又称为动作查询。前面介绍的选择查询、交叉表查询及参数查询均不能修改数据源,当需要在查询过程中对数据源进行修改时,操作查询就可以实现这个功能。Access 提供的操作查询包括删除查询、追加查询、更新查询和生成表查询。

3.6.1 创建删除查询

删除查询可以从一个或多个表中删除一组符合指定条件的记录。删除查询可以将作为数据源的表中的无用数据一次性删除,从而保证表中数据的有效性和可用性。使用删除查询,将删除符合指定条件的所有记录,而不是只删除记录中所选的字段。使用删除查询删除记录之后,就不能撤销此操作了。因此,在执行删除查询之前,应该先切换到数据表视图,预览该查询所涉的数据。同时,应该随时维护数据的备份副本。如果不小心误删除了数据,可以从备份副本中恢复它们。

在某些情况下,执行删除查询可能会同时删除相关表中的记录,即使它们并不包含在此查询中。当查询只包含一对多联系中"一"方的表且允许对该联系使用级联删除时,就有可能发生这种情况。删除"一"方表中的记录,就会同时删除"多"方表中的相关记录。

当删除查询不止包含一个表中的记录时,例如从其中一个表中删除重复记录的查询,查询的"唯一的记录"属性必须设置为"是"。

例 3.8 在"金鑫超市管理系统"数据库中,创建"删除连续半年未消费顾客"查询。

在"金鑫超市管理系统"数据库中,"顾客"表与"交易清单"表之间存在一对多联系。如果只想在"顾客"表中删除半年来未消费的顾客的记录,但是保留"交易清单"表中与该顾客相关的交易记录,应该在创建删除查询之前先编辑两个表之间的关系,去掉"删除级联相关记录"功能。操作步骤如下。

① 在"数据库"窗口中,单击数据库工具栏上的"关系"按钮,打开"关系"窗口,双击"顾客"表与"交易清单"表之间的连线。在弹出的"编辑关系"对话框中,去掉"级联删除相关记录"复选框。

② 切换到查询对象,打开查询设计器,将"顾客"表添加到查询设计器的上半部分。

③ 单击查询设计工具栏上的"查询类型"按钮旁的下拉箭头,从下拉列表框中选择"删除查询"项,在查询设计器的下半部分网格中插入"删除"行。

④ 从"顾客"表的字段列表中,将星号" * "拖放到查询设计网格中。这时,"删除"行相应的网格中将显示"From"字样。

⑤ 将需要指定删除条件的"顾客编号"字段拖放到查询设计网格中。这时,"删除"行相应的网格中将显示"Where"字样。然后,在该字段的"条件"行网格中输入"[请输入半年未消费顾客编号:]"。这时,查询设计器如图 3-12 所示。

⑥ 切换到数据表视图,弹出"输入参数值"对话框。在该对话框中输入要删除的顾客编号,并单击"确定"按钮,显示出要删除的顾客的记录。在确定显示出来的就是要删除的顾客的记录之后,将该查询以"删除连续半年未消费顾客"为名保存起来。

以后需要删除连续半年未消费顾客的信息时,只需要运行该查询,输入要删除的顾客编号即可实现。

图 3-12 "删除连续半年未消费顾客"查询设计器

在执行操作查询时,系统会弹出要求用户确认的消息框,如图 3-13(a)、图 3-13(b)所示。可以选择"工具"菜单中的"选项"命令,并在弹出的"选项"对话框中设置是否显示这些消息框。

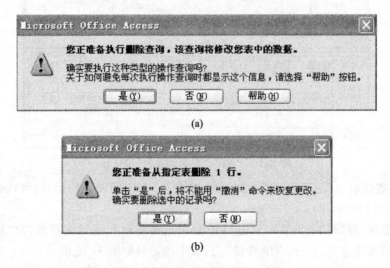

图 3-13 删除查询用户确认消息框

3.6.2 创建追加查询

追加查询是指将一个表中符合一定条件的某些记录追加到另一个表的尾部的操作,又可称为表间操作。使用追加查询的前提是,追加与被追加的两个表拥有属性相同的字段。

例 3.9 在"金鑫超市管理系统"数据库中,创建一个"VIP 会员"追加查询,VIP 会员指累积消费在万元以上的顾客。

本例将在金鑫超市管理系统数据库中,建立一个名为"VIP 会员"表,通过追加查询将"顾客"表中"累积消费额"字段值" >= 10000"的记录追加到"VIP 会员"表中。操作步骤如下。

① 在"金鑫超市管理系统"数据库中,创建一个空表,包括以下字段:会员编号(主键、文本

型)、会员姓名(文本型)、联系电话(文本型)、工作单位(文本型)、注册日期(日期/时间型)、累积消费额(货币型)、备注(备注型),并以“VIP 会员”为表名保存起来。

② 切换到查询对象,打开查询设计器,将“顾客”表添加到查询设计器的上半部分。

③ 单击查询设计工具栏上的“查询类型”按钮旁的下拉箭头,从下拉列表框中选择“追加查询”项,弹出“追加”对话框。选中“当前数据库”单选项,并在“表名称”组合框中选择“VIP 会员”表,单击“确定”按钮,在查询设计器的下半部分网格中插入“追加到”行。

④ 分别将“顾客”表的“顾客编号”、“顾客姓名”、“联系电话”、“工作单位”、“注册日期”、“累积消费额”和“备注”字段添加到设计网格中。

⑤ 在“追加到”行选择被追加的表中的相应字段,在此选择“会员编号”、“会员姓名”、“联系电话”、“工作单位”、“注册日期”、“累积消费额”和“备注”这 7 个字段。在“累积消费额”字段的“条件”一栏中输入“ >= 10000”,则只有满足条件的记录才会被追加到“VIP 会员”表中。此时,查询设计器如图 3-14 所示。

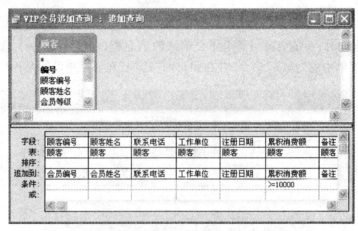

图 3-14 “VIP 会员追加查询”设计器

⑥ 切换到数据表视图,显示将要追加到“VIP 会员”表中的顾客的记录,将该查询以“VIP 会员追加查询”为名保存起来。

⑦ 在“数据库”窗口的查询页中双击“VIP 会员追加查询”,运行该查询,为“VIP 会员”表追加记录。完成追加操作后,打开“VIP 会员”表,表中的记录如图 3-15 所示。

VIP会员 : 表

会员编号	会员姓名	联系电话	工作单位	注册日期	累积消费额	备
090001	王少清	13233245689	太佳集团	2009-2-10	¥10,020.00	
090005	周同	15454545782	万水分公司	2009-2-15	¥13,500.00	
090011	李思奇	13125256635	大重机械公司	2009-3-13	¥10,078.00	
090050	赵丽琴	13356947575	通宝中学	2009-4-3	¥12,500.00	
090054	张大力	13633438536	吉利汽车分公司	2009-4-15	¥25,000.00	

记录: 1 共有记录数: 5

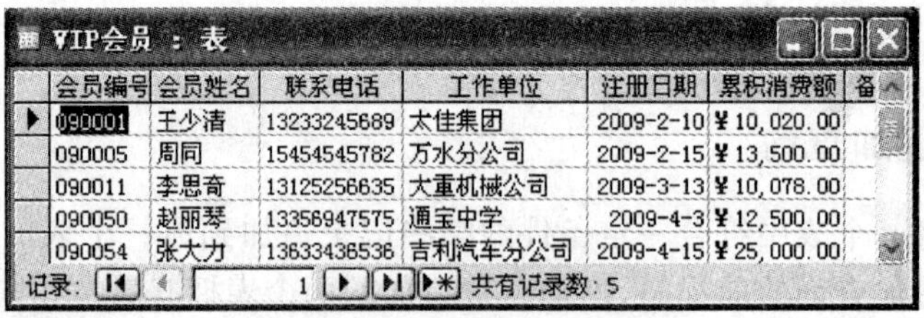

图 3-15 “VIP 会员”表

3.6.3 创建更新查询

Access 的更新查询具有很强的功能,主要用于替换表中的已有记录,对数据进行批量修改。

在实现更新的过程中,还可以对表中的字段进行运算。

例3.10 在"金鑫超市管理系统"数据库中,创建一个更新查询。

本例将创建一个名为"更新商品价格"的更新查询,其功能是将"商品"表中所有商品的价格上调5%,操作步骤如下。

① 在"数据库"窗口中,切换到查询对象,打开查询设计器,将"商品"表添加到查询设计器的上半部分。

② 单击查询设计工具栏上的"查询类型"按钮旁的下拉箭头,从下拉列表框中选择"更新查询"项,在查询设计器的下半部分网格中插入"更新到"行。

③ 将"商品"表中的"单价"字段添加到设计网格中,在"更新到"网格中输入"[单价] * 1.05",将该查询以"更新商品价格"为名保存起来。

④ 运行该查询时,系统将自动重新计算"商品"表中的"单价"字段值。

3.6.4 创建生成表查询

查询的运行结果是一个动态数据集,当查询运行结束时,该动态数据集就不存在了。如果希望查询所形成的动态数据集能够被固定地保存下来或需要复制现有表中的数据,可以通过创建一个生成表查询来实现。

生成表查询可以实现由一个或多个数据源提取数据而生成一个新的数据表。

例3.11 在"金鑫超市管理系统"数据库中,创建一个生成表查询。

本例将通过生成表查询来创建一个"商品库存"表,表中包括"商品编号"、"商品名称"、"单价"、"规格"、"库存数量"、"金额"这6个字段。其中,"金额"字段为"单价"和"库存数量"两个字段的值的乘积。操作步骤如下。

① 在"数据库"窗口中,切换到查询对象,打开查询设计器,将"商品"表和"库存"表添加到查询设计器的上半部分。将"商品"表中的"商品编号"、"商品名称"、"单价"、"规格"字段以及"库存"表中的"库存数量"字段添加到设计网格的前5个字段中,在第6个字段中输入"金额:[单价] * [库存数量]",查询设计器如图3-16所示。

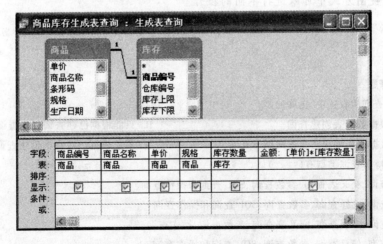

图3-16 "商品库存生成表查询"设计器

② 单击查询设计工具栏上的“查询类型”按钮旁的下拉箭头，从下拉列表框中选择“生成表查询”项，弹出“生成表”对话框。选中“当前数据库”单选项，并在“表名称”组合框中输入“商品库存”作为新的生成表的名称。将该查询以“商品库存生成表查询”为名保存起来。

③ 运行该查询，生成新表“商品库存”。打开“商品库存”表，表中的记录如图 3-17 所示。

商品库存 ：表

商品编号	商品名称	单价	规格	库存数量	金额
SH0101	奇强洗衣粉	¥8.80	750g	100	¥880
SH0102	奇强香皂	¥1.20	125g	80	¥96
SH0103	鑫牌透明皂	¥8.00	125g×4	73	¥584
SH0104	鑫牌洗发露	¥28.00	400ml	45	¥1,260
DZ0105	数字电视	¥5,280.00	172×141×33	4	¥21,120
DZ0106	郎建车载电视	¥1,800.00	9英寸	5	¥9,000
DZ0107	传奇数码相机	¥2,180.00	500万像素	3	¥6,540
DZ0108	超招数码相机	¥1,980.00	1000万像素	2	¥3,960
FS0109	寂寞衬衫	¥318.00	XXL	2	¥636
FS0110	红塔山西服	¥1,350.00	XXL	3	¥4,050
FS0111	传说衬衣	¥100.00	43	2	¥200
SH0112	阳光活肤润白乳	¥18.00	100g	50	¥900
SH0113	阳光香水	¥280.00	30ml	20	¥5,600
SH0114	植物沐浴露	¥13.00	500ml	60	¥780

记录：1 共有记录数：14

图 3-17 “商品库存”表

本章小结

本章详细介绍了数据库的对象之一“查询”的概念和创建方法。在 Access 中，可以创建 5 类查询，即选择查询、交叉表查询、参数查询、操作查询和 SQL 查询。各种查询都有各自的特点和用途，用户可以根据实际需要选用不同的查询类型。创建查询的方法有两种，即“使用向导”创建查询和使用“查询设计器”创建查询。用户可以先使用向导创建查询，然后在设计视图中修改对查询的设计。Access 中为每个被创建的查询提供 3 种视图方式：设计视图、数据表视图、SQL 视图，在不同的视图方式中可以进行不同的操作。

习题

一、单项选择题

1. 以下关于查询的叙述中，正确的是（　　）。

A. 只能根据数据表创建查询　　B. 只能根据已建查询创建查询

C. 可以根据数据表和已建查询创建查询　　D. 不能根据已建查询创建查询

2. Access 支持的查询类型有（　　）。

A. 选择查询、交叉表查询、参数查询、SQL 查询和操作查询

B. 基本查询、选择查询、参数查询、SQL 查询和操作查询

C. 单表查询、多表查询、交叉表查询、参数查询、操作查询

D. 选择查询、统计查询、参数查询、SQL 查询和操作查询

3. 生成表查询属于（　　）查询。

    A. 汇总   B. SQL   C. 选择   D. 操作

4. 要选择工作证号为"00010"、"00011"的记录,对应的条件表达式是(　　)。

    A. 工作证号 = "00010" Or 工作证号 = "00011"

    B. 工作证号 = "00010" And 工作证号 = "00011"

    C. "工作证号" = "00010" Or" 工作证号" = "00011"

    D. "工作证号" = "00010" And" 工作证号" = "00011"

5. 不属于操作查询的是(　　)。

    A. 参数查询   B. 更新查询   C. 生成表查询   D. 删除查询

二、填空题

1. 要在查询的设计视图中增加"总计"行,可以单击工具栏中的 _____ 按钮。

2. 用查询设计器创建查询,检索符合下列条件的记录,请写出相应的条件表达式。

(1) 年龄在 18～25 岁之间的女生("性别"字段为文本型):_____。

(2) 1990 年以后出生,籍贯为"北京"或"天津"的未婚男职工:_____。

(3) 公司名称以"联"字开头,且包含"责任"两个字的公司:_____。

三、简答题

1. 与表相比较,查询有什么优点?

2. 查询有哪几种视图方式?各有什么用处?

3. 参数查询与选择查询有何异同?

4. 操作查询可以分为几类?其创建方法与输出结果有何不同?

5. 如何查看一种查询的 SQL 视图?

关系数据库标准语言 SQL

第 4 章

SQL(Structured Query Language,结构化查询语言)是关系数据库系统为用户提供的、对关系模式进行定义、对关系实例进行操纵的一种语言,是为在关系数据库系统中建立、存储、修改、检索和管理信息所提供的语言。目前,SQL 已经发展成一种工业标准化的数据库查询语言,广泛应用于关系数据库管理系统(如 SQL Server、Oracle、Sybase 等)中。各个系统还根据各自的需要对标准 SQL 语言进行了相应的扩展。

本章将从应用和操作的角度,对标准 SQL 语言的特点、功能和使用方法进行详细介绍。

4.1 SQL 概述

SQL 在 1974 年由 Boyce 和 Chamberlin 提出,并首先在 IBM 公司研制的关系数据库原型系统 System R 上实现。由于 SQL 功能丰富、语言简洁、使用方法灵活,因而备受用户和计算机业界的欢迎,被众多计算机公司和软件公司所采用。经过不断的修改、扩充和完善,SQL 最终发展成为关系数据库的标准语言。

4.1.1 SQL 的特点

1. 功能一体化

SQL 是基于关系模型的数据库查询语言,但是它的功能远不止查询功能,还具有数据模式定义、数据的插入、删除、修改以及安全和事务控制等功能。说 SQL 是"查询语言",只是由于在用户平时的管理工作中,查询功能用得更多一些。

SQL 由 3 个子语言构成,分别是数据定义子语言(Data Definition Language,DDL)、数据操纵子语言(Data Manipulation Language,DML)和数据控制子语言(Data Control Language,DCL)。其中,DDL 具有对数据表、索引及表中的完整性约束的定义功能,DML 具有插入、删除、修改和查询表中的数据的功能,而 DCL 则用于实现数据库安全授权、事务控制及系统维护功能。

2. 语言非过程化

SQL 是一种高度非过程化的语言,这是相对于过程化来讲的。过程化的语言要求用户在程序设计中不仅要指明程序"做什么"(What to do?),而且需要程序员按照一定的算法编写出"怎么做"(How to do?)的程序来。对于 SQL,用户只需定义"做什么",至于"怎么做",则留给系统内部去解决。

SQL 不要求用户指定数据的存取路径和方法。例如,用户无需指出所操作的表的存储目录,也无需指出按照什么样的算法去搜索数据,所以大大减轻了用户的负担,有利于提高数据独立性。

3. 面向集合的操作方式

SQL 采用面向集合的操作方式,用户只需要使用一条操作命令,其操作对象和操作结果都可以是元组(即记录)的集合。例如查询操作,不仅操作对象是元组的集合,其查找结果也是元组的集合。SQL 不仅用于查询的是面向集合的操作方式,而且插入、删除、更新操作的对象也可以是面向元组的集合的操作方式。

4. 交互式与嵌入式使用

SQL 是具有一种语法结构、两种使用方式的语言。它既是自含式语言,又是嵌入式语言。自含式 SQL 能够独立地进行联机交互,用户只需在终端键盘上直接输入 SQL 命令就可以对数据库进行操作;嵌入式 SQL 则可以被嵌入到高级语言编写的程序中,通过与宿主语言的结合,发挥各自的长处,构成操作界面友好的数据库应用系统。目前,许多流行的开发工具都支持 SQL 的嵌入式使用,如 Visual C++、Visual Basic、Delphi、PowerBuilder 等。

5. 语言结构简洁

尽管 SQL 的功能极强,且有自含式和嵌入式两种使用方式,但是由于设计构思巧妙、语言结构简洁明快,只用了为数不多的几条命令就可以完成数据定义、数据操纵和数据控制功能。另外,SQL 的语法也非常简单,很接近英语的自然语言,易学易用。

6. 标准化与易移植性

目前,几乎所有的关系数据库系统都支持 SQL。所以,使用标准 SQL 语言的程序可以方便地从一种关系数据库管理系统移植到另一种关系数据库管理系统中。

4.1.2 SQL 的功能

SQL 由 3 个子语言构成,即数据定义子语言(DDL)、数据操纵子语言(DML)和数据控制子语言(DCL)。其中,DDL 用来定义数据表、索引及表中的完整性约束等;DML 用来操纵数据,主要包括插入、删除、修改和查询数据;而 DCL 则用来对数据库的事务、安全等进行控制。

SQL 集数据定义、数据操纵和数据控制功能于一体,其中最主要的功能是查询功能。具体地说,SQL 具有以下几个方面的功能。

① 数据定义功能:用于创建(其命令关键字为 CREATE)、删除(DROP)和修改(ALTER)数据表的结构,属于 DDL 部分。

② 数据更新功能:用于对表中的数据进行增加(其命令关键字为 INSERT)、删除(DELETE)和修改(UPDATE)操作,属于 DML 部分。

③ 数据查询功能:是 SQL 的核心功能,其命令关键字为 SELECT。它的基本形式由 SELECT -

FROM – WHERE 查询块构成,多个查询块可以嵌套执行。使用一个 SELECT 语句就可以检索和显示一个或多个表中的数据,实现关系代数中的选择、投影和连接运算,属于 DML 部分。

④ 数据控制功能:主要包括用户授权(其命令关键字为 GRANT)和取消授权(REVOKE),属于 DCL 部分。

本章主要介绍 SQL 的数据定义、数据操纵和数据查询功能。

4.2　SQL 的数据定义

SQL 的数据定义子语言(DDL)可以在当前数据库中创建、删除、更改表以及创建和删除索引。每个数据定义查询只能包含一条数据定义语句。Access 所支持的数据定义语句包括如下几个。

① CREATE TABLE:创建表。

② ALTER TABLE:修改表结构,包括添加字段、删除字段、修改字段等。

③ DROP TABLE:删除已经创建的表及表中的数据。

④ CREATE INDEX:为表中的字段创建索引,包括单字段索引和多字段索引。

⑤ DROP INDEX:删除表中的字段的索引。

4.2.1　创建表

在第 2 章中介绍了创建表的各种方法,如通过表设计视图、利用表向导、导入表等。在 Access 中也可以通过 SQL 的 CREATE TABLE 命令来创建表。

1. 语句格式

CREATE TABLE < 表名 >

(< 字段名 1 > < 数据类型 1 > [< 字段级完整性约束 1 >]

[, < 字段名 2 > < 数据类型 2 > [< 字段级完整性约束 2 >]] [, …]

[, < 字段名 n > < 数据类型 n > [< 字段级完整性约束 n >]]

[< 表级完整性约束 >])

2. 语句功能

创建一个含有指定字段的、以指定表名为名称的表结构。

3. 语法说明

① " < > "表示其中的内容为必选项,但是具体内容由用户给出。使用时,直接给出具体内容而不能加尖括号本身。

② "( )"一定要成对使用。书写命令时,要将所有字段的定义放在一对圆括号内,并且紧跟在表名之后。

③ "[ ]"表示其中的内容为可选项。如果没有选择,则使用默认值。使用时,也不能加方括号本身。

④ 表中所定义的字段可以有多个(要求至少定义一个字段),每个字段之间用逗号","加以分隔。格式中的"[, …]"表示可以按它前面部分的样式重复。

⑤ 在命令中输入的所有动词(如 CREATE)、关键字(如 TABLE)以及标点符号(如逗号、圆

括号)等,一定要在英文半角状态下输入,否则系统不能识别。

⑥ 为了大家学习起来方便,专门把命令动词和关键字等用英文大写字母给出,而将需要根据实际情况给出的具体内容(如表名、字段名等)用汉语或英文小写字母的方式给出。实际上,在使用过程中,只要在英文半角状态下输入,系统是不区分英文大、小写的,而且有些内容也可以是汉字(如表名、字段名等)。

4. 参数描述

① 语句格式中的"表名"是指定要创建表的表名称,一个数据定义语句只能创建一个表。如果指定的表名与数据库中已存在的表同名,则不会覆盖原有的表,只会给出提示,重新指定表名即可。

② 语句格式中的"字段名 1"、"字段名 2"、……、"字段名 n",是指定所创建表的各个字段名。规定至少必须创建一个字段,字段的命名规则可以参看 2.3.2 节。

③ 语句格式中的"数据类型 1"、"数据类型 2"、……、"数据类型 n",是指定字段的字段类型。表 4-1 所示为 SQL 中部分字段数据类型的英文类型名及有效同义词。对于某些数据类型(如文本型 Char)的字段,还需要进一步指定字段宽度。请参看应用举例。

表 4-1 SQL 中表示字段数据类型的英文字符及有效同义词

类型名称	数据类型	字段宽度	类型名称	数据类型	字段宽度
Byte	字节型	1B	Counter	自动编号型	4B
Smallint	整型	2B	Integer	长整型	4B
Single、Real	单精度型	4B	Double、Float、Numeric	双精度型	8B
Date、Time	日期/时间型	8B	Currency、Money	货币型	8B
Char	文本型	自定义大小	Memo	备注型	受磁盘影响
Bit	是/否型	1B	General、Image	OLE 型	受磁盘影响

④ 语句格式中的"字段级完整性约束 1"、"字段级完整性约束 2"、……、"字段级完整性约束 n"可以是 PRIMARY KEY 约束、UNIQUE 约束、FOREIGN KEY 约束和 NOT NULL 或 NULL。说明如下。

(a) PRIMARY KEY 约束又称主关键字约束,用于定义实体完整性约束。使用 PRIMARY KEY 可以定义表中的某个字段为主关键字,而且约束主关键字的唯一性和非空性。因为表中最多只能有一个主关键字,所以该约束至多只能定义一次。同时,该约束也可以用在表级上。表级约束在所有字段名及其数据类型之后由 CONSTRAINT < 约束名 > PRIMARY KEY 短语定义,可以为多字段(即字段组合)设置主键,但是同样不允许同时在两个级别上进行定义。请参看 2.5.1 小节。

(b) UNIQUE 约束主要用在对非主关键字的字段上要求数据唯一的情况,即为字段设置无重复索引,可以在一个表上设置多个 UNIQUE 约束。UNIQUE 约束也可以在字段级或表级上进行定义。如果为多于一个字段的字段组合设置无重复索引,则必须定义表级约束。与 PRIMARY KEY 的表级约束类似,在所有字段名及其数据类型之后由 CONSTRAINT < 约束名 > UNIQUE 短语定义。

(c) FOREIGN KEY 约束又称外部关键字或参照表约束,用于定义参照完整性,即维护两个表之间数据的一致性关系。FOREIGN KEY 约束不仅可以与另一个表上的 PRIMARY KEY 约束建立联系,也可以与另一个表上的 UNIQUE 约束建立联系。该约束可以在字段级或表级上进行定义,但是不允许同时在两个级别上进行定义。字段级约束:如果外部关键字只有一个字段,可以在该字段的字段名和数据类型后面直接由 REFERENCES <被参照表名>(<字段名>)短语定义;表级约束:如果外部关键字是一个字段组合,则在所有字段名及其数据类型之后由 CON-STRAINT <约束名> FOREIGN KEY(<字段名 1>)REFERENCES <被参照表名>(<字段名 2>)短语定义,其中的“字段名 1”是外部关键字,“字段名 2”是被参照表中的字段。请参看 2.5.3 小节。

（d）NOT NULL 约束不允许字段值为空,而 NULL 约束则允许字段值为空。

在 Access 中,CREATE TABLE 语句不支持 SQL 的 CHECK 约束(字段有效性规则)和 DE-FAULT 约束(字段的默认值)。

5. 应用举例

例 4.1　创建“金鑫超市管理系统”数据库中的“雇员表”,要求包含“雇员编号”、“姓名”、“性别”、“出生日期”、“家庭住址”、“简历”、“联系电话”、“照片”等字段,并要求各个字段的数据类型按实际情况确定,且设置“雇员编号”为该表的主关键字,“姓名”字段不能为空。

操作步骤如下。

① 打开“金鑫超市管理系统”数据库,选中“查询”对象,双击“在设计视图中创建查询”命令按钮。

② 在弹出的查询设计视图中不添加任何表,直接关闭“添加表”窗口,使用【查询】→【SQL 特定查询】→【数据定义】命令,出现“查询 1:数据定义查询”窗口。

③ 在窗口中输入如图 4-1 所示的数据定义查询语句。（写成这种格式只是为了便于大家清楚对每个字段的定义。实际上对于命令的书写,只要符合前面所提到的语法要求就可以了。）

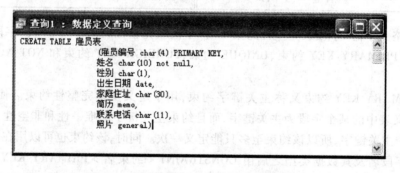

图 4-1　创建“雇员表”的数据定义查询语句

④ 单击查询设计工具栏中的“运行”命令按钮,或使用【查询】→【运行】命令以执行查询。

注意,在运行 SQL 语句时,系统将自动检查语句的正确性。对于出现的任何问题(如将命令动词 CREATE 拼写成 CREAT,或者将 PRIMARY 书写错误,或者字段名中包含空格,或者多次定义主关键字,甚至圆括号和逗号没有在英文半角状态下输入等),系统都将弹出相应的提示框,终止该语句的执行,并在 SQL 视图中将错误反向显示。如果运行 SQL 语句后没有出现任何提示信息,则表明该语句已经正确执行(此时在“数据库”窗口中,单击“表”对象,在右侧的列表中可以看到刚刚创建的"雇员表"图标)。

⑤ 如果需要的话,可以保存该查询。保存查询后,在"数据库"窗口中单击"查询"对象,在右侧的列表中会显示该查询的图标,以后对该查询的操作与第 3 章中的查询操作一致。

说明:打开用 CREATE TABLE 命令创建的"雇员表"的设计视图,如图 4-2 所示。可以看到,用 SQL 命令创建的表结构与在第 2 章中通过"设计视图"直接创建的表没有任何区别,其中的"雇员编号"是长度为 4 的文本型字段,为主关键字,且自动设置为无重复索引(实际上为主索引)。

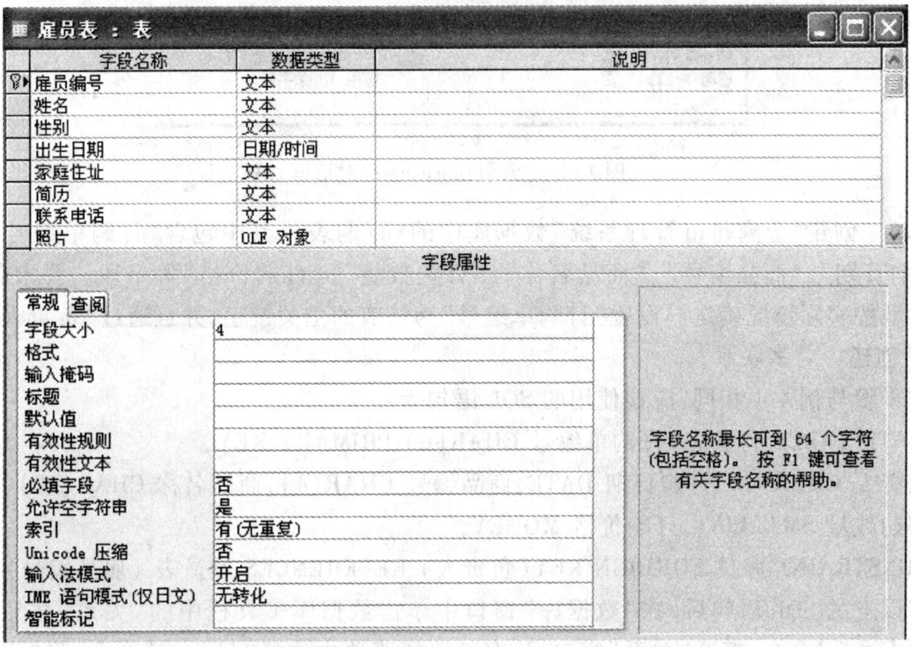

图 4-2　"雇员表"的设计视图

注意,在本例中,如果要创建的表为"customers",且设置"姓名"和"性别"字段的字段组合作为主关键字,其他要求不变,则应该使用的 SQL 语句为:

CREATE TABLE customers (雇员编号 CHAR(4),姓名 CHAR(10) NOT NULL,
　　　　　　　　　　性别 CHAR(1),出生日期 DATE,家庭住址 CHAR(30),
　　　　　　　　　　简历 MEMO,联系电话 CHAR(11),照片 GENERAL,
　　　　　　　　　　CONSTRAINT 姓名_性别 PRIMARY KEY(姓名,性别))

所以,使用 CONSTRAINT 短语就可以为约束命名,并可以将约束应用于多个字段或字段组合。打开新建的"雇员表"设计视图,可以看到在"姓名"和"性别"字段前面各有一把小钥匙。使用【视图】→【索引】命令可以打开如图 4-3 所示的"索引:customers"对话框,从中可以看到有一个名为"姓名_性别"的多字段索引。当然,此时应用于单个字段也可以,只需要在该短语中的 PRIMARY KEY 后的圆括号中设置一个字段名即可。

请大家思考一下,如果将上面的命令改写为如下的 SQL 语句,结果会有什么不同?

CREATE TABLE customers (雇员编号 CHAR(4),姓名 CHAR(10) NOT NULL,
　　　　　　　　　　性别 CHAR(1),出生日期 DATE,家庭住址 CHAR(30),

简历 MEMO,联系电话 CHAR(11),照片 GENERAL,

CONSTRAINT 姓名_性别 UNIQUE（姓名,性别））

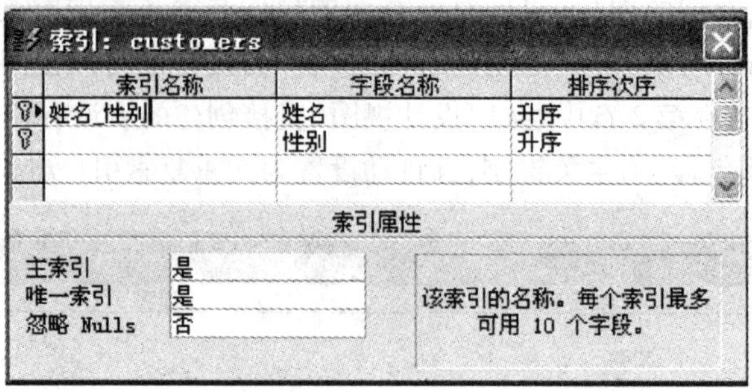

图 4-3　"索引:customers"对话框

例 4.2　创建"金鑫超市管理系统"数据库中的"订购表",其中包含"订购单编号"、"负责人"、"订购日期"、"商品编号"、"商品名称"、"订购数量"、"订购价格"等字段。要求各个字段的数据类型按实际情况确定。设置"订购单编号"为该表的主关键字,并且通过"负责人"字段与"雇员表"创建一对多联系。

操作步骤与例 4.1 相同,应该使用的 SQL 语句为:

CREATE TABLE 订购表(订购单编号 CHAR(6) PRIMARY KEY,

　　负责人 CHAR(4),订购日期 DATE,商品编号 CHAR(4),商品名称 CHAR(10),

　　订购数量 SMALLINT,订购价格 MONEY,

　　CONSTRAINT 雇员 FOREIGN KEY(负责人) REFERENCES 雇员表（雇员编号））

运行以上的 SQL 语句后,在"数据库"窗口中单击数据库工具栏中的"关系"按钮,或使用【工具】→【关系】命令,打开"关系"窗口;从右键快捷菜单中选择"显示表"命令,将"雇员表"和"订购表"添加到"关系"窗口中。可以看到如图 4-4 所示的界面。

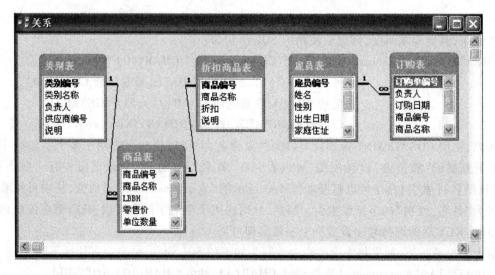

图 4-4　"关系"窗口

在"关系"窗口中,"商品表"同"类别表"和"折扣商品表"的关联关系是在第2章中建立的,而"雇员表"和"订购表"的关联关系则是通过 SQL 中的 CREATE TABLE 语句建立的。具体来说,就是应用了 CONSTRAINT 短语中的 FOREIGN KEY 将"负责人"字段定义为外部关键字,并通过 REFERENCES 语句将该字段与"雇员表"中的主关键字"雇员编号"建立了一对多联系。

注意,因为本例中的外部关键字只有一个字段,所以可以在该字段的字段名和数据类型后面直接用 REFERENCES 来定义,所得结果是一样的。具体的 SQL 语句为:

CREATE TABLE 订购表(订购单编号 CHAR(6) PRIMARY KEY,

负责人 CHAR(4) REFERENCES 雇员表 (雇员编号),

订购日期 DATE,商品编号 CHAR(4),商品名称 CHAR(10),

订购数量 SMALLINT,订购价格 MONEY)

4.2.2　修改表

在建立或导入一个数据表之后,用户有可能需要修改表的设计。这时就可以使用 ALTER TABLE 语句。注意,改变现存表的结构可能会导致一些数据丢失或舍入错误(如把文本型字段的长度由 50 变成 20,则超过 20 个字符的数据都将会丢失),所以在修改现有表的结构之前一定要格外小心。

使用 ALTER TABLE 语句,既可以增加、删除或修改字段,也可以增加或删除一个约束。

1. 语句格式

ALTER TABLE <表名>

　　｜［ADD <新字段名> <数据类型> ［<完整性约束>］［,…］］

　　｜［ALTER <字段名> <数据类型>］

　　｜［DROP ［［CONSTRAINT <约束名>］｜［COLUMN <字段名>］］［,…］］）

2. 语句功能

修改已经存在的、以 <表名> 为名的数据表的结构。

3. 几点说明

① 语句格式中的竖线"｜"表示:每次只能从 ADD 子句、ALTER 子句和 DROP 子句中任选其中之一,不能同时使用两个及两个以上的子句。即不能同时完成添加、修改或删除等多个操作。

② ADD 子句用于增加新的字段及其完整性约束,可以一次添加多个字段,甚至可以对已有的字段直接添加完整性约束(例如为某个已有的字段设置主关键字等)。对字段名、数据类型及约束的要求与 CREATE 语句中的要求一致。

③ ALTER 子句用于修改原有字段的定义,主要是修改字段的数据类型和可能的数据宽度(如 Char 型),一次只能对一个字段进行修改。

④ DROP 子句用于删除指定的字段或完整性约束,可以一次删除多个字段或完整性约束。如果要删除的字段是主关键字或外部关键字,或者定义了索引,删除操作将会被拒绝。此时,可以先删除对该字段的约束,然后再删除字段(也有的系统规定,在删除字段的同时删除对该字段的约束)。

4. 应用举例

例 4.3　修改"金鑫超市管理系统"数据库中的"订购表"结构,要求如下:

① 添加"到货日期"字段和"供应商"字段。

② 将"订购单编号"字段的宽度由 6 位改为 7 位。

③ 删除通过"负责人"字段与"雇员表"建立的关联。（在例 4.2 中创建,关联名称为"雇员"。）

④ 添加参照完整性约束,要求通过"商品编号"字段与"商品表"建立关联。

完成以上操作所使用的 SQL 语句分别为:

① ALTER TABLE 订购表 ADD 到货日期 DATE , 供应商 CHAR(15)

② ALTER TABLE 订购表 ALTER 订购单编号 CHAR(7)

③ ALTER TABLE 订购表 DROP CONSTRAINT 雇员

④ ALTER TABLE 订购表 ADD FOREIGN KEY（商品编号）

REFERENCES 商品表（商品编号）

4.2.3　删除表

当不再需要某个表时,可以使用 DROP TABLE 语句来删除表。

1. 语句格式

DROP TABLE < 表名 >

2. 语句功能

删除一个已经存在的、以 < 表名 > 为名的数据表。

一旦表被删除,表中的数据也将自动被删除,并且无法恢复。此时,系统释放其所占用的存储空间。因此,执行删除表的操作一定要格外小心。

例 4.4　删除"金鑫超市管理系统"数据库中的"雇员表备份"表。

所使用的 SQL 语句为:

DROP TABLE 雇员表备份

4.2.4　建立索引

建立索引的主要目的是提高数据检索的性能,加快查询速度。在 SQL 中,建立索引需要使用 CREATE INDEX 语句。

1. 语句格式

CREATE [UNIQUE] INDEX < 索引名 >

　　ON < 表名 >（ < 字段名 1 > [ASC ǀ DESC] [, < 字段名 2 > [ASC ǀ DESC],…])

　　[WITH PRIMARY]

2. 语句功能

为已经存在的表建立一个新的索引。

3. 几点说明

① 在命令中使用 UNIQUE 参数时,所建立的将是无重复索引,此时不允许被索引字段的值重复;如果不使用 UNIQUE 参数,所建立的将是有重复索引,此时允许被索引字段的值重复。

② 使用 ASC 参数,将创建升序索引;使用 DESC 参数,将创建降序索引。默认情况下为升序索引。

③ 如果要创建单字段索引,则直接在表名后面的圆括号里列出该字段名(若是降序的话,还应有 DESC 参数);如果要创建多字段索引,则需要在表名后面的圆括号里列出每一个将要包含在索引中的字段名(用逗号加以分隔),对不同的字段可以使用不同的排序方式。

④ 使用 WITH PRIMARY 将使索引字段定义为主键(即主索引)。这意味着该索引也是唯一的,此时可以省略"UNIQUE"。注意,如果对已包含主键的表创建一个新的索引,则不能使用 WITH PRIMARY 语句。

例 4.5 为"金鑫超市管理系统"数据库中的"订购表"建立一个多字段索引,要求是由"订购日期"字段降序和"负责人"字段升序构成的有重复索引,索引名称为"订购日期_负责人"。

所使用的 SQL 语句为:

CREATE INDEX 订购日期_负责人 ON 订购表(订购日期 DESC,负责人)

4.2.5   删除索引

索引一经建立,就由系统使用和维护它,不需要用户干预。如果索引的数量过多,就会使系统花费很多时间来维护,也会影响对数据进行的增加、删除和修改操作的速度。所以,对一些不必要的索引,可以使用 DROP INDEX 语句来删除。

1. 语句格式

DROP INDEX <索引名> ON <表名>

2. 语句功能

删除指定表中的指定索引。

例 4.6 在"金鑫超市管理系统"数据库中,删除"订购表"中的多字段索引"订购日期_负责人"。

所使用的 SQL 语句为:

DROP INDEX 订购日期_负责人 ON 订购表

4.3   SQL 的数据操纵

SQL 的数据操纵功能是指对数据库中表对象的数据操作功能,主要包括数据的插入、更新和删除这 3 个方面的内容。

4.3.1   插入数据

在对数据表进行的操作中,给表添加记录是经常要用到的操作。在第 2 章中,介绍了在"数据表视图"中向表内添加各种数据的方法。这里将介绍如何利用 SQL 语句向数据表中添加记录。

1. 语句格式

INSERT INTO <表名>[(字段名 1[,字段名 2[,…]])] VALUES (数据 1[,数据 2[,…]])

2. 语句功能

向指定的数据表中插入一条记录。

3. 几点说明

① 如果向表中插入的是一条完整的记录,则可以省略表名后的字段名列表;如果向表中插入的记录不完整,则必须指定每一个将被赋值的字段的名称,并按所指定的顺序给出该字段的值。

② 插入的数据一定要与表中数据类型的定义相符。在命令中,如果操作的是文本型数据,要放在一对双引号中;如果操作的是日期/时间型数据,要放在一对井号中;数字型数据可以直接输入;逻辑型数据可以输入 true 或 false、yes 或 no,等等。

③ 插入数据时要受到完整性约束,即:对于主关键字或无重复索引的字段,要求该字段值既不能重复,也不能为空;对于有 NOT NULL 约束的字段,要求不能为空;如果与其他的表建立了关联,还应该保证两个表之间数据的一致性,等等。

④ 记录将追加到表的末尾。

例 4.7 在"金鑫超市管理系统"数据库中,向"订购表"中插入一条记录。注意,"订购表"的结构为(订购单编号,负责人,订购日期,商品编号,商品名称,订购数量,订购价格,到货日期,供应商)。

完成操作所使用的 SQL 语句为:

INSERT INTO 订购表

VALUES（"DG01", "张文杰", #12/2/2010#, "s01", "修正带", 20, 1.5, #12/3/2010#, "大千"）

本例中,如果另一份订购单的到货日期还没有确定,那么只能先插入其他的值,所使用的 SQL 语句为:

INSERT INTO 订购表(订购单编号,负责人,订购日期,商品编号,商品名称,订购数量,订购价格,供应商）VALUES（"DG33", "杨洋", #12/4/2010#, "s06", "啤酒", 20, 1.5, "玉成"）

打开"订购表"的数据表视图,可以看到表中新插入了两条记录,观察它们之间的区别。

4.3.2 更新数据

更新表中的数据,同样是表操作过程中的一项经常性工作。在数据表视图中可以逐一地修改表中的数据。这里将要介绍的是如何利用 SQL 语句逐一地或成批地更改指定表中的指定字段值。

1. 语句格式

UPDATE ＜表名＞ SET ＜字段名 1＞= ＜表达式 1＞[, ＜字段名 2＞= ＜表达式 2＞[, …]

[WHERE ＜条件＞]

2. 语句功能

基于特定的条件来更改指定表中的字段值。

3. 几点说明

① 通过 ＜字段名 1＞= ＜表达式 1＞,用表达式 1 的值取代对应字段名 1 中现有的值。要求表达式的值一定要与表中字段数据类型的定义相符。

② 可以同时更改多个字段的值。

③ WHERE 短语用来确定将更新哪些记录,只有满足指定条件的记录才会被更新。如果省

略 WHERE 短语,则更新表的所有记录中该字段的值。在 WHERE 短语中可以同时指定多个条件,多个条件之间用 AND 表示并列的关系,用 OR 表示或者的关系。

④ 当对数据的更改涉及多个表时,同样可以使用 UPDATE 语句。此时,需要使用 INNER JOIN <相关的表> ON <关联条件> 短语。请参看例 4.8。

例 4.8 在"金鑫超市管理系统"数据库中,进行指定的更新操作,要求如下。

① 将"商品表"中矿泉水的价格调整为 3.50 元。注意,"商品表"的结构为(商品编号,商品名称,类别,零售价,单位数量,库存量)。

② 在"商品表"中增加"促销售价"字段。对于某些库存量大于 20 的碳酸饮料,设置其"促销售价"为原价格的 90%。(注意,"商品表"中"类别"字段是查阅向导型的,其中存储的是"类别表"中的"类别编号"信息,为了便于理解而显示"类别名称"的值,所以碳酸饮料对应的类别值是"L01")

③ 根据"折扣商品表"中的折扣值,设置"商品表"中的"促销售价",图 4-5 所示为"折扣商品表"。

完成以上操作所使用的 SQL 语句分别如下。

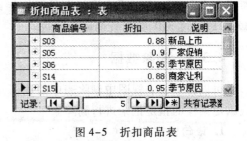

图 4-5 折扣商品表

① UPDATE 商品表 SET 零售价 = 3. 50 WHERE 商品名称 = "矿泉水"

② ALTER TABLE 商品表 ADD 促销售价 MONEY

　　UPDATE 商品表 SET 促销售价 = 零售价 * 0. 9

　　WHERE 库存量 >20 AND 类别 = "L01"

③ UPDATE 商品表

　　INNER JOIN 折扣商品表 ON 商品表. 商品编号 = 折扣商品表. 商品编号

　　SET 促销售价 = 零售价 * 折扣

该语句的运行结果如图 4-6 所示。

		商品编号	商品名称	类别	零售价	单位数量	库存量	促销售价
+		S01	修正带	文具	¥2.00	每包20支	13	
+		S02	矿泉水	碳酸饮料	¥4.00	每箱12瓶	22	
+		S03	运动饮料	碳酸饮料	¥7.50	每箱24瓶	49	¥6.60
+		S04	苹果汁	果汁茶类	¥2.50	每箱24瓶	39	
+		S05	牛奶	牛奶制品	¥1.00	每箱12瓶	17	¥0.90
+		S06	啤酒	酒类	¥2.30	每箱12瓶	30	¥2.19
+		S07	味精	调味品	¥4.50	每袋6包	24	
+		S08	番茄酱	调味品	¥7.00	每箱12瓶	13	
+		S09	盐	调味品	¥3.20	每箱30盒	53	
+		S10	麻油	调味品	¥21.35	每箱30盒	0	
+		S11	酱油	调味品	¥12.00	每袋500克	120	
+		S12	海鲜粉	调味品	¥3.60	每袋500克	15	
+		S13	胡椒粉	调味品	¥3.60	每袋瓶6包	6	
+		S14	龙井	果汁茶类	¥228.00	每袋500克	15	¥200.64
+		S15	汽水	碳酸饮料	¥3.50	每箱24瓶	18	¥3.33
▶	+	S16	苏打水	碳酸饮料	¥4.80	每箱20瓶	21	

记录: ◄◄ ◄ 16 ► ►◄ ►* 共有记录数: 16

图 4-6 例 4.8 中③的运行结果

额外说明如下。

① "商品表"通过 INNER JOIN 短语与"折扣商品表"临时联系起来,联系的条件就是"商品表．商品编号＝折扣商品表．商品编号"。

② "商品表．商品编号"指的是"商品表"中的"商品编号"字段,"折扣商品表．商品编号"指的是"折扣商品表"中的"商品编号"字段。如果两者的值相等,表明该商品包含在"折扣商品表"中,即有折扣。

③ 其他字段(如"零售价"、"折扣"等)可以直接使用,因为它们只包含在其中的某一个表中,故直接使用也不会造成疑义。

④ 实际应用中,并不需要向"商品表"内添加"促销售价"字段。因为根据表的设计原则(请参看 2.3.1 节),表中不应该包含可以推导或计算出来的数据。如果需要推导或计算出来的数据,可以通过 SQL 数据查询命令获得。

4.3.3 删除数据

可以在数据表视图中删除表中的数据,也可以利用 SQL 的 DELETE 语句对表中的所有记录或满足条件的指定记录进行删除。

1. 语句格式

DELETE FROM < 表名 > ［WHERE < 条件 > ］

2. 语句功能

基于特定的条件,删除指定表中的记录。

3. 几点说明

① WHERE 短语用来确定将删除哪些记录,只有满足指定条件的记录才会被删除。如果省略 WHERE 短语,则删除表中的所有记录。在 WHERE 短语中可以同时指定多个条件,多个条件之间用 AND 表示并列的关系,用 OR 表示或者的关系。

② DELETE 语句只删除表中的数据,表的结构和所有表的属性(如字段属性和索引)依然保持原样。若要删除一个完整的表,应该使用 DROP TABLE 语句。

③ 若使用 DELETE 语句,执行删除操作时会同时删除相关表中的记录,即使它们并不直接包含在该语句中。例如,在"金鑫超市管理系统"数据库中,为"类别表"和"商品表"设置了参照完整性并指定了级联删除选项,"类别表"是联系中的"一"方,而"商品表"则是联系中的"多"方,那么从"类别表"中删除一条记录将导致"商品表"中相应的多条记录被删除。

例 4.9 在"金鑫超市管理系统"数据库中,删除"订购表"中 2009 年之前的所有订购信息。

所使用的 SQL 语句为:

DELETE FROM 订购表 WHERE 订购日期 <＝#12/31/2008#

4.4 SQL 的数据查询

SQL 语句最主要的功能就是查询,SQL 的查询命令也称作 SELECT 命令,用于检索和显示一个或多个表中的数据。SELECT 命令的功能强大,使用方式非常灵活,可以用一个语句实现关系代数中的选择、投影和连接运算。SELECT 命令的基本形式由 SELECT – FROM – WHERE 查询块组成,多个查询可以嵌套执行。

4.4.1 SELECT 语句

SELECT 语句是创建查询的语句,它可以完成单表查询、多表查询、嵌套查询和联合查询等操作。

1. 语句格式

SELECT [ALL | DISTINCT] [TOP < n > [PERCENT]]

< 字段名 1 > | < 函数 1 > [AS < 列名 1 >] [, < 字段名 2 > | < 函数 2 > [AS < 列名 2 >] [,
…]]

FROM < 表名 1 > [INNER | LEFT | RIGHT JOIN < 表名 2 > ON < 连接条件 >]

[WHERE < 查询条件 >]

[GROUP BY < 分组字段名 > [HAVING < 分组条件 >]]

[ORDER BY < 排序字段名 > [ASC | DESC]]

2. 语句功能

从指定的一个或多个表中,创建一个在指定范围内、满足指定条件、按指定字段分组、按指定字段排序的由指定字段所组成的新的记录集合。

3. 几点说明

① 语句格式中的 ALL 使查询结果为满足条件的所有记录。使用 DISTINCT 可以使查询结果中不包含重复的行。如果省略,则默认值为 ALL。TOP 用于控制只显示指定数量或百分比的记录,默认为显示所有符合查询条件的记录。

② 语句格式中的“字段名”或“函数”是查询语句需要检索的信息,既可以是表中的字段,也可以是一些统计函数,甚至还可以是用户自定义函数等。AS 子句可以为查询结果的列指定一个替代名称,默认使用表中的字段名作为查询结果的列名。

③ FROM 短语用来指明从中检索数据的一个或多个表。通过 ON 短语指定的连接条件还能实现多个表的不同形式的连接。在整个 SELECT 语句中,除了命令动词 SELECT 之外,只有 FROM 短语是必需的,其他短语都是可选项。

④ WHERE 短语用来确定查询条件,只有满足指定条件的记录才会被检索到。如果省略 WHERE 短语,将检索表中的所有记录。

⑤ GROUP BY 短语用来进行分组计算,通过 HAVING 短语还能够进一步为分组设定条件。

⑥ ORDER BY 短语用于对检索结果进行排序。

SELECT 查询命令的使用方式非常灵活,用它可以构造各种各样的查询。本节将通过大量的实例来介绍 SELECT 命令的使用方法,在例子中再具体解释各个短语的含义。另外,这一节查询的例子将全部基于前面章节中建立的“金鑫超市管理系统”数据库。为了便于对照和验证查询结果,建议大家建立所需要的各个数据表并按照教材内容输入数据。

4.4.2 简单查询

首先从几个简单的查询开始。这些查询基于单个的表,也称为单表查询。单表查询既可以有简单的查询条件,也可以对查询结果进行排序、分组,并开展计算。

1. 不带条件的简单查询

不带条件的简单查询由 SELECT 和 FROM 短语构成,这也是查询语句中必须包含的两个短语。

例4.10 从"类别表"中检索出所有的供应商名称。(参见2.3.1 小节的表2-1"类别表"。)

所使用的 SQL 语句为:

SELECT 供应商名称 FROM 类别表

结果为:

供应商名称

东海

日日发

佳佳

玉成

百达

百达

宏仁

可欣

日日发

大千

在本例中需要注意如下几点。

① 可以看到,在结果中有重复值。如果要去掉重复值,可以使用关键字 DISTINCT,所使用的 SQL 语句为:

SELECT DISTINCT 供应商名称 FROM 类别表

② 如果要检索"类别表"中的所有信息,所使用的 SQL 语句为:

SELECT * FROM 类别表

其中,"*"是通配符,表示所有属性,即字段。这里的命令等同于:

SELECT 类别编号,类别名称,负责人,供应商名称,说明 FROM 类别表

2. 带有条件的简单查询

SELECT 语句中用 WHERE 短语指定了查询条件,查询条件可以是任何复杂的逻辑表达式或比较表达式。

例4.11 检索"商品表"中零售价高于5元的商品名称和零售价。(参见4.3.2 小节的图 4-6"商品表"。)

所使用的 SQL 语句为:

SELECT 商品名称,零售价 FROM 商品表 WHERE 零售价 >5

结果为:

商品名称	零售价
运动饮料	￥7.50
番茄酱	￥7.00
麻油	￥21.35

酱油	￥12.00
龙井	￥228.00

在本例中应该注意如下几点。

① 如果要求检索零售价低于 5 元或高于 20 元的商品名称和零售价,所使用的 SQL 语句为:

SELECT 商品名称,零售价 FROM 商品表 WHERE 零售价 <5 OR 零售价 >20

② 如果要求检索零售价在 5 ~ 20 元之间的商品名称和零售价,所使用的 SQL 语句为:

SELECT 商品名称,零售价 FROM 商品表 WHERE 零售价 >= 5 AND 零售价 <= 20

在此可以使用 Access 所提供的特殊运算符 BETWEEN… AND… 来表示该条件,所使用的 SQL 语句为:

SELECT 商品名称,零售价 FROM 商品表 WHERE 零售价 BETWEEN 5 AND 20

③ 如果要求检索出尚未制定零售价的商品信息,所使用的 SQL 语句为:

SELECT * FROM 商品表 WHERE 零售价 IS NULL

注意,查询空值时要使用 IS NULL,而 = NULL 则是无效的,因为空值不是一个确定的值,所以不能用 " = " 这样的运算符进行比较。如果要求检索出已经制定零售价的商品信息,所使用的 SQL 语句为:

SELECT * FROM 商品表 WHERE 零售价 IS NOT NULL

④ 如果要求检索出最后一个字符为"水"的商品名称及其零售价,所使用的 SQL 语句为:

SELECT 商品名称,零售价 FROM 商品表 WHERE 商品名称 LIKE " * 水"

结果为:

商品名称	零售价
汽水	￥3.50
苏打水	￥4.60
矿泉水	￥4.00

注意,这是一个有关字符串匹配的查询,应该使用字符串匹配运算符 LIKE。" * "是通配符,表示 0 或任意多个字符;若要表示任意一个字符,可以使用通配符"?"。试一试,如果将该语句改为:SELECT 商品名称,零售价 FROM 商品表 WHERE 商品名称 LIKE "? 水",运行结果会如何?

另外,如果要求检索出最后一个字符不是"水"的商品名称及其零售价,所用语句为:

SELECT 商品名称,零售价 FROM 商品表 WHERE 商品名称 NOT LIKE " * 水"

3. 排序

使用 SELECT 语句还可以将查询结果排序,相关的短语是 ORDER BY,具体格式为:

ORDER BY <排序字段名 1 >[ASC ∣ DESC] [, <排序字段名 2 >[ASC ∣ DESC]…]

从中可以看出,可以按升序(ASC)或降序(DESC)进行排序,默认为升序。同时,还允许按一列或多列排序。注意,ORDER BY 仅仅是对查询结果进行排序,并不会影响数据表中的数据原始顺序。

例 4.12 按商品的零售价降序检索出"商品表"中各种商品的商品名称和零售价。(参见 4.3.2 小节的图 4-6"商品表"。)

所使用的 SQL 语句为:

SELECT 商品名称,零售价 FROM 商品表 ORDER BY 零售价 DESC

在本例中需要注意如下几点。

① 如果要将零售价高于5元的商品按零售价降序检索出商品名称和零售价,所使用的 SQL 语句为:

SELECT 商品名称,零售价 FROM 商品表 WHERE 零售价 >5

ORDER BY 零售价 DESC

注意,当同时使用 WHERE 短语和 ORDER BY 短语时,应该先写 WHERE 短语。

② 如果要求检索出零售价最高的3种商品的商品名称和零售价,所使用的 SQL 语句为:

SELECT TOP 3 商品名称,零售价 FROM 商品表 ORDER BY 零售价 DESC

结果为:

商品名称	零售价
龙井	¥228.00
麻油	¥21.35
酱油	¥12.00

注意,此处使用 TOP < n > [PERCENT]短语来控制只显示部分查询结果,即在符合查询条件的所有记录中,选取指定数量或百分比的那些记录。当使用 PERCENT 时,其中的 n 可以是 1~100 之间的任意实数,说明显示结果中前百分之几的记录;当不使用 PERCENT 时,其中的 n 直接指明显示前几条记录。需要特别强调的是,TOP 短语只有与 ORDER BY 短语同时使用才具有实际意义,通过 ORDER BY 子句指定排序字段,再利用 TOP 子句根据此排序结果选定开始的 n 条或 n% 的记录。

因此,如果要求检索出零售价最高的30%的商品的商品名称和零售价,应该使用的 SQL 语句为:

SELECT TOP 30 PERCENT 商品名称,零售价 FROM 商品表

　　ORDER BY 零售价 DESC

同样,如果要求检索出零售价最低的3种商品的商品名称和零售价,应该使用的 SQL 语句为:

SELECT TOP 3 商品名称,零售价 FROM 商品表 ORDER BY 零售价

4. 计算查询

(1) 简单的计算查询

SQL 是完备的。也就是说,只要数据是按关系模式存储在数据库中的,就能够构造合适的 SQL 命令把它检索出来。事实上,SQL 命令不仅具有一般的检索能力,而且还有计算方式的检索,比如检索商品的平均价格、最大库存量等。

为了汇总表中的数据,可以创建一个包括 SUM( ) 或 AVG( ) 之类聚合函数的计算查询。利用聚合函数可以确定数值集合的各种统计值,运行包含聚合函数的查询时,结果中将包含一行汇总信息。常用的聚合函数如下。

① COUNT(字段名):计算查询所返回的记录数。可以统计包括文本在内的任何类型的数据,但是要注意记录中所存储的数字类型与计算无关,该函数仅仅计算出记录的数目。使用 COUNT(*)方式可以计算出表中所有的记录数。

② SUM(字段名):计算某个字段中所有值的总和,该字段中只能包含数字型数据。

③ AVG(字段名):计算某个字段中所有值的平均值,该字段中只能包含数字型数据,计算时空值将被忽略。

④ MAX(字段名):计算某个字段中所有值的最大值。对于文本型数据,结果为按字母排序的最后一个值。

⑤ MIN(字段名):计算某个字段中所有值的最小值。对于文本型数据,结果为按字母排序的第一个值。

例 4.13 检索金鑫超市中所有商品的平均零售价和商品总数。(参见 4.3.2 小节的图 4-6 "商品表"。)

所使用的 SQL 语句为:

SELECT AVG(零售价) AS 平均价,COUNT(∗)AS 商品总数 FROM 商品表

结果为:

平均价　　商品总数

¥ 19.43　　16

在本例中需要注意如下几点。

① 对各个函数在使用时,函数名可以任意使用英文大写、小写或大小写混合的形式,但是函数名后面紧跟着的一对圆括号必须在英文半角状态下输入。

② 语句中的 AS 子句可以为查询结果的列指定一个替代名称。如果不使用 AS 子句(如前面的例子),系统将默认使用表中的字段名作为查询结果的列名;如果需要一个不同于表中字段名的列名,或者系统给出的名称不适合生成该列的表达式,则需要用 AS 子句来重新命名列。

③ 除了可以使用系统提供的聚合函数进行统计查询外,还可以根据用户的需要使用自定义函数。例如,在"工资表"中包含字段"雇员编号"、"姓名"、"岗位工资"、"薪级工资"、"津贴"和"所得税",如果要检索出所有雇员的姓名和实发工资,可以使用 SQL 语句:

SELECT 姓名,岗位工资 + 薪级工资 + 津贴 - 所得税 AS 实发工资 FROM 工资表

(2)分组与计算查询

实际应用中,通过 GROUP BY 短语进行分组与计算查询。例如,要求检索出每类商品的平均零售价,即先按照商品类别分组,然后再对不同类别的商品计算其平均零售价。在 SQL 中,分组使用 GROUP BY 短语,格式为:

GROUP BY <分组字段名 1 >[, <分组字段名 2 >…][HAVING <分组条件 >]

因此,可以按一列或多列进行分组,还可以用 HAVING 进一步限定分组的条件。

例 4.14 检索金鑫超市中每一类商品的平均零售价和商品种类数。(参见 4.3.2 小节的图 4-6"商品表"。)

所使用的 SQL 命令为:

SELECT 类别,AVG(零售价) AS 平均价,COUNT(∗)AS 商品种类

　　　　FROM 商品表 GROUP BY 类别

结果为:

类别　　　　平均价　　　　商品种类

碳酸饮料　　¥4.90　　　　4

牛奶制品	￥1.00	1
果汁茶类	￥115.25	2
酒类	￥2.30	1
调味品	￥7.92	7
文具	￥2.00	1

从结果中可以看出,分组计算所得的信息比仅仅通过简单计算所得的信息要丰富得多。进一步的,如果要求检索的是至少包含两种商品的每类商品的平均零售价和商品种类数,那么使用的 SQL 语句为:

SELECT 类别, AVG(零售价) AS 平均价, COUNT(*) AS 商品种类

FROM 商品表 GROUP BY 类别 HAVING COUNT(*) >=2

结果为:

类别	平均价	商品种类
碳酸饮料	￥4.90	4
果汁茶类	￥115.25	2
调味品	￥7.92	7

此处应该注意,HAVING 子句只有与 GROUP BY 子句结合使用才有实际意义。HAVING 子句和 WHERE 子句并不矛盾,在查询中是先用 WHERE 子句限定记录范围,然后进行分组,最后再用 HAVING 子句限定分组。例如,要求检索零售价在 4 元以上且至少包含两种商品的每类商品的平均零售价和商品种类数,那么使用的 SQL 语句为:

SELECT 类别, AVG(零售价) AS 平均价, COUNT(*) AS 商品种类

FROM 商品表 WHERE 零售价 >4 GROUP BY 类别 HAVING COUNT(*) >=2

结果为:

类别	平均价	商品种类
碳酸饮料	￥6.05	2
调味品	￥11.21	4

因为在分组之前已经将零售价较低的商品排除掉了,所以最后的结果中"商品种类"数就少了,而"平均价"则高了。同样,分组计算后还可以对检索结果进行排序,如在本例中继续要求检索出的结果按"商品种类"的数量从高到低排列,所使用的 SQL 语句为:

SELECT 类别, AVG(零售价) AS 平均价, COUNT(*) AS 商品种类

FROM 商品表 WHERE 零售价 >4 GROUP BY 类别

HAVING COUNT(*) >=2 ORDER BY COUNT(*) DESC

4.4.3 连接查询

前面讲述的例子都是基于一个表的查询。在许多情况下,需要将多个表的信息进行"组合"。也就是说,查询会涉及多个表。例如,在金鑫超市中要检索出所有折扣商品的商品名称、原价、折扣以及最终的折后价等信息,就需要从图 4-5 所示的"折扣商品表"中找出折扣商品编号和折扣,再从图 4-6 所示的"商品表"中找到对应的商品名称和原价,最后再用从两个表中分别取出的原价与折扣进行乘法运算以便得到折后价。

把多个表的信息集中在一起,就要用到连接操作。SQL 的连接操作是通过相关联表之间记录的匹配而产生的结果。从 SELECT 语句中抽出的与连接有关的语法格式为:

SELECT …

　　FROM <表名 1> ［ INNER ∣ LEFT ∣ RIGHT JOIN <表名 2> ON <连接条件>］

需要注意如下几点。

① INNER JOIN 为内部连接,即只有满足连接条件的记录才会出现在查询结果中;LEFT JOIN 为左连接,在查询结果中会包含左表(此处为表名 1)中的所有记录,即使在右表(此处为表名 2)中没有相匹配的记录值,此时对于满足连接条件的记录的字段值将用来自右表的字段值填充,不满足连接条件的记录的字段值将被设置为空值;RIGHT JOIN 为右连接,与左连接的意义相似。连接的类型在 FROM 短语中加以确定。

② ON 子句用于指定连接条件,它与 WHERE 条件和 HAVING 条件都不矛盾,可以结合起来使用。

例 4.15　检索金鑫超市中每一种折扣商品的商品名称、原价、折扣及折后价。(参见 4.3.2 小节的图 4-5"折扣商品表"和图 4-6"商品表"。)

所使用的 SQL 命令为:

SELECT 商品表．商品编号,商品名称,零售价 AS 原价,折扣,零售价 * 折扣 AS 折后价

　　FROM 商品表 INNER JOIN 折扣商品表

　　　ON 商品表．商品编号 = 折扣商品表．商品编号

查询的运行结果如图 4-7 所示。

商品编号	商品名称	原价	折扣	折后价
S03	运动饮料	￥7.50	0.88	6.6
S05	牛奶	￥1.00	0.9	0.9
S06	啤酒	￥2.30	0.95	2.185
S14	龙井	￥228.00	0.88	200.64
S15	汽水	￥3.50	0.95	3.325

图 4-7　连接查询的结果

在本例中应该注意以下几点。

① 如果一个字段名被包含于 FROM 子句内的多个表中,则必须在该字段名的前面加上表名和"·"(圆点)号。(参看 4.3.2 小节的例题 4.8。)

② 在本例中可以通过 WHERE 条件来实现两个表之间的连接,等价的 SQL 语句为:

SELECT 商品表．商品编号,商品名称,零售价 AS 原价,折扣,零售价 * 折扣 AS 折后价

FROM 商品表,折扣商品表

WHERE 商品表．商品编号 = 折扣商品表．商品编号

此时,可以将有关联的多个表名直接写在 FROM 短语中,并用逗号加以分隔。连接条件则被放在 WHERE 短语中,如果有其他的查询条件,则通过 AND 并列于 WHERE 短语中。但是,使用该方式只能实现内部连接,对于左连接或右连接则只能使用 JOIN 短语。

③ INNER JOIN 可以嵌套使用,即可以实现多个表的连接。例如,本例中继续要求检索出每

一种折扣商品的商品名称、类别、原价、折扣、折后价以及该类商品的负责人,则需要"商品表"、"折扣商品表"和"类别表"这3个表进行连接(参见2.3.1 小节的表2-1"类别表")。所使用的 SQL 语句为:

SELECT 商品表．商品编号,商品名称,类别,零售价 AS 原价,折扣,零售价＊折扣 AS 折后价,负责人 FROM 折扣商品表 INNER JOIN

(商品表 INNER JOIN 类别表 ON 类别表．类别编号＝商品表．类别)

ON(商品表．商品编号＝折扣商品表．商品编号)

4.4.4 嵌套查询

SQL 允许将一个查询语句完全嵌套在另一个查询语句的 WHERE 或 HAVING 条件短语中,这种查询称为嵌套查询。通常把内部的、被另一个查询语句调用的查询称为子查询,把调用子查询的查询语句称为父查询,子查询还可以进一步调用子查询。

从语法上讲,子查询就是一个用圆括号括起来的特殊条件,它完成的是关系运算,所以子查询可以出现在允许表达式出现的任何地方。嵌套查询的执行是由内向外进行的,即从最内层的子查询开始,依次由内向外完成计算。也就是说,每个子查询在其上一级查询未经处理之前已经完成计算,其结果用于建立父查询的查询条件。

例 4.16 检索金鑫超市中零售价大于等于所有商品的平均零售价的商品类别、商品名称和零售价。(参见 4.3.2 小节的图 4-6"商品表"。)

所使用的 SQL 命令为:

SELECT 类别,商品名称,零售价 FROM 商品表

　　WHERE 零售价 >=(SELECT AVG(零售价) FROM 商品表)

查询运行的结果为:

类别	商品名称	零售价
调味品	麻油	￥21.35
果汁茶类	龙井	￥228.00

额外说明如下。

① 在本例中通过子查询检索出所有商品的平均零售价,然后再以该值为条件进行父查询的计算。应该注意子查询一定要放在一对圆括号内。

② 使用 IN 谓词可以只检索出父查询作为子查询结果的一部分并包含相同值的记录,NOT IN 则反之。例如,检索出那些至少已经有一种商品销售的商品类别信息(参见 2.3.1 小节的表 2-1"类别表"、4.3.2 小节的图 4-6"商品表"),所使用的 SQL 语句为:

SELECT ＊ FROM 类别表 WHERE 类别编号 IN(SELECT 类别 FROM 商品表)

该语句将先从"商品表"中检索出销售商品的类别集合,然后再检索"类别表"中某一条记录的类别编号是否在这个集合中。如果在,则表明该类别有商品销售;如果不在,则表明还没有该类别的商品。

③ 如果要检索金鑫超市中零售价大于等于"调味品"中任何一种商品的零售价的商品类别、商品名称和零售价(参见 4.3.2 小节的图 4-6"商品表"、2.3.1 小节的表 2-1"类别表"),所使用的 SQL 命令为:

SELECT 类别,商品名称,零售价 FROM 商品表 WHERE 零售价 >= ANY

(SELECT 零售价 FROM 商品表 INNER JOIN 类别表

ON 商品表.类别=类别表.类别编号 WHERE 类别表.类别名称="调味品")

在本例中使用了量词 ANY,它的作用是,在进行比较运算时只要子查询中有一条记录能使结果为真,则结果就为真。与 ANY 作用相同的还有量词 SOME。另一个量词是 ALL,则要求在子查询中所有记录都使结果为真时,结果才为真。尝试一下,将该语句中的 ANY 改为 ALL,结果有什么不同?

④ 如果要检索出金鑫超市中零售价大于等于同类别商品的平均零售价的类别、商品名称和零售价(参见 4.3.2 小节的图 4-6"商品表"、2.3.1 小节的表 2-1"类别表"),所使用的 SQL 命令为:

SELECT 类别,商品名称,零售价 FROM 商品表 AS Products

WHERE 零售价 >=

(SELECT AVG(零售价) FROM 商品表 WHERE Products.类别=商品表.类别)ORDER BY 类别

查询运行的结果为:

类别	商品名称	零售价
碳酸饮料	运动饮料	￥7.50
牛奶制品	牛奶	￥1.00
果汁茶类	龙井	￥228.00
酒类	啤酒	￥2.30
调味品	酱油	￥12.00
调味品	麻油	￥21.35
文具	修正带	￥2.00

在本例中为"商品表"定义了别名"Products",这样就形成了两个逻辑关系,一个是关系"商品表",另一个是关系"Products",于是就可以通过在这两个关系上的连接运算来实现检索条件。

4.4.5 联合查询

使用 SQL 还能够将两个或多个查询的结果进行合并,这样的查询称为联合查询,需要使用 UNION 运算符来完成。

例 4.17 从"供应商表"中检索出给金鑫超市供货的所有供货商名称、所在城市,联合从"大宗交易客户表"中检索到的与该超市有大宗交易(如团购等)的客户名称、地址,将查询结果的列名设置为"供应商/客户名"和"详细地址"。

所使用的 SQL 命令为:

SELECT 供货商名称 AS 供应商/客户名,城市 AS 详细地址 FROM 供应商表

UNION SELECT 客户名称,地址 FROM 大宗交易客户表

在联合查询中应该注意如下几点。

① 联合查询中的每条 SELECT 语句都必须以同一顺序返回相同数量的字段,且对应字段要有兼容的数据类型。

② 如果要在联合查询中指定排序次序,可以在最后一条 SELECT 语句的末端添加 ORDER BY 子句,且在 ORDER BY 子句中指定的排序字段必须来自第一条 SELECT 语句。

③ 联合查询将从第一个表或 SELECT 语句的列名中获取其列名。如果要重新命名结果中的字段,可以使用 AS 子句。

④ 默认情况下,使用 UNION 操作时不会返回重复的记录。但是,UNION ALL 语句将检索包含重复记录在内的所有记录。

⑤ 在 SQL 中,还可以将现有的表与一个 SELECT 语句进行合并。例如:

TABLE 新商品表 UNION SELECT * FROM 商品表

此语句要求“新商品表”的结构与“商品表”的结构相同。

▣ 本章小结

SQL(结构化查询语言)是关系数据库系统为用户提供的、对关系模式进行定义、对关系实例进行操纵的一种语言,是为在关系数据库系统中建立、存储、修改、检索和管理信息所提供的语言。目前,SQL 已经发展成一种工业标准化的数据库查询语言,广泛应用于各种关系数据库管理系统中。

本章从应用和操作的角度出发,对标准 SQL 语言的特点、功能和使用方法进行了详细、系统的介绍,并结合大量的实际应用逐一讲解 SQL 的数据定义、数据操纵和数据查询语句的功能和使用格式。特别是 SELECT 语句作为 SQL 的核心语句,其语句成分多样、功能强大、使用方式灵活,可以用一个语句实现关系代数中的选择、投影和连接运算。

事实上,在第 3 章中,通过“查询设计视图”创建查询时,Access 都会在后台构造等效的 SQL 语句,而且在“查询设计视图”中,大多数查询属性在 SQL 语句中都有可用的等效子句和选项。对于某些特定的查询,如数据定义查询和联合查询等,则不能通过“查询设计视图”来创建,而是必须直接在“SQL 视图”中创建 SQL 语句。

通过本章的学习,要求掌握以下几个方面的内容。

① SQL 语言的基本特点和功能。

② 掌握创建表 CREATE TABLE、修改表 ALTER TABLE 和删除表 DROP TABLE 命令的功能和使用方法,掌握建立和删除索引的命令 CREATE INDEX 及 DROP INDEX 的使用方法。

③ 掌握 INSERT、UPDATE 和 DELETE 等有关数据操纵命令的语句格式和功能。

④ 掌握 SELECT 语句中各个短语的功能和使用方法,能够利用 SELECT 语句完成单表查询、多表查询、嵌套查询和联合查询等操作。

▣ 习题

一、单项选择题

1. 在 SQL 查询中使用 WHERE 子句指出(　　　)。

    A. 查询目标　　　　　B. 查询结果　　　　　C. 查询视图　　　　　D. 查询条件

2. 若要查询姓“李”的学生的信息,SQL 查询准则应该设置为(　　　)。

A. Like "李%"　　　　B. Like "李 *"　　　　C. Is "李 *"　　　　D. Is "李%"

3. SELECT 命令中用于返回查询的分组记录的子句是(　　)。

A. DISTINCT　　　　B. GROUP　　　　C. ORDER　　　　D. TOP

4. SQL 查询能够创建(　　)。

A. 更新查询　　　　B. 追加查询　　　　C. 选择查询　　　　D. 以上各类查询

5. 若要检索"学生"表中的所有记录和字段,应该使用的 SQL 命令是(　　)。

A. SELECT 姓名 FROM 学生　　　　　　B. SELECT * FROM 学生

C. SELECT * FROM 学生 WHERE 学号 = 12　　D. 以上命令都不正确

6. 下面有关 HAVING 子句的描述中,错误的是(　　)。

A. HAVING 子句必须与 GROUP BY 子句同时使用才有实际意义

B. 使用 HAVING 子句的同时,不能使用 WHERE 子句

C. 使用 HAVING 子句的同时,可以使用 WHERE 子句

D. 使用 HAVING 子句的作用是限定分组的条件

7. SQL 数据操纵命令不包括(　　)。

A. INSERT　　　　B. DELETE　　　　C. UPDATE　　　　D. CHANGE

8. SQL 是英文(　　)的缩写。

A. Select Query Language　　　　　　B. Structured Query Language

C. Standard Query Language　　　　　D. Special Query Language

9. "单价 BETWEEN 5 AND 20"的含义是(　　)。

A. 单价 > 5 AND 单价 < 20　　　　　B. 单价 >= 5 AND 单价 <= 20

C. 单价 > 5 OR 单价 < 20　　　　　　D. 单价 >= 5 OR 单价 <= 20

10. 以下函数中,(　　)不是 SQL 用于统计运算的聚合函数。

A. ABS　　　　B. AVG　　　　C. SUM　　　　D. COUNT

11. 删除"商品表"中"进货日期"字段的命令是(　　)。

A. DELETE FROM 商品表 WHERE 进货日期

B. DROP TABLE 商品表

C. DELETE FROM 商品表 WHERE 字段 = 进货日期

D. ALTER TABLE 商品表 DROP 进货日期

12. 在嵌套查询中,子查询结果的记录数目一定是(　　)。

A. 一条记录　　　　　　　　　　B. 多条记录

C. 由子查询的 WHERE 子句而定　　D. 与子查询的 FROM 子句指定的表的记录数目相同

13. 使用 CREATE TABLE 命令定义主索引的子句是(　　)。

A. DEFAULT　　　　B. UNIQUE　　　　C. CHECK　　　　D. PRIMARY KEY

14. SQL 中删除表的命令是(　　)。

A. DROP TABLE　　　　　　B. DELETE TABLE

C. ERASE TABLE　　　　　　D. DELETE

二、填空题

1. 若要创建表文件"学生学籍表",其中包含宽度为 9 位的文本型字段"学号"、宽度为 4 位的文本型字段"姓名"、宽度为 1 位的文本型字段"性别"、日期/时间型字段"出生日期"和整型字段"入学成绩",并定义"学号"字段为主关键字,应该使用的 SQL 语句是:

_____;

若要增加宽度为 15 位的文本型字段"籍贯"和 OLE 型字段"照片",应该使用的 SQL 语句是:

_____ ；

若要将"籍贯"字段的长度由 15 位修改为 20 位,应该使用的 SQL 语句是:

_____ ；

若要删除其中的"照片"字段,应该使用的 SQL 语句是:

_____ ；

插入学号为"201015201"、于 1992 年 12 月 12 日出生、入学成绩为 598 分的"王冬"同学的记录,应该使用的
SQL 语句是:

_____ ；

修改学号为"201015224"的学生的籍贯为"山西省太原市",应该使用的 SQL 语句是:

_____ ；

删除入学成绩低于 520 分的记录,应该使用的 SQL 语句是:

_____ ；

查询籍贯为"山西省太原市"的所有男同学的记录,应该使用的 SQL 语句是:

_____ ；

查询入学成绩高于 600 分的所有姓"王"的同学的记录,应该使用的 SQL 语句是:

_____ ；

检索"学生学籍表"中的所有信息,并按入学成绩从高到低显示,应该使用的 SQL 语句是:

_____ ；

检索并统计全部的学生人数以及入学成绩的平均值、最高值和最低值,应该使用的 SQL 语句是:

_____ ；

检索并统计男女生人数、男女生的平均入学成绩,应该使用的 SQL 语句是:

_____ ；

删除表文件"学生学籍表",应该使用的 SQL 语句是:

_____ 。

2. 有如下的"教师"表和"学院"表:

"教师"表

职工号	姓名	职称	年龄	工资	学院号
11020001	肖天海	副教授	35	2000.00	01
11020002	王岩盐	教授	40	3000.00	02
11020003	刘星魂	讲师	25	1500.00	01

"学院"表

学院号	学院名
01	国际贸易
02	会计
03	工商管理

一般情况下,应该设置"教师"表的主键是_____字段,"学院"表的主键是_____字段,并通过_____
字段在两个表之间建立关联,可见这两个表间的关联属于_____。检索"教师"表中的所有信息,应该使用的
SQL 语句是:

_____ ；

如果希望从"教师"表中查询所有"职称"为教授的职工的信息,应该使用的 SQL 语句是:

_____ ；

如果查询所有职工的职工号、姓名和所在学院名,应该使用的 SQL 语句是:

_____;

查询所有工资在 2000 元以下的职工的信息,应该使用的 SQL 语句是:

_____;

查询"国际贸易"学院的所有工资在 2000 元以下的职工的信息,应该使用的 SQL 语句是:

_____;

查询所有职工的平均工资,应该使用的 SQL 语句是:

_____;

查询"国际贸易"学院的所有职工的平均工资,应该使用的 SQL 语句是:

_____;

将所有教授的工资提高 5% ,应该使用的 SQL 语句是:

_____。

三、简答题

1. 简述 SQL 的概念及主要特点。
2. SQL 的数据操纵功能可以通过哪几个命令来实现?
3. SQL 的数据定义功能可以通过哪几个命令来实现?
4. 试说明 DROP TABLE 命令和 DELETE 命令的异同。
5. 试列出 SQL 中常用的聚合函数并说明其功能。
6. 试解释内部连接、左连接、右连接及其不同点。
7. 联合查询的作用是什么? 使用联合查询时,应该注意哪些问题?
8. 试举例说明 WHERE 子句和 HAVING 子句的异同。
9. 什么是嵌套查询? 它有什么作用?

窗体与报表

第5章

窗体和报表是 Access 数据库中的两个重要对象。窗体的功能是向用户提供一个直观、方便的操作数据库的界面,它可以改善表的单调的表达方式,改善数据的视觉效果,起到美化数据显示的作用。利用报表向导和报表设计器,可以设计出不同格式的报表,然后通过打印机格式化输出数据库中的数据,以满足用户的打印需求。

本章在介绍窗体和报表的有关知识的基础上,着重阐述如何创建 Access 的各种用途的窗体和报表。

5.1 窗体与报表概述

5.1.1 窗体的功能和类型

窗体是 Access 数据库中常用的对象,是数据库呈现在用户面前的便于人机对话的界面。窗体也是一种数据对象的格式,为输入和维护表中的数据提供了便利。

1. 窗体的概念

窗体是 Access 中的重要对象之一,它通过计算机屏幕将数据库中的表或查询中的数据以一种更为直观的方式显示给用户,并允许用户创建、修改或删除数据。窗体的数据来源可以是表或查询,用户可以根据多个表来创建显示数据的窗体,也可以为同样的数据创建不同的窗体。设计者可以在窗体中放置样式各异的控件,以构成用户与 Access 数据库交互的界面,从而完成显示、输入和编辑数据等任务。

建立窗体的基本目标是方便用户使用数据库。在很多时候,数据库应用程序并不是由创建者自己使用的,所以在设计数据库应用系统时要考虑到最终用户的使用便捷性。建立一个友好的用户界面,让使用者能够根据窗口中的提示完成自己的工作,而不需要专门进行培训,将会给用户带来很大的便利。

Access 中的窗体无法脱离 Access 环境单独运行,它与数据表、查询一样,是数据库中的对象,只能在 Access 环境中运行。

2. 窗体的功能

在 Access 环境下,通过设计窗体对象来创建数据库的用户界面。窗体是构建在用户和数据库之间的桥梁。窗体的主要作用是接受用户输入的数据或命令,编辑、显示数据库中的数据,构造方便、美观的数据输入输出界面。使用窗体可以实现以下功能。

① 数据的输入。窗体的数据输入功能是它与报表的主要区别。用户可以根据具体需要来设计窗体,作为数据库中数据输入的接口。一个设计优良的窗体可以使数据输入变得更加方便和准确,可以在窗体中显示相关的字段内容,用户通过选择就可以完成数据的输入操作,也可以在输入数据的位置提供解释性文字,以指引用户完成输入操作。这样不仅可以节省输入数据的时间,而且可以提高数据的准确度。

② 数据的显示与编辑。显示与编辑数据是窗体的基本功能。窗体可以显示来自多个数据表或查询中的数据,用户也可以利用窗体对数据库中的相关数据进行添加、删除和修改,以及设置数据的属性等。用窗体来显示并浏览数据比用表和查询的数据表格式显示数据要灵活。

③ 应用程序流控制。通过在窗体上添加命令按钮并编写相应的程序,可以控制应用程序完成相应的操作,从而达到控制应用程序流程的目的。

④ 信息显示和数据打印。在窗体中可以显示一些警告信息或解释性信息。此外,窗体也可以用来打印数据库中的数据。

3. 窗体的分类

Access 2003 支持多种窗体类型,根据用途可以将窗体分为数据操作窗体、控制窗体和信息交互窗体这 3 种类型。

(1) 数据操作窗体

数据操作窗体是一种方便用户输入、浏览、编辑数据的窗体,也是用户使用最多的一种窗体。根据窗体的数据显示形式,数据操作窗体又可以分为单页窗体、多页窗体和子窗体等形式。

① 单页窗体。每一个单页窗体只显示一条记录的完整信息,适用于一条记录所包含的信息量比较少的情况。

② 多页窗体。当一条记录的信息量比较多,以致一个页面容纳不下的时候,就可以使用选项卡将记录分成多页来显示。单击不同的选项卡,可以在同一个窗口中显示同一条记录的不同字段的信息。多页窗体可以充分利用有限的窗口空间,适用于一条记录包含的信息量比较大的场合。

③ 子窗体。这是包含在另一个窗体之中的窗体。可以使用子窗体来显示一对多联系,一般将"一"方作为主窗体,将"多"方作为子窗体。当主窗体移动一条记录时,对应的各个子窗体中的记录内容将随之改变。

(2) 控制窗体

控制窗体是一种供用户控制工作流程的窗体,这类窗体一般带有"命令按钮"控件或"选项"控件供用户选择。用户通过单击相应的按钮或者选择不同的选项,就可以进入不同的操作环境。

(3) 信息交互窗体

这类窗体主要用于系统与用户之间的交流,如弹出提示窗体、警告信息窗体、输入文本框窗体等。

5.1.2 窗体的结构与视图

1. 窗体的结构

窗体通常由窗体页眉、页面页眉、主体、页面页脚和窗体页脚这5个部分组成,这些部分称为窗体的"节"。在窗体设计视图中,窗体的节表现为区段的形式。所有窗体都必须有主体节。每个节都有特定的用途,并且在打印时按照窗体中的显示顺序打印,页面页眉和页面页脚可以每页重复一次。

(1)窗体页眉

窗体页眉用于显示窗体的标题、窗体的使用说明、运行其他任务的命令按钮等。在窗体视图中,窗体页眉位于屏幕的顶部。若要打印窗体,窗体页眉只会出现在第一页的顶部。

(2)页面页眉

与窗体页眉不同,页面页眉在打印窗体时才会出现,而且会出现在打印页的每一页的顶部,一般用于显示标题、章节号等内容。

(3)主体

主体是数据记录的摆放区,用于显示窗体或报表的主要部分。该节通常包含绑定到记录源中字段的控件,但是也可能包含未绑定控件,如标签等。

(4)页面页脚

与页面页眉类似,页面页脚中的内容只能出现在打印窗体的每一页的底部,一般用于显示日期或页码等内容。

(5)窗体页脚

在窗体视图中,窗体页脚中的信息会出现在屏幕的底部,但是在打印窗体中,只出现在最后一条记录之后。窗体页脚一般用于显示窗体的使用说明、命令按钮或接受输入的未绑定控件。

2. 窗体的视图

窗体的视图是窗体的外观表现形式。Access为窗体提供了3种视图:设计视图、窗体视图、数据表视图。

(1)设计视图

窗体的设计视图与表、查询等的设计视图窗口的功能相同,也是用来创建和修改设计对象(窗体)的,但是其形式与表、查询等的设计视图的差别很大。虽然用户可以通过向导等其他途径来创建窗体,但是要想对窗体作进一步修改或润色就需要在窗体的设计视图中来完成。

(2)窗体视图

窗体视图是设计完成后用户所看到的操作界面,用户可以在设计过程中从设计视图切换到窗体视图来查看窗体的设计效果。在窗体视图中,用户既可以输入、修改和查看完整的数据记录,也可以显示图片、其他OLE型对象、命令按钮及控件,但是窗体视图不能对控件进行编辑和修改。

(3)数据表视图

窗体的数据表视图在外观上和表的数据表视图是相同的。在该视图中也可以对数据进行添加、删除、查看和修改操作,该视图只适用于同时观察多条记录的情况。由于数据表视图不能体现窗体的特点,一般很少使用。

5.1.3 报表的功能和类型

1. 报表的概念

报表是以打印格式展示数据的一种有效方式,它可能是一张表格或一张清单等。可以根据应用的需要将数据库中的有关数据提取出来,进行整理、分类、汇总和统计,并以用户要求的格式打印出来。通过报表设计器能够控制报表上所有内容的位置和外观,所以可以按照用户的需求显示需要查看的信息。报表中显示的各部分内容被绑定到数据库中的一个或多个表和查询中,它们引自基础表和查询中的字段,但是无需包含基础表或查询中的所有字段。报表上的其他信息,如标题、日期和页码,都被存储在报表的设计视图中。

报表和窗体一样,都是由一系列控件组成的,提供查阅、新建、编辑和删除数据的基本方法。但是,这两种对象有着本质上的区别:报表只能查看数据,而窗体不仅可以查看还可以改变数据源中的数据。

2. 报表的功能

利用报表可以完成下列工作。

① 针对原始数据进行比较、排序、分类汇总,浏览数据,输出报表内容。

② 通过各种报表控件可以组织信息和设置信息的格式,从而打印出格式各异的报表。

③ 可以生成清单、订单、发票、标签以及其他各种灵活多样的输出报表。

3. 报表的分类

在 Access 中,常用的报表有表格式报表、纵栏式报表、图表式报表和标签式报表等类型。

（1）表格式报表

表格式报表也称为分组/汇总报表。在表格式报表里,表格是以行和列的方式来显示数据的。它和简单窗体在形式上基本一致,不同之处在于它通常用一个或多个已知的值把报表里的数据进行分组,对各个组还可以进行计算、显示数字统计信息等。

表格式报表提供了多种功能,如建立页码、显示报表日期、利用线条和方框将信息加以分隔及添加图片、商业图表或备注文本等。

（2）纵栏式报表

纵栏式报表又称窗体式报表,通常以垂直的方式在每页上显示一条或多条记录。在纵栏式报表里,可以像数据输入窗体一样显示许多数据,但是报表只能用来查看数据,不能在其中对数据进行输入或更新操作。报表中既可以采用多段来显示一条记录,也可以采用多段来显示多条记录,这些记录之间的关系是一对多联系中的多边关系。报表的内容也可以包括汇总数据。

（3）图表式报表

图表式报表是将数据表示成各种图形的数据表。Access 提供了多种图表,包括折线图、柱形图、饼图、环形图、面积图、三维条形图等。图表式报表的特点是利用图形对数据进行统计,可以显示并打印图表,美化报表,使信息更加直观。图表式报表一般用于显示或者打印统计、对比数据。

（4）标签式报表

标签式报表是将数据表示成邮件标签,在标签上显示用户所指定的数据的概要性信息。标签在报表里的应用相当广泛,通过标签式报表,用户可以查看多个且数据格式相一致的标签。使用标签式报表可以打印大批量的邮件标签。

5.1.4 报表的结构与视图

1. 报表的结构

报表通常由报表页眉、页面页眉、组页眉、主体、组页脚、页面页脚和报表页脚这 7 个部分组成。这些部分称为报表的"节",每个"节"都有其特定的功能。

（1）报表页眉

在一个报表中,报表页眉只出现一次,并只能显示在报表的开始位置。报表页眉内存放的数据出现在报表的开始部分,即第一页的页眉之前,用于显示徽标、报表标题或打印日期等。

（2）页面页眉

页面页眉出现在报表的每一页的顶部,位于页眉栏和报表的主体栏中间。页面页眉所显示的内容为各个字段的标题,包括页数、报表标题或字段标签等。

（3）组页眉

如果所创建的是分组报表,在报表中会出现组页眉。组页眉打印在每个新记录组的开头,用来在记录组的开头处放置信息,如组名称或组总计。通过使用组页眉可以打印组名称。

（4）主体

报表的主体显示当前表或查询中的所有记录的详细信息,其中包含报表数据的主体部分。对报表基础来源的每条记录而言,主体节重复出现。在报表的主体里,可以使用计算字段对每一行数据进行某种运算。

（5）组页脚

如果所创建的是分组报表,在报表中会出现组页脚。组页脚打印在每个记录组的结尾,用来在记录组的结尾处放置信息,如组名称或组的汇总信息等。

（6）页面页脚

页面页脚出现在报表的每一页的底部,可以显示页码、总计、制作人员、打印日期等与报表相关的信息。

（7）报表页脚

在一个报表中,报表页脚只在结尾处出现一次,主要用于显示报表合计等项目。虽然报表页脚是在报表设计的最后一节,但是在打印报表时,报表页脚出现在打印表最后一页的页面页脚之前。

额外说明如下。

① 一个报表通常包含多页,但是整个报表只有一个报表页眉和一个报表页脚,它们通常作为整个报表的封面和封底。

② 在报表中,主体部分是不可缺少的。简单的报表可以没有报表页眉和报表页脚。不分组的报表则没有组页眉和组页脚。

2. 报表的视图

Access 2003 数据库的报表主要有 3 种视图:设计视图、打印预览视图和版面预览视图。

① 设计视图。设计视图被用来创建或修改设计报表。在设计视图里,包含了报表的各个节,通过节的设置可以对报表进行设计。

② 打印预览视图。打印预览视图被用来查看将在报表的每一页上显示的数据。在打印预览视图中,可以看到报表的打印外观形式。通过使用"打印预览"工具栏按钮可以按不同的缩放比例对报表进行预览。

③ 版面预览视图。版面预览视图被用来查看报表的版面设置,其中只包括报表中的部分数据,运行速度比打印预览视图要快。在版面预览的过程中,报表只显示几条记录作为示例。

额外说明如下。

① 只有在设计视图中才能转换为版面预览视图方式,而打印预览视图与版面预览视图这两种视图方式之间不能直接转换。

② 单击"报表设计"工具栏上的"视图"按钮或单击"视图"菜单,可以选择3种视图之一,也可以将光标移到报表上,单击右键,在弹出的快捷菜单里选择所需要的视图。

5.2　窗体的创建与使用

Access 中提供了多种创建窗体的工具,可以用来创建多种形式的窗体。在窗体上可以放置控件,用于进行数据操纵,如添加、删除和修改等操作,也可以接受用户的输入或选择,并根据用户提供的信息执行相应的操作、调用相应的对象等。

5.2.1　创建窗体的方法

在 Access 中,可以采用自动窗体、窗体向导和设计视图这3种方法来创建窗体。

使用自动窗体功能创建窗体时,用户只要选择性地输入窗体所要连接的数据源(表或查询),就可以自动生成由系统预定义的窗体。在使用窗体向导时,用户可以按照向导逐步显示出来的对话框的提示信息来选择数据源、选择窗体所要显示的字段、选择窗体的布局及窗体样式等,能够创建比使用自动窗体功能时更为灵活多样的窗体。在使用设计视图创建窗体时,用户完全可以根据自己的意愿,设计出个性化的窗体。

一般来说,对于涉及数据源的窗体,可以先使用窗体向导或自动窗体功能来创建一个窗体,然后切换到窗体设计视图中作进一步修改,而对于不涉及数据源的窗体,则可以直接在设计视图中创建。

1. 使用自动窗体功能创建窗体

使用 Access 提供的自动窗体功能可以创建纵栏式、表格式、数据表、数据透视表、数据透视图这5种窗体。具体方法是:打开"新建窗体"对话框,然后在其中选择创建窗体的类型及数据源即可。通过这种方式可以快速创建一个显示选定表或查询中的所有字段及记录的窗体。

例 5.1　在"金鑫超市管理系统"数据库中,使用自动窗体功能创建一个纵栏式窗体。

操作步骤如下。

① 在"数据库"窗口中,切换到窗体对象页,单击"数据库"窗口上的"新建"按钮,打开"新建窗体"对话框。

② 在"新建窗体"对话框中选择"自动创建窗体:纵栏式",在"请选择该对象数据的来源表或查询"框中选择"商品"表,并单击"确定"按钮,创建一个纵栏式自动窗体,如图5-1所示。

图5-1 基于商品表的纵栏式自动窗体

用户可以在该窗体中对商品表中的数据进行添加、删除、修改等操作,可以用 Tab 键或方向键在字段之间移动,用窗体底部数据控件上的按钮在记录之间移动,如 ▶ 表示移动到下一条记录、⁕ 表示添加新记录等。

2. 使用窗体向导创建窗体

虽然使用自动窗体功能创建窗体具有直接、快捷的优点,但是它只能基于某个表或查询创建格式较为固定的几种窗体。而使用窗体向导既可以创建基于单表或查询的窗体,也可以创建基于多表的窗体,可以更全面、更灵活地控制窗体的数据来源和格式。在创建过程中,用户只需要按照向导提示来选择相应的操作即可。

例5.2 在"金鑫超市管理系统"数据库中,使用窗体向导创建基于商品表的窗体。

操作步骤如下。

① 在"数据库"窗口中,切换到窗体对象页,双击窗体对象列表中的快捷方式"使用向导创建窗体",打开"窗体向导"对话框。

② 在"窗体向导"第一步中,提示从表或查询中选择字段,可以从一个或多个表(查询)中进行选择。本例中选择商品表中的"商品编号"、"种类编号"、"商品名称"、"单价"、"规格"字段。

③ 在"窗体向导"第二步中,向导提示"请选择窗体使用的布局"。本例中选择"两端对齐"。

④ 在"窗体向导"第三步中,选择一种窗体样式。本例中选择"水墨画"。

⑤ 在"窗体向导"第四步中,输入"商品窗体"作为窗体的名称,单击"完成"按钮。使用窗体向导创建的窗体如图5-2所示。

图5-2 使用窗体向导创建商品窗体

3. 使用设计视图创建窗体

在许多情况下,使用自动窗体或窗体向导创建的窗体,在内容或格式上并不能满足用户的要求。这时需要在设计视图中对其进行完善,有时也需要使用设计视图从无到有地创建窗体。

在设计视图中创建窗体主要包括创建一个空白窗体、为窗体指定数据源、给窗体添加控件、设定窗体和控件的属性等步骤。

例5.3 在"金鑫超市管理系统"数据库中,使用窗体设计视图创建基于"商品库存"表的简单窗体。

操作步骤如下。

① 在"数据库"窗口中,切换到窗体对象页,双击窗体对象列表中的快捷方式"在设计视图中创建窗体",新建一个空白窗体。

② 为窗体指定数据源。打开"属性"窗口,单击窗体设计视图的深灰色区域,选中窗体对象,在"属性"窗口的标题栏中显示"窗体"。然后,选择"属性"窗口中的"数据"选项卡,在"记录来源"组合框中选择表名或查询名。本例中选择"商品库存"表。

③ 在窗体上添加控件。打开"字段列表"窗口,选择列表中的某个字段,然后按住鼠标左键拖动到窗体上的合适位置。本例中将"商品编号"、"商品名称"、"单价"、"规格"和"库存数量"这5个字段的控件拖动到窗体上,创建一个简单的窗体,切换到窗体视图,查看窗体的工作情况,如图5-3所示。最后,将窗体以"商品库存窗体"为名保存起来。

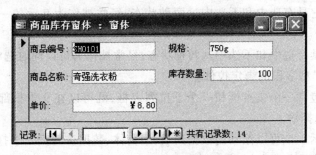

图5-3 商品库存窗体的窗体视图

5.2.2 窗体控件

窗体是一个可以容纳其他对象的容器,窗体中所包含的对象也称为控件。在窗体的设计过程中,核心操作是针对控件的操作,包括添加、删除、修改等。窗体可以用控件来实现表达数据、显示图片等功能。

1. 控件及其分类

在窗体设计过程中,使用最多的是如图5-4所示的工具箱。利用工具箱,可以方便地向窗体中添加各种控件。

图5-4 工具箱

工具箱提供了20种控件,分别具有不同的功能,从左到右依次如下。

① 选择对象。用来选定某一控件,所选定的即为当前控件,以后的操作,如改变尺寸、编辑

等，均对这个控件起作用。

② 控件向导。单击该控件后，在使用其他控件时，即可在向导的引导下逐步完成设计。

③ 标签。它用于显示文字。通常显示字段的标题、说明等描述性文本，但是不能显示字段或表达式的值，属于未绑定型控件。当从一条记录移动到另一条记录时，标签的值不会发生任何改变。

④ 文本框。文本框控件既可用于显示指定的数据，又可用于接收用户输入的数据，并且用户可以通过在文本框控件中输入数据来直接更改数据源中的数据。

文本框可以分为绑定文本框、未绑定文本框和计算文本框这 3 种。绑定文本框常用在窗体中，用来显示和修改来自表、查询或 SQL 语句的数据。控件的"控件来源"属性存储了控件所绑定的字段的名称。如何创建文本框则取决于文本框的类型。

⑤ 选项组。它用于对选项按钮控件进行分组。每个选项组控件中可以包含多个单选按钮、复选项以及切换按钮控件。其目的是在窗体（或报表、数据访问页）上显示一组限制性的选项值，从而使选择值变得更加容易。

⑥ 切换按钮。这是具有弹起和按下两种状态的命令按钮，既可以用作"是/否"型字段的绑定控件，也可以作为定制对话框或选项组的一部分，以接收用户输入的数据。

⑦ 选项按钮。它具有选中和不选中这两种状态，经常被作为互斥的一组选项中的一项，以接收用户输入的数据。

⑧ 复选框。它具有选中和不选中这两种状态，经常被作为可以同时选中的一组选项中的一项，可以用作"是/否"型字段的绑定控件。

⑨ 组合框。它包含一个文本框和一个下拉列表框，既可以在文本框部分输入数据，也可以用下拉列表框部分选择输入。

⑩ 列表框。显示一个可以滚动的数据列表，当窗体、数据访问页处于打开状态时，可以从列表框中选择值输入到新的记录中，或者更改现有记录中的值。

⑪ 命令按钮。命令按钮控件不但可以在应用程序中起到控制的作用，还可以用于完成某些特定的操作，其操作代码通常放置在"单击"事件中。单击命令按钮时，其外观能够产生先按下后释放的动态视觉效果。

⑫ 图片框。它被用于在窗体或报表中摆放图片。窗体或报表中可以添加的图片或对象有两种，即未绑定图片或对象和绑定图片或对象，前者不会因为在记录间移动而更改，而后者会因为在记录间移动而更改，也可以在图像控件中添加嵌入链接的图片或对象。

⑬ 非绑定对象框。它被用于摆放一些非绑定的应用程序对象。这些对象只属于表格的一部分，并不与某个表或查询中的数据相关联。

⑭ 绑定对象框。它被用于绑定到"OLE 对象"型字段上，所绑定的对象不但属于表格的一部分，也与某个表或查询中的数据相关联。

⑮ 分页符。它被用于在窗体上产生新的一屏，或在打印窗体、报表上开始一个新页。分页符在窗体中表示以新屏显示内容的开始位置，在报表中表示以新页来打印内容的开始位置。将分页符控件插入在其他控件之间，不会影响窗体中的数据，而且还可以移动分页符的位置。

⑯ 选项卡控件。选项卡也称为页（page），使用选项卡控件可以为窗体创建多个选项卡，采用分页的方法在不同的选项卡中放置不同类型的数据，或隔离不适宜一起显示的数据。在窗体

视图中,当用户单击某个选项卡的标签时,该选项卡即被激活。

⑰ 子窗体/子报表。它被用于在窗体(或报表)中添加"子窗体/子报表",即将其他数据表格放置到当前的数据表格上,从而可以在一个窗体或报表中显示多个表格。

⑱ 直线。它常被用于绘制分隔线,将一个窗体或数据访问页分成不同的部分。

⑲ 矩形。它常被用于绘制分隔区域,即在窗体、报表或数据访问页上分组其他控件。

⑳ 其他控件。除了上述 Access 内置控件之外,还可以使用在系统中注册的其他类型的控件。单击该按钮时,将显示所有在系统中注册的 ActiveX 控件的列表。在列表中选择某一类控件后,就可以在窗体中使用了。

在 Access 中,按照功能的不同,控件又可以分为绑定控件、非绑定控件和计算控件。

① 绑定控件:与表或查询中的字段相连,当移动窗体上的记录指针时,该控件的内容将会动态改变,可用于显示数据的控件(如标签、文本框、列表框、组合框、绑定对象框等),可以作为绑定控件来使用。

② 非绑定控件:是指没有与数据源形成对应关系的控件,多用来显示静态对象,如标题、提示性文字、图像、命令按钮或美化窗体的线条、矩形等对象。

③ 计算控件:以表达式作为数据源。表达式可以利用窗体的表或查询字段中的数据或窗体上其他控件中的数据。

2. 控件的操作

对控件进行编辑需要在窗体的设计视图中进行,人们经常会对控件进行以下几种编辑操作。

(1) 创建控件

在基于记录源的窗体或报表中,可以通过从"字段列表"窗口中将字段直接拖动到窗体中来创建控件,实现数据显示的功能。

使用工具箱创建控件时,首先,在工具箱中单击所要创建的控件的图标,使其被选中。然后,把鼠标移到窗体中,此时光标变为" + "号(中心为控件左上角的位置),移动" + "号光标到窗体的适当位置后,按住鼠标左键不放并向右下方拖动鼠标,窗体上将出现一个方框,当所绘制的方框达到合适尺寸时,松开鼠标,即可在窗体上创建出所需要的控件。

使用工具箱创建控件时,如果"控件向导"按钮处于选中状态,则控件创建好之后,系统会自动弹出一个"控件向导"对话框,用户可以根据此向导的提示来设置控件的属性。

(2) 选择控件

将鼠标移到该控件上,然后单击该控件即可。此时,控件的边框上会出现 8 个小方块,左上角的小方块较大。这些小方块被用于调整和移动控件,称为"控制手柄"。如果要选择多个控件,可以按住 Shift 键,然后依次单击需要选择的控件,也可以在窗体的空白处按下鼠标左键,通过拖动鼠标进行框选,矩形框所触及的控件就都会被选中。

(3) 移动控件

首先,选中要被移动的控件,然后按键盘上的方向键进行移动,也可以把鼠标移至被选中的控件上,当鼠标变成黑色的"✋"形时,按住鼠标左键并拖动,即可移动该控件。如果选中的是多个控件,此时它们会同时被移动。当鼠标移动到被选中控件的左上角的控制手柄上时,鼠标指针会变成黑色的"✋"形,此时无论选中了多少控件,拖动鼠标只能移动该控件本身。

(4) 控件的对齐与间距

首先,选中需要对齐的多个控件,然后选择菜单【格式】→【对齐】下的相关子命令进行对齐操作。菜单【格式】中的【对齐网格】命令是以网格为单位,将控件左上角对齐到网格点。由于Access默认X和Y方向的网格线坐标均为10,即2个网格线之间有10个网格点,而这10个网格点并未被显示出来,所以一般情况下很难看到对齐网格的效果。如果将窗体属性中的"网格线X坐标"和"网格线Y坐标"的属性值改为5,就可以看到2个网格线之间有5个网格点被显示出来了。

(5)调整控件大小

将鼠标指针移动到选定控件边缘的控制手柄上,鼠标会变成双向箭头的形状。此时,按下鼠标左键并拖动,即可直接调整控件的高度和宽度。用户也可以在选中控件后,再执行菜单【格式】→【大小】下的相关子命令进行调整。还可以打开该控件"属性"窗口中的"格式"选项卡,通过设置其"高度"、"宽度"等属性值进行精确的调整。

(6)调整控件间距

首先,选择要调整的多个控件,然后执行菜单【格式】→【水平间距】或菜单【格式】→【垂直间距】下的相关子命令,即可调整被选中的各个控件之间的水平或垂直方向上的间距。【增加】或【减少】子命令可以用来增加或减少被选中的多个控件之间的间距,【相同】子命令可以使被选中的多个控件之间的间距均匀分布。

(7)设置控件的外观

控件创建好之后,用户还可以通过设置控件的一些外观属性来达到美化的效果。与控件外观相关的属性有高度、宽度、字体名称、字体大小、前景色/背景色、边框颜色、边框样式、线型、透明度等。不同类型的控件可能只具有这些属性中的部分属性。

(8)设置控件的属性

在窗体上选中需要设置属性的控件。单击工具栏中的"属性"按钮,打开相应控件的属性设置对话框,该对话框的标题是当前被选中的控件的名称。设置控件的具体属性,完成后单击窗口右上角的"关闭"按钮即可。

所有控件都具有"名称"属性,其属性值为一个字符串,主要用在程序中,作为控件的标识符。

(9)删除控件

当需要删除单个控件时,可以在被删除的控件上直接单击鼠标右键,从弹出的快捷菜单中选择"剪切"命令。还可以单击鼠标以选中需要删除的控件,然后按Delete键直接将其删除。

如果需要一次性地删除多个控件,可以按住Shift键,再逐个单击以选中需要删除的控件。然后,按Delete键删除这些控件。

如果被删除的控件带有附加标签,删除该控件时会同时将附加标签删除掉。如果只想删除附加标签,则可单击标签,然后按Delete键来删除。

3. 控件的应用

前面介绍了创建窗体的基本方法,在创建窗体的过程中可以充分利用窗体工具箱中的各种控件进一步修饰窗体,设计出既实用又美观的窗体。

例5.4 为例5.3中创建的"商品库存窗体"添加各种控件。

首先,打开"商品库存窗体"并切换到窗体设计视图。系统一般会在窗体设计视图中自动弹出工具箱。若没有弹出工具箱,可以选择【视图】→【工具箱】命令,打开窗体工具箱。

(1) 使用标签控件为窗体添加标题

操作方法:单击工具箱中的"标签"按钮,将鼠标移动到窗体设计视图中的"窗体页眉"位置处单击并拖动,形成一个矩形框。在矩形框中输入窗体标题"商品管理",右击标题文字,从弹出的快捷菜单中选择"属性"命令。在弹出的"标签"属性对话框中设置标题的字体、字号、颜色等,经过添加、修饰后的商品库存窗体如图5-5所示。

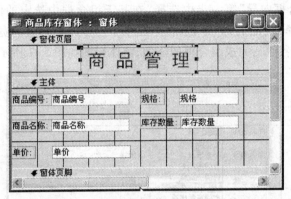

图5-5 添加标题后的商品库存窗体

(2) 使用文本框控件添加字段和计算公式

例5.3介绍了在窗体设计视图中通过字段列表向窗体结构中添加字段的方法。所添加的字段分为两个部分,一部分是字段标题,另一部分是字段文本框,即输出字段的内容。字段的添加也可以通过文本框控件来实现,标签控件用于存放字段名,文本框控件则用于存放字段内容。

操作方法:在"商品库存窗体"的设计视图窗口中,选择工具箱中的"文本框"控件,在主体区内拖曳出一个矩形框,添加一个文本框。同时,系统会自动添加一个和该文本框相关联的标签。在标签框中输入"金额",在"金额"文本框中输入公式"=［单价］＊［库存数量］",并调整标签和文本框的位置,如图5-6所示。这样就为窗体添加了"金额"字段并可以计算其值。

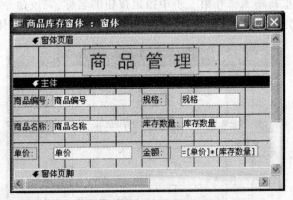

图5-6 利用文本框添加字段及公式

(3) 为"商品库存窗体"添加"商品名称"组合框控件

列表框与组合框的使用与操作方法基本上相同。使用列表框可以从列表中选择值,但却不能在其中输入新值,只能在限定的范围内对字段进行选择和查询。组合框如同把文本框和列表框合并在一起。如果该组合框是绑定组合框,在组合框中输入文本或选择某个值时,则输入或选择的值将被插入组合框所绑定的字段内。可以使用未绑定组合框来保存用于另一个控件的值。例如,可以使用未绑定组合框来限制另一个组合框或自定义对话框中的值,或根据从组合框中选择的值来查找所需要的记录。下面在商品库存窗体中添加"商品名称"组合框,通过在组合框中选择商品名称,查找窗体中的相应商品记录。

操作方法:打开"商品库存窗体"的设计视图窗口,在主体区的上部添加一个"商品名称"组合框,并在弹出的"组合框向导"第一步中选择"在基于组合框中选定的值而创建的窗体上查询记录",在第二步中选择"商品名称"字段,在第三步中可以调整列表的宽度,在最后一步指定组合框标签名称为"商品名称",完成组合框的添加,窗体视图如图5-7所示。

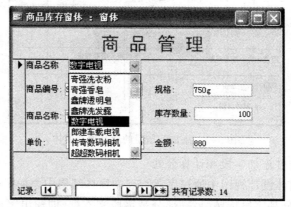

图5-7　添加组合框后的商品库存窗体

（4）为"商品库存窗体"添加命令按钮控件

操作方法:在"商品库存窗体"的设计视图窗口中,单击工具箱上的命令按钮,在窗体页眉区拖动出一个矩形框,同时弹出"命令按钮向导"对话框。在第一步的"类别"列表框中,选择"记录导航";在"操作"列表框中,选择"转至第一项记录"。在第二步选中"文本"单选按钮,文本框内容可取默认值,也可以重新输入。在第三步中指定按钮的名称,完成命令按钮的添加。采用同样的方法在窗体中添加另外3个命令按钮,添加命令按钮后的商品库存窗体如图5-8所示。

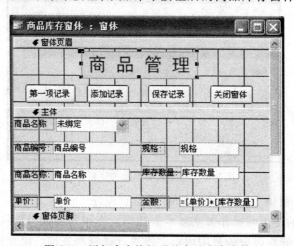

图5-8　添加命令按钮后的商品库存窗体

（5）为"商品库存窗体"添加图像

在窗体中添加图像,可以使窗体变得更加美观、漂亮,尤其是主窗体。

操作方法:在"商品库存窗体"的设计视图窗口中,双击窗体左上角的黑色小方块,弹出"窗体"属性对话框。选中"格式"标签,单击"图片"选项右侧的"…"按钮,弹出要求确定图片位置的对话框,从中选择图片,单击"确定"按钮。同时,在"图片平铺"一栏中选择"是",关闭"窗体"属性对话框。在窗体中插入背景图片的效果如图 5-9 所示。

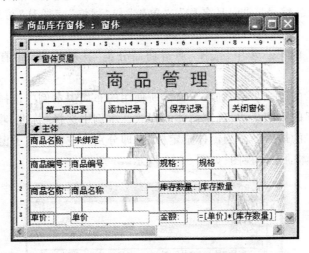

图 5-9　添加背景图片的商品库存窗体

5.2.3　子窗体

如果一个窗体中包含其他窗体,该窗体就被称为主窗体,而窗体中的其他窗体则称为子窗体。主窗体中可以包含多个子窗体,子窗体中还可以嵌套其他窗体。在 Access 中,最多可以嵌套 7 级子窗体。

创建带有子窗体的窗体的方法有两种,既可以同时创建带有子窗体的窗体,又可以将已有的窗体添加到另一个窗体中。

在创建带有子窗体的窗体时,必须保证主窗体和子窗体中的数据之间要存在关联,即主窗体与子窗体之间至少要有一个数据相同的字段用来建立二者之间的联系。通常主窗体和子窗体之间具有一对多联系,主窗体中包含与一个对象有关的信息。一级或多级的相关细节则在主窗体的一个或多个子窗体中被显示出来。同时,关联字段使子窗体只显示与主窗体中当前记录相匹配的那些记录。当用户在主窗体中移动到一条新记录时,子窗体将显示与主窗体中的新记录唯一相连的新记录集合。

1. 同时创建主窗体和子窗体

当显示具有一对多联系的表或查询中的数据时,子窗体尤为有效。在这种具有主/子结构的窗体中,主窗体显示关系中的"一"方数据,子窗体则显示关系中的"多"方数据。

例 5.5　在"金鑫超市管理系统"数据库中创建主/子窗体。

本例将在"金鑫超市管理系统"数据库中,利用窗体向导来创建一个带有子窗体的主窗体,以便显示"商品分类"表和"商品"表中的数据。"商品分类"表中的数据是一对多联系中的"一"

方,"商品"表中的数据则是一对多联系中的"多"方,这是因为每一类别都可以有多个商品。操作步骤如下。

① 在"数据库"窗口中,选择"窗体"对象,单击"窗体"对象工具栏上的"新建"按钮,在"新建窗体"对话框中选择"窗体向导"。

② 在"窗体向导"的第一步中,首先在"表/查询"组合框中选择"商品分类"表,将"类别编码"和"类别名称"字段从"可用字段"列表移至"选定字段"列表中。然后在"表/查询"组合框中选择"商品"表,将"商品编号"、"商品名称"、"单价"和"规格"字段从"可用字段"列表移至"选定字段"列表中。

③ 在"窗体向导"的第二步中,选择"通过商品分类"选项以及"带有子窗体的窗体"单选按钮。

④ 在"窗体向导"的第三步中,确定子窗体所使用的布局。本例中选择"数据表"。

⑤ 在"窗体向导"的第四步中,确定窗体的样式。本例中选择"标准"项。

⑥ 在"窗体向导"的最后一步为窗体指定标题,即分别为主窗体和子窗体命名,完成主/子窗体的创建。打开该窗体的窗体视图,如图5-10所示。

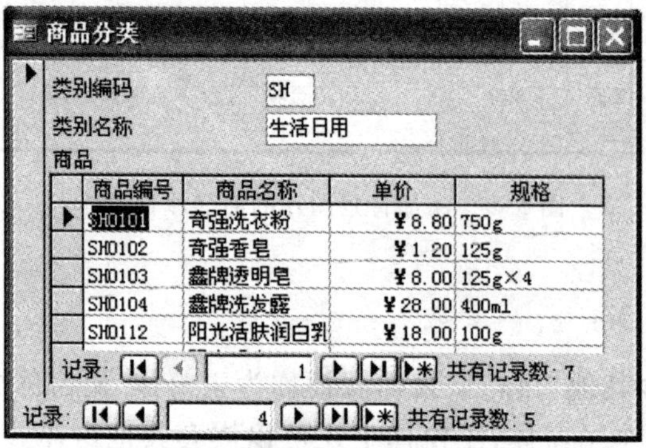

图 5-10 带有子窗体的窗体视图

在这类窗体中,主窗体和子窗体彼此相连,所以子窗体只显示与主窗体中的当前记录相关的记录。例如,当主窗体中显示"电子产品"类别时,子窗体将会相应地显示"电子产品"类别的商品。

2. 创建子窗体并将其添加到已有窗体中

如果主窗体和子窗体都已经创建好了,可以在主窗体中的合适位置留出足够多的空间,然后将子窗体直接拖动到主窗体的相应位置上,也可以使用"子窗体"控件,通过"子窗体向导"来建立两个窗体之间的链接关系。

例5.6 在"金鑫超市管理系统"数据库中,使用已有窗体来创建主/子窗体。

本例将首先创建以"交易清单"表作为数据源的窗体,然后将该窗体设置为前面所创建的商品库存窗体的子窗体。操作步骤如下。

① 创建"交易清单"子窗体。在"数据库"窗口中切换到"表"对象页,并选择"交易清单"表。选择【插入】→【自动窗体】命令,创建一个新的窗体。切换到新窗体的设计视图,选择【视图】→【属性】命令,打开"属性"对话框。选中"格式"选项卡,在"默认视图"行中设置默认视图

为"数据表"。将该窗体以"交易清单"为名保存起来。

② 在主窗体中添加子窗体。打开"商品库存窗体"的设计视图,单击工具箱上的"主/子窗体"按钮,在主体区的下部拖出一个矩形框,此时将弹出"子窗体向导"对话框。在"子窗体向导"的第一步中,选择"使用现有的窗体"单选项,并从列表中选择"交易清单"选项。在"子窗体向导"的第二步中,选择"从列表中选择"单选项。在"子窗体向导"的第三步中,为子窗体指定名称"交易清单",完成主/子窗体的创建。图 5-11 所示为该窗体的设计视图,图 5-12 所示为该窗体的窗体视图。

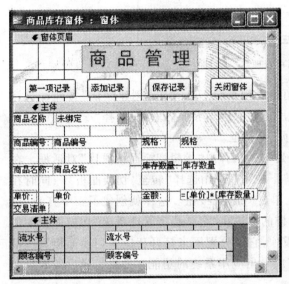

图 5-11　主/子窗体的设计视图

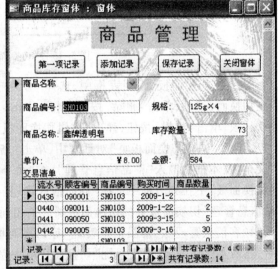

图 5-12　主/子窗体的窗体视图

5.2.4　切换面板

切换面板是一种特殊的窗体,切换面板的默认名称为"Switchboard"。当用系统中的"切换面板管理器"来创建切换面板时,Access 会创建一个"切换面板项目"表(默认表名为"Switchboard Items",在"表"对象下可以看到),用来描述窗体上的按钮的显示内容及相关功能。

用户可以使用"切换面板管理器"来创建、自定义和删除切换面板。

例 5.7　在"金鑫超市管理系统"数据库中创建一个切换面板。

使用"切换面板管理器"来创建切换面板,就是要将所有的切换面板页及其下的切换项定义出来。操作步骤如下。

① 打开"金鑫超市管理系统"数据库,选择【工具】→【数据库实用工具】→【切换面板管理器】命令,弹出"切换面板管理器"对话框。

② 在"切换面板管理器"对话框中,单击"新建"按钮,弹出"新建"对话框。在"新建"对话框中的"切换面板页名"文本框中,输入新的切换面板页名"金鑫超市管理系统",然后单击"确定"按钮。这时,在"切换面板页"列表框中就出现了名为"金鑫超市管理系统"的切换面板页。按照同样的方法创建"商品信息管理"、"顾客信息管理"、"雇员信息管理"等切换面板页,创建完成后的效果如图 5-13 所示。

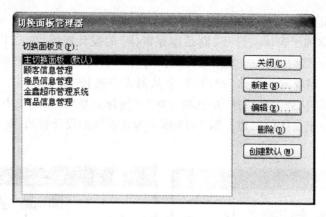

图 5-13 "切换面板管理器"对话框

③ 在"切换面板页"列表框中,选择"金鑫超市管理系统"项,单击"创建默认"按钮。选择"主切换面板"项,单击"删除"按钮,删除 Access 所创建的启动界面。然后,选择"金鑫超市管理系统"项,单击"编辑"按钮,弹出"编辑切换面板页"对话框。

④ 在"编辑切换面板页"对话框中,单击"新建"按钮,弹出"编辑切换面板项目"对话框。在"文本"文本框中输入"商品信息管理",在"命令"下拉列表框中选择"转至'切换面板'",同时在"切换面板"下拉列表框中选择"商品信息管理",单击"确定"按钮。这样就创建了一个打开"商品信息管理"切换面板页的切换面板项。采用同样的方法在"金鑫超市管理系统"切换面板中加入"顾客信息管理"、"雇员信息管理"等切换面板项,它们分别用来打开相应的切换面板页。最后,还需要建立一个"退出系统"切换面板项来完成退出应用系统的功能。设置完成后的效果如图 5-14 所示。

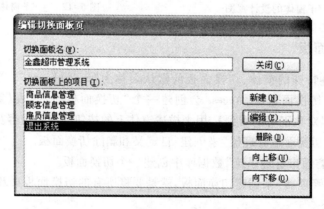

图 5-14 "编辑切换面板页"对话框

⑤ 在"编辑切换面板页"对话框中,单击"关闭"按钮,返回"切换面板管理器"对话框。采用同样的方法为"金鑫超市管理系统"中的另外几个切换面板页创建相应的切换面板项。例如,可以为"商品信息管理"切换面板页创建"商品管理"的切换面板项,该项将打开"商品库存窗体"。注意,在每个切换面板页中都应该创建"返回主切换面板"的切换项,这样才能保证各个切换面板页之间能够进行切换。最后,将所建窗体的名称改为"金鑫超市管理系统主切换面板",如图 5-15 所示。

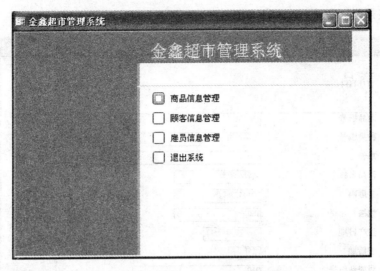

图5-15 金鑫超市管理系统主切换面板

5.3 报表的创建与使用

5.3.1 创建报表的方法

在 Access 中,创建报表的方法有 3 种:利用系统提供的自动创建报表功能来创建报表,使用报表向导来创建报表,在报表设计视图中创建报表。

1. 自动创建报表

创建报表最简单的方法就是利用系统所提供的自动创建报表功能来创建报表。自动创建报表方法与自动窗体的创建方法类似,可以创建两种不同格式的报表,分别是纵栏式和表格式报表。两种不同报表的创建步骤相似,只不过所创建的格式有所不同。自动创建报表,系统会根据其数据源的字段数量自动安排布局,使报表在默认的页面设置中尽量将所有字段排列整齐。

例5.8 在"金鑫超市管理系统"数据库中,使用自动创建报表功能创建"商品"的纵栏式报表。

操作步骤如下。

① 在"数据库"窗口中,切换到报表对象页。单击工具栏上的"新建"按钮,弹出"新建报表"对话框。

② 在"新建报表"对话框中,选择"自动创建报表:纵栏式"选项。在"请选择该对象数据的来源表或查询"下拉列表框中,选择"商品"表,单击"确定"按钮,则系统会自动生成以"商品"表为数据源的纵栏式报表,并处于打印预览状态,如图5-16所示。将该报表以"商品自动纵栏式报表"为名保存起来。

2. 使用向导创建报表

虽然利用自动创建报表功能创建报表快捷、简单,但是格式单一,并且没有图形等修饰。在"新建报表"对话框中还提供了"报表向导"功能,使用向导创建报表可以弥补上述方法的不足,是用户创建报表最常用的方法。

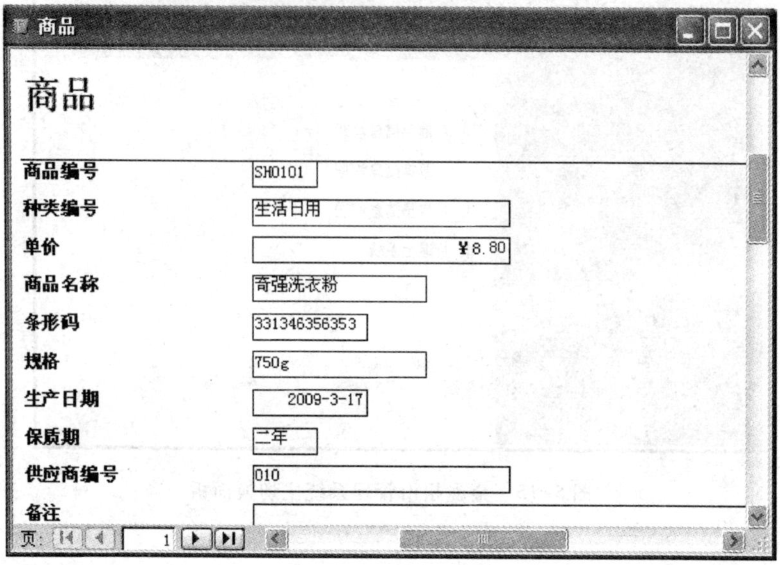

图 5-16　纵栏式报表

使用向导创建报表,可以通过系统提供的一系列对话框,根据用户的需要输入自己的设计内容,依靠系统自动完成报表的设计。如果系统生成的报表不够理想,还可以在设计视图中进行修正。

(1) 使用"报表向导"创建报表

使用"报表向导"创建报表时,向导将提示用户输入有关记录源、字段、版面以及所需格式,并根据回答来创建报表,其操作简单,适合刚开始使用 Access 的用户。

例 5.9　在"金鑫超市管理系统"数据库中,使用报表向导创建商品报表。

操作步骤如下。

① 在"数据库"窗口中,切换到报表对象页,双击报表对象列表中的快捷方式"使用向导创建报表",打开"报表向导"对话框。

② 在"报表向导"第一步中,选择包含报表所需数据的表或查询,将"可用字段"列中的某些字段移到"选定字段"列表中。

③ 在"报表向导"第二步中,询问是否要添加分组级别。如果要分组,选定用于分组的字段。可以选定多个字段来设定多级分组,此时要使用"优先级"按钮来指定分组的级别。如果要另行设置分组间隔,可以单击"分级选项"按钮,在弹出的"分组间隔"对话框中进行设置。

④ 在"报表向导"第三步中,系统询问是否设定排序顺序,最多可以指定 4 个字段对记录进行排序。如果在报表向导中选择了数字型字段,则报表向导中将包含一个"汇总选项"按钮,单击它可以显示"汇总选项"对话框,以便对分组的数字型字段进行汇总计算。允许对一个字段求和、求平均值、求最小值和最大值,选择对话框中的相应复选框即可。

⑤ 在"报表向导"第四步中,询问报表将采用何种布局,如"递阶"、"块"、"分组显示 1"、"左对齐 1"等。随后还将要求为报表选用一种样式,如"大胆"、"正式"、"淡灰"、"紧凑"等。

⑥ 在"报表向导"的最后一步中,要求为报表指定一个标题。输入标题后,既可以进入"预览"视图预览报表,也可以进入"设计"视图修改报表,在对话框中选择相应的单选按钮即可。

图 5-17 所示是采用上述步骤创建的基于"商品"表的报表。

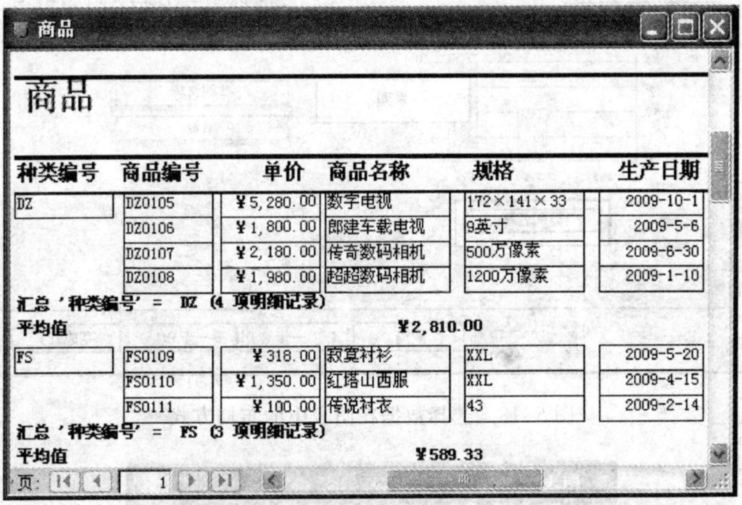

图 5-17　使用报表向导创建的"商品"报表

(2) 使用"图表向导"创建报表

图表报表是报表中的重要成员。在报表中利用图形对数据进行统计,不仅美化了报表外观,而且可以使结果一目了然。

例 5.10　在"金鑫超市管理系统"数据库中,使用图表向导创建带有图表的报表。

操作步骤如下。

① 在"数据库"窗口中,切换到报表对象页,单击工具栏上的"新建"按钮,弹出"新建报表"对话框。选择"图表向导"选项,在"请选择该对象数据的来源表或查询"下拉列表框中,选择"按类别查询商品"项。

② 在"图表向导"第一步中,选择字段,将"可用字段"列中的某些字段移到"选定字段"列表中。本例中选择"类别名称"和"单价"字段。

③ 在"图表向导"第二步中,选择图表类型,可以选择柱形图、条形图、饼图等。本例中选择柱形图。

④ 在"图表向导"第三步中,确定以所选字段数据生成图表的布局方式,如图 5-18 所示。本例中,"类别名称"字段被确定为数据的分组字段,"单价"字段被确定为数据的汇总字段。单击"单价"字段,弹出"汇总"对话框,可以在该对话框中选择汇总字段的合计函数类型。

⑤ 在"图表向导"第四步中,为新建的图表指定标题,并选择是否显示图表的图例。图 5-19 所示是采用上述步骤创建的基于"按类别查询商品"查询的图表报表。

(3) 使用"标签向导"创建报表

例 5.11　在"金鑫超市管理系统"数据库中,使用标签向导创建以"商品"表为数据源的商品名称与单价的标签式报表。

操作步骤如下。

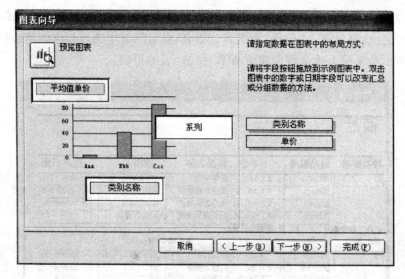

图 5-18 选择数据在图表中的布局方式

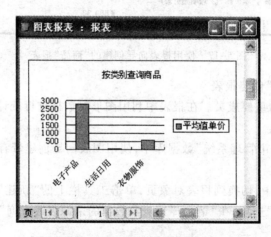

图 5-19 使用图表向导创建的图表报表

① 在"数据库"窗口中,切换到报表对象页,单击工具栏上的"新建"按钮,弹出"新建报表"对话框。选择"标签向导"选项,在"请选择该对象数据的来源表或查询"下拉列表框中,选择"商品"表。

② 在"标签向导"第一步中,选择设计标签的"型号"、"尺寸"与"横标签号",可以在系统给出的参数中作出选择。

③ 在"标签向导"第二步中,选择字体、字号等。

④ 在"标签向导"第三步中,选择标签中所涉及的字段。本例中选择"商品名称"、"规格"和"单价"字段,字段之间可以添加空格或函数。

⑤ 在"标签向导"第四步中,指定排序字段。

⑥ 在"标签向导"第五步中,指定标签报表的名称。

采用上述步骤创建的以"商品"表为数据源的商品名称与单价的标签报表如图 5-20 所示。

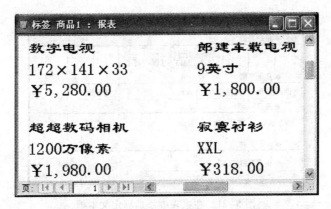

图 5-20　使用标签向导创建的标签报表

3. 使用报表设计视图创建报表

虽然报表向导可以快速地创建报表,但是创建生成的报表一般不能完全达到用户的最终要求。因此,需要在设计视图中对已经产生的报表进行编辑和修改。还可以使用设计视图从无到有地创建报表,通过向报表中添加各种控件,使所生成的报表不但美观,而且更加方便、实用,功能更强。

例 5.12　在"金鑫超市管理系统"数据库中,使用报表设计视图创建商品报表。

操作步骤如下。

① 在"数据库"窗口中,切换到报表对象页,单击工具栏上的"新建"按钮,弹出"新建报表"对话框。选择"设计视图"选项,在"请选择该对象数据的来源表或查询"下拉列表框中,选择"商品"表,单击"确定"按钮,弹出报表设计视图。

② 默认情况下,在设计视图中创建的空白报表包含页面页眉、页面页脚和主体这 3 个部分。一个报表总要有标题,标题一般被放在报表页眉处,选择【视图】→【报表页眉/页脚】命令,将显示报表页眉和报表页脚。在报表页眉处,用工具箱中的标签控件来添加报表标题"商品报表",并在该标签的"属性"窗口中对标题进行修饰。

③ 在报表中添加绑定文本框。使用鼠标指针指向字段列表中需要被选择的字段,如"商品编号"字段,将其拖动到报表设计视图中的任意位置上,出现两个"商品编号"的矩形框。第一个是字段标题(也可称为字段标签),第二个是字段内容(也可称为字段文本框)。这两个矩形框刚被拖入时是被捆绑在一起的。先将两个矩形框分离开,并重新安排它们所处的位置。右击第一个矩形框,在弹出的快捷菜单中选择"剪切"命令,再将鼠标指针指向页面页眉节的下面右击,在弹出的快捷菜单中选择"粘贴"命令,然后将第二个矩形框拖入主体节的下面。采用同样的方法,将"商品名称"、"单价"、"规格"、"生产日期"等字段添加到报表中,如图 5-21 所示。

④ 调整布局。使用鼠标指针指向报表中各节上面的"横线",当指针箭头变为"+"形时,上下拖动它,即可调整各节的位置与大小,节中的每个矩形框也可以被上、下、左、右拖动。选择【视图】→【打印预览】命令,可以看到使用设计视图创建的商品报表的设计效果,如图 5-22 所示。将该报表以"商品报表"为名保存起来。

本例仅介绍了使用设计视图创建一个报表的基本操作,要创建一个合格的报表,还要进一步操作报表中的各个"节"以及工具箱中的各种工具。这些内容将在下一小节"编辑报表"中介绍。

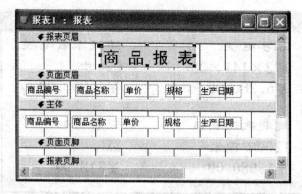

图 5-21　在报表中添加绑定文本框

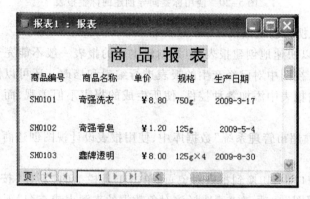

图 5-22　使用设计视图创建的商品报表

前面介绍了创建报表的 3 种方法,它们各有特点。有时可以将这些方法结合起来使用。在创建报表时,一般先使用自动创建报表功能或报表向导来创建报表,然后在报表的设计视图中对其进行适当的编辑与修饰。

5.3.2　编辑报表

报表的新建完成后,实际上可能会有许多让人感到不满意的地方,因此需要对报表的格式进行排列和编辑,展示给用户一个美观、实用的报表。报表的格式设置主要包括报表自动套用格式、报表背景图案的设置、报表的页码设置以及报表的日期/时间设置等方面。

此外,在报表中,经常需要对数据进行汇总或其他计算。在建立数据库时,用户只是将一些基本的或者原始的数据保存在数据库中,可以通过计算、汇总等方式对数据库中的数据进行处理后以报表的形式显示或打印出来。Access 提供了创建复杂报表的强大功能,用户不仅可以在报表中创建各种计算控件,而且可以对报表中的记录进行排序和分组。既可以汇总报表中所有记录的数据,也可以只进行一些记录的合计计算。

1. 报表自动套用格式

Access 提供了 6 种预定义的报表格式,即大胆、正式、淡灰、紧凑、组织、随意。如果对预定义的格式感到不满意,也可以自定义报表格式,并将其添加到"自动套用格式"选项中。

在报表设计视图中,可以对整个报表、报表中的各个节或报表中的控件设置其自动套用格式。具体方法为:选定要设置格式的对象,单击工具栏上的"自动套用格式"按钮,弹出"自动套用格式"对话框,如图 5-23 所示。在"报表自动套用格式"列表框中选择某一种格式即可。如果要指定字体、颜色或边框等属性,可以单击"自动套用格式"对话框中的"选项"按钮,在弹出的"应用属性"栏中进行设置。

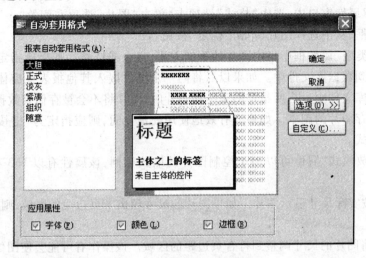

图 5-23 "自动套用格式"对话框

用户也可以自定义报表的自动套用格式。在"自动套用格式"对话框中,选定要进行自定义操作的自动套用格式选项,单击"选项"按钮,并选定要修改的属性,再单击"自定义"按钮,弹出如图 5-24 所示的"自定义自动套用格式"对话框。可以选择基于已经打开的报表的格式来新建一个自动套用格式,或者使用已经打开的报表的格式来更新在"自动套用格式"对话框中选定的自动套用格式,或者将"自动套用格式"对话框中选定的自动套用格式删除。

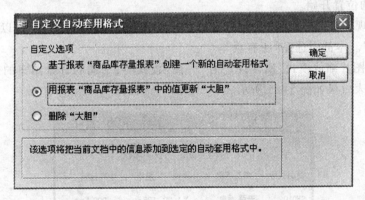

图 5-24 "自定义自动套用格式"对话框

2. 报表背景图案的设置

在报表的设计视图中,可以为报表的不同节设置不同的背景色。具体方法为:在报表设计视图中打开报表,在要设置背景色的报表节部分右击,弹出快捷菜单,从中选择"填充/背景色"选项,在弹出的子菜单中选择合适的背景色即可。

用户也可以在报表中添加背景图案,报表中的背景图案可以应用于全页。

例 5.13　在"金鑫超市管理系统"数据库中,为"商品报表"添加背景图案。

操作步骤如下。

① 在设计视图中打开"商品报表",双击报表选定器(报表左上角的小方块)以打开报表的属性窗口。

② 在"报表"属性窗口中,选中"格式"选项卡,单击"图片"选项右侧的"…"按钮,弹出确定图片位置的对话框,从中选择图片,单击"确定"按钮。

③ 在"图片类型"属性框中指定图片的添加方式:嵌入或链接。如果所指定的是嵌入图片,则图片将被存储到数据库文件中。如果以后将同一个图片嵌入其他报表或窗体中,该图片将再次被存储到数据库文件中。当所指定的是链接图片时,图片将不会被存储到数据库文件中,因此必须在硬盘上保存图片的副本。如果要有效地使用硬盘空间,则应指定为"链接"类型设置。本例中选择嵌入方式。

④ "图片缩放模式"属性可以用于控制图片的缩放比例,该属性有以下 3 种设置:剪裁、拉伸、缩放。

（a）剪裁:按实际尺寸显示图片。如果图片的尺寸超出了页边距的区域,则区域以外的图像将被剪掉。

（b）拉伸:将图片的尺寸调整到符合页边距的区域。该操作有可能会使图像发生扭曲。

（c）缩放:将图片的尺寸按照页边距区域的高度或宽度进行调整。该操作既不会剪掉图片,也不会扭曲图像。

本例中选择剪裁方式。

⑤ "图片对齐方式"属性可以用于指定图片在页面中的位置。Access 将按照报表的页边距来对齐图片。本例中选择"中心"对齐方式。

⑥ "图片平铺"属性设置为"是",可以在页面上重复图片内容。平铺将从在"图片对齐方式"属性中指定的位置开始。

⑦ "图片出现的页"属性可以用于指定图片出现在报表的哪些页中。可以选择"所有页"、"第一页"和"无"。本例中选择"所有页"。

一般来说,"图片缩放模式"属性设置为"剪裁"模式时,平铺的背景图案的效果最好。本例设计完成后的报表效果如图 5-25 所示。

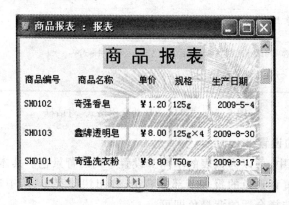

图 5-25　添加背景图案后的商品报表

3. 报表日期/时间、页码和分页符的设置

为报表添加系统日期和时间标记,是实际工作中经常会遇到的要求。一旦添加系统日期和时间标记,在以后输出报表时会随日期和时间的变化而自动变化。在输出的报表中,页码也是一项必不可少的内容。在报表中,还可以在某一节中使用分页符来标志需要另起一页的位置。例如,若需要将报表的标题页和前言信息分别打印在不同的页上,则可以通过在标题页的最后一个控件之后和前言信息之前设置一个分页符的方式加以实现。

例 5.14 为"商品报表"添加日期/时间、页码和分页符标记。

操作步骤如下。

① 添加日期/时间:在设计视图中打开"商品报表",选择【插入】→【日期与时间】命令,在弹出的对话框中,选择所需要的日期/时间的格式选项,单击"确定"按钮,保存修改结果。

② 添加页码:选择【插入】→【页码】命令,在弹出的对话框中,选择页码格式、位置和对齐方式,单击"确定"按钮,在该报表设计视图中弹出如图 5-26 所示的页码函数。

图 5-26 报表设计视图中的页码函数

③ 插入分页符:在报表设计视图中,选中工具箱中的"分页符"按钮,用鼠标在报表页面页脚处拖动,出现 •••• 标志,如图 5-26 所示。

④ 选择【视图】→【打印预览】命令,可以看到报表的设计效果,如图 5-27 所示。如果在输出报表时,内容超过一页,可以使用报表最底层的翻页符来查看其他页的内容。分页符的效果只能在打印报表中看到。

4. 报表数据的排序

对报表中的数据进行排序是经常需要用到的功能。通过对不同字段的升序或降序排序,可以更为直观地观察报表中的数据。在报表中最多可以按 10 个字段或表达式进行排序。

例 5.15 将"商品报表"按"种类编号"升序排序,种类相同的则按"单价"升序排序。

① 在设计视图中打开"商品报表"。

② 选择【视图】→【排序与分组】命令,弹出"排序与分组"对话框。在"字段/表达式"列的第一行中选择"种类编号",在第二行中选择"单价",排序次序均采用默认的升序,如图 5-28 所

示。关闭该对话框,返回设计视图,选择打印预览视图即可预览设置结果。

图5-27 打印预览报表

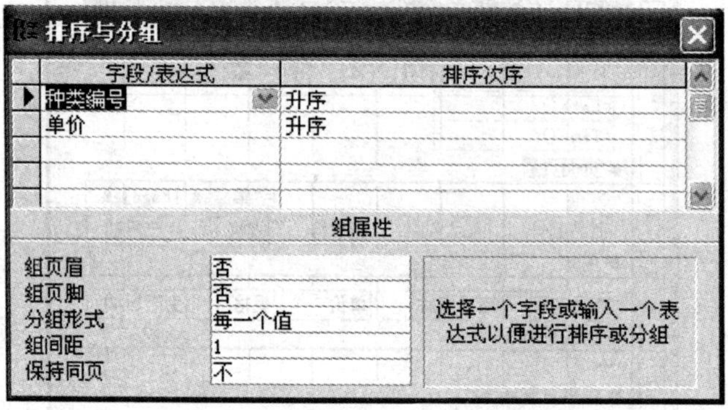

图5-28 "排序与分组"对话框

5. 报表数据的分组

与窗体不同,大部分报表都需要采用一种与书目大纲类似的格式来将数据组织到组和子组中。分组是指按某个字段的特性对数据表中的数据记录进行分类,通过分组可以使数据按组来组织和安排。组可以嵌套,这样就能够方便地看出组之间的关系并迅速找到所需要的信息。一个组由组标头、组文本和组脚注组成,它们既可以在创建报表时通过报表向导进行创建,也可以在报表设计视图中使用报表的"排序与分组"对话框进行创建。

在报表设计视图中对数据进行分组时,首先选定要设置分组属性的字段或表达式,然后在如图5-28所示的"排序与分组"对话框中的"组属性"区域中进行组级别的设置。

①"组页眉":设置是否显示该组的页眉。

②"组页脚":设置是否显示该组的页脚。

③"分组形式":指定针对值的分组形式(选择值或值的范围),可用的选项取决于分组字段的数据类型。

④"组间距":为分组字段或表达式的值指定有效的组间距。

⑤ "保持同页":指定是否在同一页中打印组的所有内容。

例5.16 将"商品报表"按"种类编号"字段分组。

操作步骤如下。

① 在设计视图中打开"商品报表"。选择【视图】→【排序与分组】命令,弹出"排序与分组"对话框。在"字段/表达式"列的第一行中选择"种类编号",在"组属性"区域中设置组页眉、组页脚为"是",设置好分组字段。在"字段/表达式"列的第二行中选择"单价",排序次序选择"升序",为组定义排序字段。

② 关闭"排序与分组"对话框,返回设计视图。可以看到,在报表中增加了一个以分组字段为名的组页眉和组页脚。将"种类编号"字段拖动到种类编号页眉节的适当位置上,在种类编号页脚节内添加一条直线控件,如图5-29所示。选择打印预览视图功能可以预览分组结果,如图5-30所示。

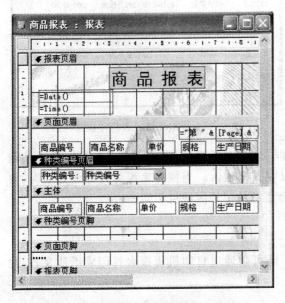

图5-29 设置分组后的报表设计视图

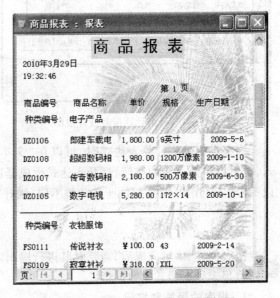

图5-30 设置分组后的打印预览视图

6. 在报表中进行分组计算

在实际应用中,报表不仅可以用于显示和打印数据,还可以用来对数据进行分析和计算。例如,可以对数据字段进行分类汇总,计算某个字段的和或平均值,计算某些记录占总记录数的百分比等。计算结果通过标签或文本框被添加到报表对象上,用来向用户提供更多的数据信息。这些功能是通过向报表中添加被称为"计算控件"的对象来实现的。

例5.17 在"商品报表"中按"种类编号"分类统计商品单价的最高值和最低值。

操作步骤如下。

① 在设计视图中打开"商品报表"。

② 在"种类编号页脚"中放置一个文本框控件,系统会自动添加一个附属标签控件和"未绑定"字样的文本框控件。在标签控件中输入"单价最低值:"。单击显示有"未绑定"字样的文本框控件,设置其"控件来源"属性为"=Min([单价])"。同样,再添加一个"单价最高值:"文本框

控件,在标签中输入"单价最高值:",在文本框中输入"=Max([单价])",如图5-31所示。设置完成后,选择打印预览视图功能,查看运行结果,如图5-32所示。

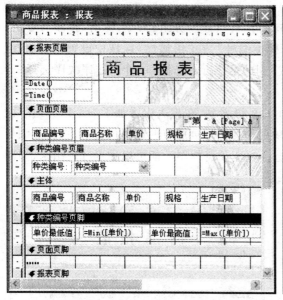

图5-31　分组计算报表设计视图　　　　图5-32　分组计算报表打印预览视图

为文本框输入计算表达式时,可以在"文本框"属性对话框的"控件来源"文本框中直接输入,也可以单击右侧的按钮,打开表达式生成器以在其中输入。当控件来源为计算表达式时,要以等号"="开始,而且控件所在的节不同,则计算汇总的记录区域也不同。

5.3.3　输出报表

报表创建、编辑完成后,需要对其进行输出。既可以通过打印机将报表打印成纸质文件,也可以将报表导出为其他数据形式。

1. 报表的预览和打印

创建报表的目的通常是为了打印出美观、正确的报表。在打印报表之前,首先应该进行页面设置,设置打印时所使用的纸张大小、页边距和打印方向等。然后,通过打印预览功能查看最终打印输出的结果。如果感觉满意,就可以在打印机上打印输出了。

（1）页面设置

页面设置即设置报表的页边距、打印方向、列的布局等。操作步骤如下。

① 在"数据库"窗口中,切换到报表对象页,打开需要打印的报表。

② 选择【文件】→【页面设置】命令,弹出"页面设置"对话框,分别在3个不同的选项卡中进行设置。

（a）"边距":设置页边距,并确认是否只打印数据。

（b）"页":设置打印方向、页面大小和打印机型号。

（c）"列":只设置报表(窗体或宏)的列数、大小和列的布局方式。

③ 单击"确定"按钮。

（2）打印预览

预览是指在屏幕上查看数据打印时的外观效果。使用打印预览功能,可以在打印报表之前显示打印页面,以便及时发现问题并进行修改。Access 中有两种类型的预览窗口,即打印预览和版面预览。

① 打印预览:在报表、窗体、表或模块中都可以使用。

② 版面预览:只能在报表的设计视图中使用。它提供了报表基本布局的快速查看功能,只包含报表中的部分数据作为示例。

如果要在设计视图中预览报表,可以在设计视图中单击工具栏上的"打印预览"按钮。如果要在"数据库"窗口中预览报表,可以在"数据库"窗口中单击"报表"对象,然后选择相应的报表,并在"数据库"窗口的工具栏上单击"预览"按钮。

选择【视图】→【显示比例】命令,在其子菜单中选择合适的显示比例,或在工具栏上的组合框中选择合适的显示比例,可以以不同的缩放比例预览报表。如果选择"适当",Access 将根据窗口尺寸来调整显示页的最佳缩放比例。将鼠标指针指向报表,当其变为放大镜形状时,单击即可在设置的缩放比例和"适当"选项之间进行切换。

如果要同时浏览两页或两页以上的报表中的内容,可以在预览视图中单击工具栏上的"两页"或"多页"按钮。

（3）打印报表

所有前期工作都完成后,将设计好的报表在打印机上打印出来。Access 提供了多种打印报表的方法,使用"打印"对话框打印报表的步骤如下。

① 打开数据库,在报表对象页内选中要打印的报表。选择【文件】→【打印】命令,弹出"打印"对话框。

② 在"打印"对话框的"打印机"选项中指定打印机型号,在"打印范围"选项中指定打印所有页或者确定打印页的取值范围,在"份数"选项中指定打印的份数和是否需要对其进行分页。

③ 设置完成后,单击"确定"按钮,即可开始打印报表。

2. 报表导出为其他数据形式

报表的主要用途是被打印出来,而后分发给需要这些信息的人。但是也可以将报表导入到另一种软件环境(如 Word、Excel 等)之中。在其他环境中,可以进行一些在 Access 中不便甚至不可能执行的操作。另外,如果要让其他人能够查看报表但又无法确定他们是否有 Access 环境时,还可以将报表保存为快照格式或网页形式。

（1）以快照方式保存报表

报表快照是 Access 数据库中新增的一项功能。通过报表快照,可以在 Access 的开发环境之外浏览、打印或发布报表。用户可以使用快照浏览器或 Web 浏览器(如 IE 浏览器等)来浏览和打印报表,也可以使用电子邮件程序来传递和发布报表。

一个报表快照就是一个文件,它以".snp"作为扩展名。如果要在 Access 数据库中输出或发送某一报表,可以将其导出为报表快照文件进行操作。报表快照是报表对象的副本,它保存着 Access 报表中设计和嵌入的所有对象,但是并不允许用户编辑。使用报表快照的优点是无需安装 Access 即可查看报表。

以快照方式保存报表的具体方法为:在"数据库"窗口中选定报表对象或打开报表;选择【文

件】→【导出】命令,弹出"导出"对话框,在"保存类型"列表中选择"快照格式(∗. snp)"项,在"文件名"列表中选择或输入文件名,在"保存位置"列表中选择存储位置;然后,单击"导出"按钮。这时,计算机屏幕上将显示"正在打印",表明 Access 正在将报表输出为报表快照文件。导出完毕后,可以使用快照浏览器方便地预览或打印报表快照,且和在 Access 数据库中打印的报表完全相同。

（2）以网页方式保存报表

Access 报表还可以存储为 HTML 格式。这样,任何用户都可以通过 Web 浏览器直接查看它。

报表存储为网页的具体方法为:选择【文件】→【导出】命令,然后在报表"导出"对话框的"保存类型"列表中选择"HTML 文档"选项。

应该注意的是,Access 将报表的每一页作为单独的 HTML 文档进行存储,在每一页的底部都有一套基本的导航控件,以便跳转到首页、末页、前一页或后一页。

（3）使用电子邮件发送报表

除了使用 Web 浏览器方式之外,也可以通过电子邮件的方式发送报表。具体方法如下。

① 在电子邮件中使用快照浏览控件,将报表快照嵌入电子邮件中。只能使用支持 ActiveX 控件的电子邮件程序,如 Microsoft Outlook 或 Microsoft Exchange 等。

② 在 Access 中,可以直接将报表导出为报表快照,并使用电子邮件发出。这项操作可以通过 Access 中的 SendObject 等宏来完成。

（4）报表导出到 Word 中

在 Access 中打开一个报表时,选择【工具】→【Office 链接】命令,随后选择"用 Microsoft Office Word 发布"项。Access 将会创建一个 RTF 格式的文件,然后自动在 Word 中打开它。

在很多情况下,导出的文档与原来的报表格式会有某种差别。为了得到最佳的结果,还要进行大量的编辑工作。

（5）报表导出到 Excel 中

可以按照导出到 Word 中的相同步骤将报表导出到 Excel 中,也可以在报表"导出"对话框的"保存类型"列表中选择"Microsoft Excel 97 ~ 2003"项,以便将报表导出到 Excel 中。

Access 创建新的". xls"文档,并在 Excel 中直接打开它。原报表中的分组将以大纲的形式在 Excel 工作表中呈现。当工作表中的数据成为可用后,即可进行数据分析、创建图表等操作。

▣ **本章小结**

本章详细介绍了数据库的两个对象"窗体"和"报表"的概念与创建方法,以及窗体和报表的功能、结构、类型和视图方式。窗体与报表的主要区别是报表只能用来查看数据,而窗体不仅可以查看而且可以修改数据源中的数据。

在 Access 中可以利用系统所提供的"自动窗体/报表"功能来创建窗体/报表,也可以利用向导或设计视图来创建窗体/报表。一般用户可以先使用向导快速创建窗体/报表,然后在设计视图中修改其设计。在创建窗体/报表的过程中,可以充分使用工具箱中的各种控件来修饰窗体/报表,以设计出既实用又美观的窗体/报表。

■ 习题

一、单项选择题

1. 关于列表框和组合框的叙述中,正确的是(　　)。

　　A. 列表框和组合框中可以包含一列或多列数据

　　B. 可以在列表框中输入新值,而组合框则不能

　　C. 可以在组合框中输入新值,而列表框则不能

　　D. 在列表框和组合框中均可输入新值

2. 以下类型的窗体中,不是 Access 系统的窗体类型的是(　　)。

　　A. 纵栏式　　　　　　B. 表格式　　　　　　C. 数据表式　　　　　　D. 折叠式

3. 以下操作中,可以在窗体中插入图片的是(　　)。

　　A. 【插入】→【对象】　　　　　　B.【插入】→【图片】

　　C.【插入】→【文件】　　　　　　D. 按 Insert 键

4. 以下操作中,不能在窗体中查找记录的是(　　)。

　　A.【编辑】菜单　　　B.【文件】菜单　　　C. 单击"查找"按钮　　　D. 按 Ctrl + F 组合键

5. 以下操作中,可以在窗体中筛选记录的是(　　)。

　　A.【编辑】菜单　　　　　　　　　　B.【视图】菜单

　　C. 单击"按窗体筛选"按钮　　　　　　D. 按 Ctrl + L 组合键

6. 可以为报表提供数据源的对象是(　　)。

　　A. 数据表或窗体　　B. 查询和窗体　　　C. 数据表或查询　　　D. 数据表、查询及窗体

7. Access 报表中最多可以提供(　　)个字段的排序。

　　A. 11　　　　　　B. 10　　　　　　C. 8　　　　　　D. 6

8. 报表的作用不包括(　　)。

　　A. 分组数据　　　　B. 格式化数据　　　C. 输入数据　　　D. 汇总数据

9. 报表的标题应该放在报表对象的(　　)节中。

　　A. 报表页眉　　　　B. 报表页脚　　　　C. 主体　　　　D. 页面页眉

10. 要实现报表的分组统计,应该操作的节是(　　)。

　　A. 报表页眉　　　　B. 报表页脚　　　　C. 组页眉或组页脚　　　D. 页面页眉

二、填空题

1. 窗体中的数据来源主要包括 _____ 和 _____ 。

2. 窗体中的视图方式有 _____ 、_____ 、_____ 这 3 种。

3. 窗体由 _____ 、_____ 、_____ 、_____ 和 _____ 这 5 个部分组成。

4. 报表数据的输出中,不可缺少的内容是 _____ 。

5. 报表页眉的内容只能在报表的 _____ 中输出。

三、简答题

1. 窗体能够完成哪些功能?

2. 窗体中的工具箱有什么用途?

3. 工具箱有哪些常用的控件对象?

4. 报表可以分为哪几类?它们各有什么特点?

5. 报表的视图有哪几种?报表由哪几个部分(节)组成?

页

第 *6* 章

随着 Internet 的发展和普及,网页的应用已经深入到人们的生活中,Access 中的数据访问页就是专门为 Internet 与 Access 搭建的桥梁。数据访问页是 Access 2000 以上版本新增加的功能,用户可以将 Access 数据库中的数据通过数据访问页发布到网络上。同时,用户也可以通过数据访问页访问和查询 Access 数据库中的数据。

本章介绍数据访问页的基本概念、类型、创建方法及使用方法。

6.1　数据访问页概述

数据访问页可以用来沟通 Access 数据库和 Internet,本节将介绍 Access 中有关数据访问页的一些基本知识。

6.1.1　数据访问页的概念

数据访问页是特殊类型的网页,可以直接与数据库中的数据链接,设计用于查看和操作来自 Internet 或 Intranet 的数据——这些数据被保存在 Microsoft Access 数据库或 Microsoft SQL Server 数据库中。数据访问页也可能包含来自其他数据源的数据,例如 Microsoft Excel 等。

虽然数据访问页的功能简单,但是能够有效地实现与数据库有交互的动态网页,使得向网络发布数据变得简单,并不需要专业的网页制作知识即可实现。

数据访问页直接与数据库相连。当用户在浏览器中显示数据访问页时,所看到的只是数据访问页副本,用户对数据的筛选、排序和对数据显示方式的改动只会影响该副本。用户对数据本身的改动,如添加、删除、修改数据值等,都会被存储在基础数据库中,因此查看该数据访问页的用户都可以使用这些更改结果。也就是说,用户可以通过数据访问页来查看、输入、编辑和删除数据库中的数据。

数据访问页的功能与窗体、报表类似,可以根据用户的实际需要选择使用数据访问页。

虽然数据访问页也是数据库的对象,但是它并没有保存在 Access 数据库文件中,而是以网页格式即 html 文件格式存储在数据库之外的,文件扩展名为".htm"。因此,Access 无法保证数据访问页文件的安全。为了保护数据访问页中的数据,必须对页面链接到的数据库进行安全设置,或者在 Internet Explorer 中进行安全设置以防止未经授权的访问。

图 6-1 所示是数据访问页的示例。

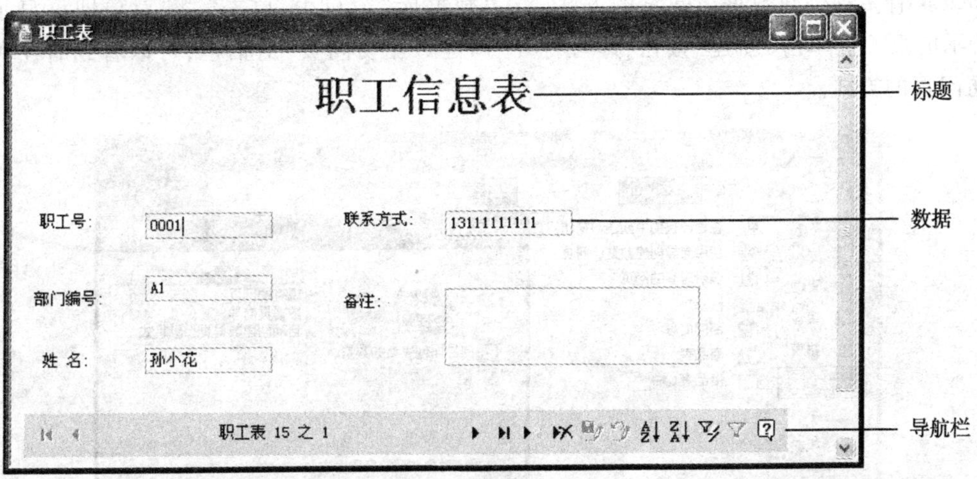

图 6-1 数据访问页的示例

6.1.2 数据访问页的组成与类型

1. 数据访问页的组成

数据访问页可以在页视图中显示出来,在设计视图中进行设计,还可以在 Internet Explorer 浏览器中使用。在页视图中显示的数据访问页的形式如图 6-1 所示。可以根据需要对数据访问页进行页面设计。一般来说,页面中包含该页面的标题、要显示的数据内容以及辅助浏览数据内容的导航栏。

标题显示此数据访问页中所显示的内容,在数据显示部分,可以通过文本框、下拉列表框、复选框等来显示数据库中的数据内容,用户可以在此进行输入、修改、删除等操作。页面下方的导航栏可以帮助用户进行浏览、添加、删除、保存、排序和筛选等操作。

2. 数据访问页的类型

数据访问页的设计与窗体、报表的设计类似,同样使用数据表中的字段以及工具栏中的各种控件,但是又有显著的差别。根据页的使用方式的不同,数据访问页的设计方式也有所不同。

(1)交互式报表

这种类型的数据访问页经常用于对数据库中所存储的信息进行合并和分组,然后发布关于数据的总结。例如,在"金鑫超市管理系统"中,可以按商品种类进行分类汇总。在这种数据访问页中,不仅可以进行排序和筛选等操作,还可以查看、添加和编辑数据记录。

(2)数据分析

这种数据访问页中可以包含数据透视表列表,类似于 Microsoft Excel 数据透视表报表,以便重新组织数据,并按不同的方法进行分析。页中可能包含用来分析趋势、检测图案、比较数据库数据的图表。另外,还可以包含电子表格,用于像在 Excel 工作表中那样输入和编辑数据,或用公式进行计算。

6.1.3 创建数据访问页

Access 有多种创建数据访问页的方法。在"数据库"窗口中,单击"页"对象即可显示如图 6-2 所示的页面。单击"新建"按钮,即可打开"新建数据访问页"对话框,可以看到有 4 种新建数据访问页的方式。

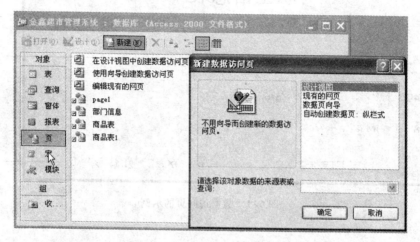

图 6-2 "新建数据访问页"对话框

① "设计视图":在"设计视图"中创建数据访问页,可以根据需要自由设计页面布局及被显示的数据内容。大多数情况下都采用这种方式进行数据访问页的创建。

② "现有的网页":可以在已有的网页上添加数据库对象,以此创建数据访问页。如果已经有设计制作好的网页,只需要进行与数据库的连接,并显示其中的数据,即可使用这种方式。

③ "数据页向导":根据向导的提示信息,一步一步地进行操作,以便完成数据访问页的创建工作。对于刚刚开始使用 Access、不太熟悉数据访问页创建方法的用户来说,可以采用这种方式。

④ "自动创建数据页:纵栏式":这是一种比较快捷的创建数据访问页的方式,只需要指定数据源,其他操作都由 Access 自动完成。

1. 在当前数据库中创建数据访问页

(1) 自动创建数据访问页

在打开的"新建数据访问页"对话框中,选择"自动创建数据页:纵栏式"列表项,然后在"请选择该对象数据的来源表或查询"下拉列表框中选择数据访问页需要连接的数据表文件,在此选择"商品表"。单击"确定"按钮,即可产生如图 6-3 所示的数据访问页。

(2) 使用数据页向导

在打开的"新建数据访问页"对话框中,选择"数据页向导"列表项,或者直接在"数据库"窗口中选择"使用向导创建数据访问页",即可打开如图 6-4 所示的"数据页向导"对话框。在"表/查询"下拉列表框中选择数据源,并在"可用字段"中选择数据页中要显示的字段。

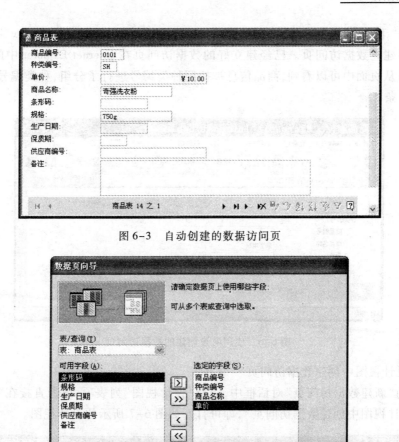

图 6-3 自动创建的数据访问页

图 6-4 使用数据页向导创建数据访问页

操作完成后,单击"下一步"按钮,即可打开如图 6-5 所示的设置分组级别对话框。在该对话框中可以设置数据访问页显示内容的分组级别,例如,可以按照"种类编号"进行分组,这样就可以按照不同的种类来浏览商品内容。

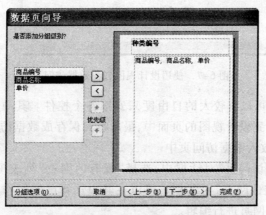

图 6-5 设置分组级别

继续单击"下一步"按钮,按照向导的提示来设置数据的排序次序和标题等。最后,单击"完成"按钮,即可建立数据访问页。已经建立好的数据访问页在 Internet Explorer 中的浏览效果如图 6-6 所示。从页面中可以看到,商品信息被按照种类编号进行了分组,种类编号为"DZ"的商品记录共有 4 条。

图 6-6　使用向导创建的数据访问页

（3）在设计视图中创建数据访问页

在打开的"新建数据访问页"对话框中,选择"设计视图"列表项,或者直接在"数据库"窗口中选择"在设计视图中创建数据访问页",即可打开如图 6-7 所示的设计视图。

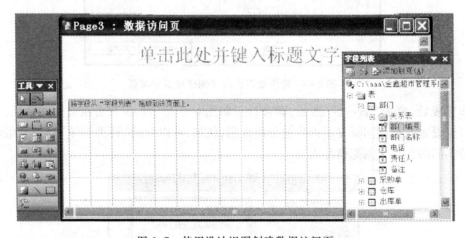

图 6-7　使用设计视图创建数据访问页

在设计视图下工作,可以有较大的自由度来安排各个控件。其中比较简便的方法是将"字段列表"中的字段直接拖到设计视图的页面中,最后将其保存成数据访问页的格式即可。

（4）将现有的网页放入数据访问页中

在打开的"新建数据访问页"对话框中,选择"现有的网页"列表项,单击【确定】按钮,即可打开如图 6-8 所示的"定位网页"对话框。可以在其中选择已经制作好的网页,单击【打开】按钮,即可在设计视图中对网页进行编辑。

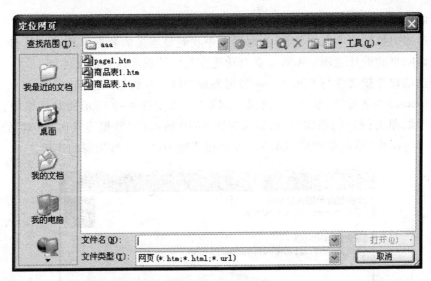

图 6-8 "定位网页"对话框

可以先在 Dreamweaver 或 FrontPage 等工具中把网页布局、美工等制作好，然后再采用这种方法对网页进行编辑，完成其与数据库的连接。

当前数据库中所创建的数据访问页在编辑完成后退出时，Access 会提示是否保存数据访问页，单击【是】按钮即可显示"另存为"对话框，或者在第一次保存时也可以显示"另存为"对话框。在"另存为"对话框中选择保存的位置并为文件命名，即以扩展名为".htm"的网页格式文件保存数据访问页。同时，会在数据库的页对象下面显示数据访问页的快捷方式，如图 6-2 所示。

2. 创建独立的数据访问页

采用上述方法建立的数据访问页都在数据库中存有该数据访问页的快捷方式。如果想创建独立于数据库的数据访问页，可以采用下面的方法。在此之前，需要先关闭数据库。

（1）创建与 Microsoft Access 数据库连接的数据访问页

在 Access 的界面下，选择【文件】菜单下的【新建】命令，再选择新建【空数据访问页】，打开如图 6-9 所示的"选取数据源"对话框。

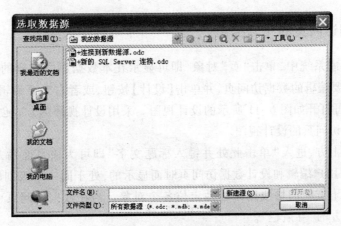

图 6-9 "选取数据源"对话框

在该对话框的"文件类型"处选择"所有数据源"或者"Access 数据库",然后在"查找范围"处选择所要连接的数据库所在的位置,在对话框中找到要连接的数据库后,单击【打开】按钮,即可打开数据访问页的设计视图。Access 会自动建立与该数据库连接的文件。

（2）通过创建连接文件与 SQL Server 数据库或 OLE DB 数据源连接

同样在 Access 的界面下,建立"空数据访问页"。在如图 6-9 所示的对话框中,选择"连接到新数据源"项,单击【打开】按钮,即可显示如图 6-10 所示的"数据连接向导"对话框。按照该向导的提示进行操作,即可建立与 SQL Server 数据库或 OLE DB 数据源的连接。

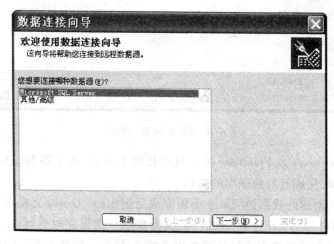

图 6-10　"数据连接向导"对话框

6.2　数据访问页的设计

数据访问页的设计及修改工作主要是在设计视图中进行的,可以在设计视图中添加、删除或修改需要显示的字段,对字段的各个属性进行设置。同时,可以对数据访问页的页面布局进行设置。

6.2.1　数据访问页的布局控制

在打开的数据库系统中,单击"页"对象,即可显示在本数据库中创建的数据访问页,如图 6-2 所示。选择需要编辑的数据访问页,并单击【设计】按钮,或者右击要编辑的数据访问页,选择【设计视图】,即可打开如图 6-11 所示的设计视图。采用设计视图的方式创建数据访问页,也可以直接进入数据访问页的设计视图。

在该页面的正上方,进入"单击此处并键入标题文字"即可为该页面输入标题。页面中的"页眉"是为了帮助用户编辑和设计数据访问页时而显示的,处于同一组级别的字段显示在同一页眉的下方。页眉下方的网格线用来辅助定位各个对象。当在数据访问页中添加字段时,Access 会自动添加下方的"导航栏"。

图 6-11 中的"工具箱"中包含了编辑数据访问页的各种控件,选择某一控件后,在数据访

问页的空白位置单击或用鼠标进行拖曳,即可添加该控件。对各个控件的主要功能介绍如下。

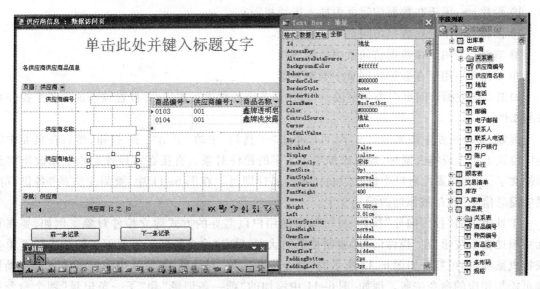

图 6-11　利用设计视图设计数据访问页

① 标签 Aa :用于在数据访问页中添加和显示描述性的文本信息。

② 绑定范围 A :用于显示绑定的数据库中的字段值或者一个表达式的运算值。

③ 文本框 abl :用于在数据访问页上插入文本框。

④ 滚动文字 :用于在数据访问页中插入一段滚动的文本信息。

⑤ 选项组 :用于在数据访问页中添加一个选项组的框架。

⑥ 单选按钮 :用于在选项组中添加单选按钮。

⑦ 复选框 :用于在选项组中添加复选框。

⑧ 下拉列表 :用于在数据访问页中添加下拉式列表。

⑨ 列表框 :用于在数据访问页中添加列表框。

⑩ 命令按钮 :用于在数据访问页中添加命令按钮。

⑪ 展开 :用于在数据访问页中添加一个展开或收缩的按钮,以便显示或隐藏分组的记录信息。

⑫ 记录浏览 :用于在数据访问页中添加一个导航栏,可以帮助用户浏览记录信息。

⑬ Office 数据透视表 :用于在数据访问页中添加 Office 数据透视表,按行和列的方式显示只读数据。可以通过拖动字段和项,或者通过显示和隐藏字段的下拉式列表中的项,来查看不同级别的详细信息或指定布局。

⑭ Office 图表 :用于在数据访问页中添加 Office 图表,可以以柱状图等形式显示数据信息,便于用户对数据进行比较及分析发展趋势等。

⑮ Office 电子表格 :用于在数据访问页中添加 Office 电子表格,具有 Microsoft Excel 工作表的功能。

⑯ 超链接 :用于在数据访问页中插入超链接,以便链接到其他页面或对象上。

⑰ 图像超链接 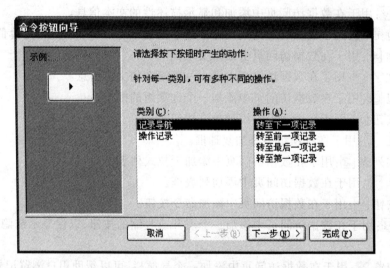:用于在数据访问页中插入包含超链接的图像。通过该图像可以链接到其他页面或对象上。

⑱ 影片 :用于在数据访问页中插入影片视频。

⑲ 图像 :用于在数据访问页中添加图像。

⑳ 直线 :用于在数据访问页中绘制直线。

㉑ 矩形 :用于在数据访问页中绘制矩形。

如果要向数据访问页中添加字段,可以使用各个控件进行添加,并设置被添加的各个控件对象的属性。

例如,要在页面中添加滚动文字,可以单击"工具箱"中的"滚动文字"按钮,然后在页面中的相应位置上单击或拖曳鼠标,即可添加滚动文字的控件对象。直接在该控件对象上修改所要显示的文字,或者在属性窗口中修改"InnerText"属性即可。在图6-11中,页眉上方的"各供应商供应商品信息"就是被添加的滚动文字。

工具箱中的"控件向导"按钮 可以帮助用户以向导的方式建立控件对象。例如,要在页面中添加命令按钮,在"控件向导"按钮按下的状态,单击"命令按钮",在页面中的相应位置单击或拖曳鼠标,即可打开如图6-12所示的"命令按钮向导"对话框,按照其中的提示信息进行操作即可添加相应的命令按钮。例如,图6-11中添加的"前一条记录"和"下一条记录"两个命令按钮就是很好的示例。

图6-12 "命令按钮向导"对话框

对于被添加到页面中的各个控件对象,可以调整其属性值,例如对象的大小、位置、颜色、绑定的字段、类名等。

选中控件对象后,它的周围会出现8个控制点,参见图6-11,拖曳这些控制点即可调整控件对象的大小。直接拖曳控件对象,可以调整控件对象所处的位置。选中控件对象后,在对应的属性窗口中即可显示该对象的各个属性值。例如,在图6-11中,选择一个文本框,图中显示"Text Box:地址"的对话框就是该文本框的属性窗口。如果属性窗口没有显示出来,在选中控件对象后,单击工具栏中的"属性"按钮 即可显示。

属性窗口中的"格式"选项卡可以用来设置各个控件对象的位置、大小、背景、字体等属性。常用的"格式"属性有以下几种。

① "BackgroundColor"属性：可以设置控件对象的背景色。可以直接使用十六进制数来填写颜色值,如"#FFFFFF"代表白色,也可以单击后面的生成器按钮 ⊡,在随后打开的对话框中选择合适的颜色。

② "BorderColor"属性：可以设置控件对象的边框颜色。

③ "Color"属性：可以设置控件对象的前景色。

④ "FontFamily"属性：可以设置控件对象的字体。

⑤ "FontSize"属性：可以设置控件对象的文字大小。

⑥ "Left"和"Top"属性：可以设置控件对象与页面的左边界和上边界之间的距离。

⑦ "Width"和"Height"属性：可以设置控件对象的宽度和高度。

属性窗口中的"数据"选项卡可以设置控件对象的数据源、默认值、输入格式等属性。常用的"数据"属性有以下几种。

① "ControlSource"属性：用于确定控件对象所绑定的数据源。

② "RecordSource"属性：用于指定与控件对象绑定的主临时表。

③ "DefaultValue"属性：用于设置控件对象所显示的默认值。

④ "Format"属性：用于设置控件对象输入数据时所采用的格式。

属性窗口中的"其他"选项卡可以设置控件对象的 Id、类名等属性。常用的属性有以下几种。

① "Id"属性：用于设置控件对象的标识号。

② "ClassName"属性：用于设置控件对象的类名。

③ "InnerText"属性：用于设置标签控件对象所显示的内容。

④ "Disabled"属性：用于设置控件对象是否可用。

⑤ "ReadOnly"属性：用于设置控件对象所显示的数据是否只读。

属性窗口中的"全部"选项卡可以显示"格式"、"数据"、"其他"这几个选项卡中所包含的所有属性。需要说明的是,当选择不同的控件对象时,属性窗口显示的是该控件对象对应的属性。不同控件对象的属性不尽相同,可以利用控件向导或者 Access 的帮助信息进行各个属性值的设置。

6.2.2 数据访问页中的数据显示

1. 在数据访问页中添加字段并设置属性

在设计视图中添加各个表中的字段,除了可以使用添加控件并修改控件对象属性的方法之外,比较简便的方法是将字段列表中的字段直接拖曳至数据访问页中。例如在图 6-11 中,在"字段列表"中选择"供应商"表中的"供应商编号"等字段,将它们拖曳到页面中的合适位置上,即可显示图中的效果。这样,Access 会自动设置被添加对象的属性,即将控件对象与数据库中的字段绑定,建立这些控件对象与数据库之间的连接。

如果不采用拖曳的方式添加字段,可以直接使用"工具箱"中的控件工具。例如,在图 6-11 中添加供应商地址字段的内容,就需要添加一个"标签"控件和一个"文本框"控件。

首先,在"工具箱"中选中"标签"控件。然后,在页面中的适当位置拖曳鼠标左键至控件大小合适时松开鼠标,这时添加的标签控件的默认名称为"Label1",所显示的文本内容也为"Label1"。可以直接在该标签控件对象上修改文本信息为"供应商地址:",或者在属性窗口中修改"InnerText"属性也可以达到同样的效果。

再在"工具箱"中选中"文本框"控件,然后在页面"供应商地址:"标签控件对象的右边同样采用鼠标拖曳的方法添加文本框控件对象。在其属性窗口中找到"ControlSource"属性,在其下拉式列表中即显示"供应商"表中的各个字段名,选中其中的"地址"字段。这样就把该控件对象与数据库"供应商"表中的"地址"字段绑定了。

2. 从多个表中添加字段

在数据访问页的设计中,可以从多个表或查询中添加多个字段到页面中,以便用户查看或者进行数据分析。

以图6-11为例,该数据访问页为了查看各个供应商所供应的商品都有哪些,就需要从"供应商"和"商品表"这两个表中添加字段。这两个表已经通过"供应商编号"建立了一对多联系。

首先,从"供应商"表中添加"供应商编号"、"供应商名称"和"地址"等字段。然后,在"字段列表"中展开"商品表"的各个字段,选中"商品编号"并拖曳到数据访问页中的适当位置,这时会弹出如图6-13所示的"版式向导"对话框。例如,可以选择其中的"数据透视表式"单选项。

图6-13　"版式向导"对话框

单击【确定】按钮后,打开如图6-14所示的"关系向导"对话框。在该对话框中,可以设置"商品表"和"供应商"这两个表之间的关系。从图中可以看到,通过"供应商编号"字段能够建立两个表之间的联系。

最后,单击【确定】按钮,即可建立如图6-11所示的包含数据分析表的数据访问页。再次添加"商品表"中的"商品名称"字段,因为已经建立了"供应商"和"商品表"之间的联系,因此不用再次建立它们之间的关系。编辑完成后,保存数据访问页,最后的运行效果如图6-15所示。

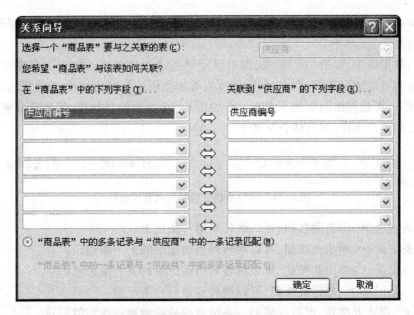

图 6-14 "关系向导"对话框

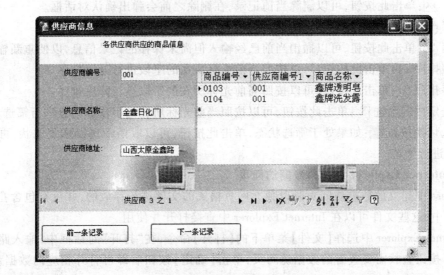

图 6-15 供应商信息数据访问页

数据访问页的使用

6.3.1 数据访问页的查看

1. 在 Access 中查看数据访问页

对于在 Access 中创建的数据访问页,既可以直接在 Access 下查看和使用,也可以在网页浏览器如 Internet Explorer 中进行查看。

在 Access 数据库中建立的数据访问页可以作为窗体和报表的一种补充,需要将数据发布到

Internet 或 Intranet 上使用时,这就显得尤为有效。可以根据使用时的具体需求选择使用窗体、报表或数据访问页。

在打开的数据库中,单击"页"对象,即可显示已经建立的数据访问页。在窗口中找到需要打开的数据访问页的快捷方式,双击打开,即可查看和使用该数据访问页,参见图 6-15。

一般情况下,在数据访问页的下方有一个如图 6-16 所示的导航栏,使用该导航栏上的命令按钮可以进行相关的操作,其具体含义如下。

⊮ ◄	供应商 3 之 1	▶ ▶ᴵ ▶ ⊮X ☒ ⤺ ⤸ ⤴ ⤴ ⤷ ⤷ ⊡

图 6-16　供应商信息数据访问页导航栏

① 第一条记录 ⊮:单击此按钮,可以跳转到第一条记录。

② 上一条记录 ◄:单击此按钮,可以跳转到当前记录的上一条记录。

③ 下一条记录 ▶:单击此按钮,可以跳转到当前记录的下一条记录。

④ 最后一条记录 ▶ᴵ:单击此按钮,可以跳转到最后一条记录。

⑤ 新建 ▶ᵡ:单击此按钮,可以在最后一条记录的后面增加一条新的记录。

⑥ 删除 ⊮X:单击此按钮,可以删除当前记录,在删除之前会弹出确认对话框。

⑦ 保存 ☒:单击此按钮,可以将新输入的记录信息存入数据库中。

⑧ 撤销 ⤸:单击此按钮,可以撤销当前已经输入但尚未保存的记录信息,以便重新输入。

⑨ 升序排序 ⤴:单击此按钮,可以按照当前光标所在的字段进行升序排序。

⑩ 降序排序 ⤴:单击此按钮,可以按照当前光标所在的字段进行降序排序。

⑪ 按选定内容筛选 ⤷:单击此按钮,可以按照当前光标所在的字段的内容进行筛选。

⑫ 筛选切换按钮 ⤷:如果处于筛选状态,单击此按钮,可以取消筛选以恢复原状,再次单击则可以再次进行筛选。

2. 在 Internet Explorer 中使用数据访问页

在 Access 中建立的数据访问页是以独立网页格式的文件进行存放的,并没有包含在 Access 数据库文件中,这些文件可以在 Internet Explorer 中直接打开并使用。

在 Internet Explorer 中选择【文件】菜单下的【打开】命令,在"打开"对话框中,输入路径或者利用"浏览"按钮查找需要查看的数据访问页,单击【确定】按钮后即可打开相应的数据访问页,参见图 6-6。

3. 更新到数据访问页的链接

在数据库中单击"页"对象,选择需要更新的数据访问页的快捷方式,用鼠标右键单击它,在弹出的快捷菜单中选择【属性】项。在打开的属性窗口中,"路径"处所显示的就是选定页的当前路径,可以在此编辑路径内容,或者单击生成按钮 ⊡ 选择需要链接的数据访问页。

6.3.2　数据访问页的数值计算

Access 的数据访问页不仅提供了灵活的通过 Internet 或 Intranet 访问数据库中数据的形式,而且提供了强大的计算功能。通过数据访问页可以插入 Excel 电子表格组件,还可以进行排序、求和、分类汇总等计算。

1. 使用电子表格

通过在数据访问页中插入电子表格，可以使用电子表格中的函数进行复杂的计算。

要在数据访问页中添加 Excel 电子表格，首先应该创建数据访问页，然后在设计视图中打开数据访问页。选择"工具箱"中的"Office 电子表格"工具 ▦，参见图 6-11，在需要添加电子表格的位置的左上角单击，即可添加 Excel 电子表格，然后调整 Excel 电子表格的大小、位置等属性。在页视图中打开添加了电子表格的数据访问页，即可像使用 Excel 电子表格一样利用其中的函数、计算等功能进行相应的运算。

2. 在数据访问页中进行计算

利用"工具箱"中的绑定范围控件或者控件对象的 ControlSource 属性，可以进行一些计算。

在设计视图中打开需要进行计算的数据访问页，如图 6-17 所示，将"商品表"中的"商品名称"、"单价"字段及"库存"表中的"库存数量"字段添加到数据访问页中。单击"工具箱"中的"绑定范围"控件，再在页面中的合适位置单击，即可添加"绑定范围"控件对象。使用"文本框"控件也可以达到同样的效果，区别在于使用"绑定范围"控件所添加的控件对象在页视图下不能对其内容进行编辑或筛选等操作。使用了"绑定范围"控件，在页视图或者 Internet Explorer 中进行浏览时，载入页的速度会更快。

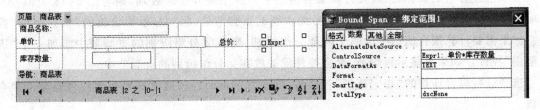

图 6-17　在数据访问页中进行计算

被添加的"绑定范围"控件对象会自动地添加一个"标签"控件，将该"标签"控件对象的"InnerText"属性值改为需要显示的内容，在此改为"总价"。

在被添加的"绑定范围"控件对象的"ControlSource"属性框中输入别名和适当的表达式。若要引用字段，则需要在表达式中添加该字段名。如果没有指定别名，则必须在表达式前面输入一个等号"＝"，Access 将自动提供一个别名，例如"Expr1"。此处将该控件对象的"ControlSource"属性值改为"＝单价＊库存数量"，其含义就是取当前记录的"单价"字段和"库存数量"字段的值进行乘法运算。

切换到页视图，即可显示运行效果。

3. 利用聚合函数进行计算

Access 在数据访问页中还提供了求和等聚合函数，可以用来计算聚合值。聚合函数可以针对某一字段进行计算，返回单一的值。

在设计视图中打开数据访问页，如图 6-18 所示。选择需要进行聚合的值所在的文本框，例如选择"库存数量"字段对应的文本框。单击工具栏"自动求和"按钮旁边的下三角箭头，在下拉列表框中选择要使用的聚合函数。对于数值型数据，可以选择使用"求和"、"平均值"、"最小值"、"最大值"、"计数"、"StDev"和"任意"等函数。对于文本型、日期/时间型数据,可以选择"最小值"、"最大值"、"计数"和"任意"等函数。在图 6-18 的例子中选择了"求和"函数。

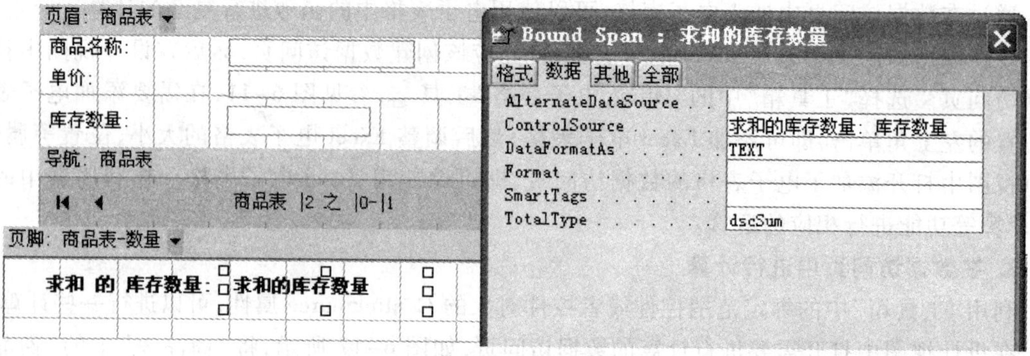

图 6-18 在数据访问页中进行聚合计算

从图 6-18 中可以看到,在选择了"求和"函数后,在页面中新增一个分组级别,在该分组级别的页脚处添加了一个"绑定范围"控件。切换到页视图,即可看到对"库存数量"字段所有值进行求和运算所得的结果。

对于已经分组的页,如果需要计算聚合值的字段属于最外层组级别,则与图 6-18 类似,Access 会添加一个新的分组级别。在新的分组级别的页脚节处,添加显示聚合值的"绑定范围"控件。如果需要计算聚合值的字段属于内部分组级别,则在父分组级别的页脚节中添加一个"绑定范围"控件。如果未显示页脚节,聚合控件就被放在父分组级别的页眉节中。

选择进行聚合计算的"绑定范围"控件后,修改其"TotalType"属性即可更改控件对象的聚合函数。

4. 排序

在数据访问页上,还可以对字段数据进行排序操作,以便查阅相关的数据。

在页视图中打开数据访问页,单击以选择需要进行排序的字段。如果是已经分组的数据访问页,则需要先展开要排序的组,再选中需要排序的字段。然后,在导航栏中单击"升序排序"按钮,即可按照该字段的升序来排序各条记录。如果单击"降序排序"按钮,即可按照该字段的降序来排序各条记录。导航栏可以参见图 6-16。

以上排序过程并不适用于 Microsoft Office"数据透视表组件"、"电子表格组件"或"图表组件"。这些组件的排序可以独立于数据访问页中的其他数据,而且还有可能支持其他排序功能。

5. 筛选数据

在数据访问页上,可以针对字段进行数据的筛选,以方便数据的查找。

在页视图中打开数据访问页,如果已经分组,则展开需要筛选的组,单击以选择要利用其值来筛选记录的字段。然后,单击该组记录导航栏上的"按选定内容筛选"按钮,可以得到筛选结果,即只显示字段值等于选定内容的那些记录。单击"筛选切换按钮"可以取消被应用的筛选,再次单击"筛选切换按钮"可以再次应用设定好的筛选。

以上筛选过程并不适用于 Microsoft Office"数据透视表组件"、"电子表格组件"或"图表组件"。这些组件的筛选过程独立于数据访问页上的其余数据,而且还有可能支持其他筛选功能。

6.4 数据访问页的发布

6.4.1 连接文件

1. 连接文件的概念

连接文件是存储与数据源连接的有关信息,以及与该连接有关的数据的文件。在 Access 中,通过连接文件可以将一个或多个数据访问页与数据源进行绑定。

连接文件可以有两种格式。一种格式以".odc"为扩展名,其含义是 Office Data Connection,是一种使用 HTML 或 XML 格式存储连接信息的文件。既可以在 Internet Explorer 浏览器中查看这种类型的文件,也可以在任何文本编辑器中查看和编辑文件的内容。另一种格式以".udl"为扩展名,其含义是 Universal Data Link,是一种通用数据连接文件,是由"Microsoft 数据链接"提供的标准文件格式,用于创建永久的文件 OLE DB 数据源对象定义。

使用连接文件,可以简化数据访问页中的操作,使得连接到公共数据源的若干个页文件可以共享一个连接文件。当移动或复制数据源时,可以直接修改连接文件中的连接信息,使得页指向新位置上的数据源即可,而不需要修改每一个数据访问页中与数据源的连接属性。

2. 建立数据访问页与连接文件的链接

在 Access 中关闭数据库,选择【文件】菜单下的【新建】命令,再选择新建【空数据访问页】,打开"选取数据源"对话框。在该对话框中,选择需要链接的数据库对象,最后单击【打开】按钮,这样创建的数据访问页即建立了与该数据库对象的链接,参见图 6-9 和图 6-10。在 Windows "资源管理器"下,可以查找到以该数据库文件命名、扩展名为".odc"的连接文件。在文本编辑器中,可以编辑该连接文件,修改连接信息。

在创建连接文件与页之间的链接时,该数据访问页的"ConnectionFile"属性被设置为文件的名称。每次打开该数据访问页时,Access 都会读取该连接文件,提取相应的连接信息,并设置页的"ConnectionString"属性。可以更改页的"ConnectionFile"属性,以修改链接的数据库对象。当编辑某数据访问页的"ConnectionString"属性时,会断掉该页与连接文件的链接,将"ConnectionF-ile"属性设置为空。

如果已经建立好数据访问页,可以通过修改该页的"ConnectionFile"属性来建立与连接文件的链接。当创建与连接文件的链接时,Access 会根据连接文件的信息自动设置"Connection-String"属性。

6.4.2 发布到 Web 服务器

将数据访问页发布到 Web 服务器上,这样用户就可以通过 Internet 或 Intranet 来访问创建好的数据访问页了。

在 Windows"资源管理器"中将数据访问页文件,即 HTML 格式的文件和相关文件复制到

Web 服务器根目录下的一个文件夹中即可。对于 Microsoft Internet Information Server,默认的根目录是"\Inetpub\wwwroot"。

首次创建页时,要创建一个 Web 文件夹。Web 文件夹就是网络上的文件夹,例如某些网站所提供的"网络硬盘",通过"资源管理器"就可以把资料存放在 Web 服务器上。相关的文件夹可以在"网上邻居"或"Web 文件夹"中找到,然后就可以选择【文件】菜单下的【另存为】命令以打开"另存为"对话框,在其中输入数据页的名称(例如"Index"),单击【确定】按钮将其保存到"C:\Inetpub\wwwroot"文件夹中备用。

此后,将 Access 数据库、ASP 或 IDC/HTX 文件、相关文件(如图形文件、连接文件)以及包含这些文件的所有文件夹都复制到该文件夹中,或者确定 Web 服务器能够定位相关文件。

对于服务器的配置,需要执行以下 4 步。

第一步:检查服务器上的 MSADC 文件夹是否被共享,右击"C:\Program Files\Common Files\System\msadc"文件夹,选择快捷菜单中的"属性"命令打开对话框。选择"Web 共享"选项卡中的"共享文件夹",再单击"编辑属性"按钮打开对话框。选择"访问权限"中的"读取"项,再选择"应用程序权限"中的"执行(包括脚本)",完成后就关闭打开的对话框。

第二步:打开"C:\Program Files\Common Files\System\msadc"文件夹,双击其中的"handsafe.reg"注册表文件,将其导入注册表中。

第三步:修改 Windows 安装目录下的"msdfmap.ini"文件,将[connect default]节中的"Access = NoAccess"修改为"Access = ReadWrite",再把[sql default]节中的 Sql = ""注释掉,也就是在该语句的前面加一个冒号,使其变为":Sql = """。最后,在"msdfmap.ini"文件的末尾创建一个数据源节,其内容为(其中"xxx"是服务器 ODBC 源指定的数据库):

[connect xxx]

Access = ReadWrite

Connect = "DSN = xxx"

完成后,保存为"msdfmap.ini"文件并退出。

第四步:需要设置 Internet Explorer 的安全性,以便测试数据访问页。具体方法是,单击【工具】菜单下的【Internet 选项】命令,打开"安全"选项卡,选中"受信任的站点",单击【站点】按钮打开对话框。将服务器的域名输入"将该网站添加到区域中",单击【添加】按钮,将地址放入"网站"列表框中。以后只要在地址栏中输入域名,按回车键,就可以打开已经配置好的数据页了。

为了保障数据库的安全,需要创建用户级安全机制——用户名和密码,以便使用户通过网页访问 Access 数据库。在创建用户级安全机制时,使用包含大小写字母、数字和符号的安全性高的密码。如果没有创建用户级安全机制,默认的用户名就是"管理员",并且不使用任何密码。

对于 Access 项目(.adp),在"用户名"和"密码"文本框中创建数据库的用户名和密码,以便使用户通过网页访问 SQL Server 数据库。如果没有创建用户名和密码,默认的用户名就是"Sa",并且不使用任何密码。

■ 本章小结

本章介绍了数据访问页的基本概念、分类方法、创建方法、设计编辑以及发布方法等。数据访问页由标题、主体数据节、导航栏、页眉、页脚等部分组成。数据访问页按照功能划分,有交互式报表、数据分析等类型的数据访问页;按照存放方式划分,有在当前数据库中创建的数据访问页、独立创建的数据访问页等。

数据访问页可以直接与数据库相连。通过数据访问页,即使没有专业的网页制作知识,也可以实现与数据库交互的动态网页。因此,通过数据访问页可以向网络中发布数据。

创建数据访问页的方法有自动创建数据页、使用数据页向导、在设计视图中创建、通过现有数据访问页创建等。可以通过数据访问页的"工具箱"进行数据访问页的设计和编辑,可以通过设置各个控件的属性值对数据访问页的格式、版式、内容等进行编辑。利用数据访问页,可以对数据库进行排序、筛选、计算等。将数据访问页发布到 Web 服务器上,即可在网络上访问数据访问页。

■ 习题

一、单项选择题

1. 将 Access 数据库中的数据发布在 Internet 上,可以通过(　　)来实现。

　A. 查询　　　　　　　　B. 窗体　　　　　　　　C. 表　　　　　　　　D. 数据访问页

2. Access 通过数据访问页可以发布的是(　　)。

　A. 静态数据　　　　　　　　　　　　　　B. 数据库中保持不变的数据

　C. 数据库中变化的数据　　　　　　　　D. 数据库中保存的数据

3. 设计数据访问页,可以编辑现有的(　　)。

　A. 报表　　　　　　　B. 窗体　　　　　　　C. 网页　　　　　　　D. 数据表

4. 下面关于数据访问页的叙述中,错误的是(　　)。

　A. 数据绑定的页所显示的是当前数据　　　　B. 用户可以筛选、排序并查看所需要的数据

　C. 可以通过使用电子邮件进行分发　　　　　D. 收件人打开电子邮件时看到的是过去的数据

5. 在表达式中引用对象名称时,如果它包含空格或特殊的字符,就必须用(　　)将对象名称括起来。

　A. 井号　　　　　　　B. 方括号　　　　　　　C. 圆括号　　　　　　　D. 双引号

6. 关于数据访问页中 Office 电子表格的叙述中,正确的是(　　)。

　A. 类似于 Excel 工作表

　B. 可以在 Office 电子表格中输入数据、添加公式等

　C. 可以利用 Internet 浏览和分析 Office 电子表格中的相关数据

　D. 以上各项都对

7. 如果数据不经常改变且 Web 应用程序不需要使用窗体时,数据访问页应该使用(　　)。

　A. 静态 HTML 文件　　　B. 动态 HTML 文件　　　C. 随机 HTML 文件　　　D. 静态或动态 HTML 文件

8. 在数据访问页中,对于不可更新的数据,用来显示数据的控件是(　　)。

　A. 绑定 HTML 控件　　　B. 结合型文本框控件　　　C. 文本框控件　　　D. 计算型文本框控件

9. 在基于一对多联系的数据表的分组数据访问页上,将每一节与一个(　　)绑定。

A. 表 B. 查询 C. 表或查询 D. 表达式

10. 在用于数据输入的数据访问页上,将该页面的 DataEntry 属性值设置为( )。

A. 0 B. 1 C. False D. True

11. 在数据访问页中,应该为所有将要排序、分组或筛选的字段建立( )。

A. 主关键字 B. 索引 C. 准则 D. 条件表达式

12. 在包含具有一对多联系记录的分组数据访问页上,应该按( )对记录进行分组以提高加载速度。

A. 字段 B. 表 C. 表达式 D. 以上各项都可以

13. 当数据访问页包含来自两个表或查询的字段时,这些表或查询应该具有( )。

A. 一对一联系 B. 一对多联系 C. 多对一联系 D. 多对多联系

14. 利用"自动数据访问页"向导创建的数据访问页的格式是( )格式。

A. 标签 B. 表 C. 纵栏式 D. 图表式

15. 创建数据访问页最重要的是要确定( )。

A. 字段的个数 B. 记录的顺序 C. 记录的分组 D. 记录的条数

16. 如果数据经常改变且 Web 应用程序需要使用窗体,则数据访问页应该使用( )。

A. 静态 HTML 文件 B. 动态 HTML 文件

C. 随机 HTML 文件 D. 静态 HTML 文件或动态 HTML 文件

17. 对数据访问页与数据库的关系的描述中,错误的是( )。

A. 数据访问页是 Access 数据库的一种对象

B. 数据访问页与其他 Access 数据库对象的性质是相同的

C. 数据访问页的创建与修改方式与其他 Access 数据库对象基本上是一致的

D. 数据访问页与其他 Access 数据库对象无关

18. 在数据访问页的 Office 电子表格中,可以( )。

A. 输入原始数据 B. 添加公式 C. 执行电子表格运算 D. 以上各项都可以

19. 主题是一个为数据访问页提供( )以及其他元素的统一设计的方案集合。

A. 字体 B. 横线 C. 背景图像 D. 以上各项都可以

20. 在 Access 数据访问页中,不是用户可以自定义设置的选项是( )。

A. 前景颜色 B. 背景颜色 C. 背景图案 D. 背景声音

二、填空题

1. 数据访问页有两种视图,分别是页视图和_____。

2. Access 需要发布数据库中的数据的时候,可以选用的对象是_____。

3. 用户可以在 Office 电子表格中输入原始数据、_____和执行电子表格运算。

4. 数据访问页可以使用_____控件来链接其他对象。

5. 为数据访问页添加所需要的控件时,主要是定义控件的_____。

6. 利用_____可以在互联网上使用数据访问页。

7. Access 中的_____也可以作为一种特殊的格式窗体在本地机上使用。

8. 利用"数据访问页向导"创建的数据访问页,需要确定_____、分组级别、排列顺序、数据访问页的标题等内容。

9. 在 Access 数据访问页中,既有静态 HTML 文件,也有_____文件。

10. "设计视图"是创建与设计数据访问页的一个可视化_____。

11. 在使用_____创建数据访问页时,用户不需要作任何设置,所有工作都由系统自动完成。

12. _____在数据访问页中主要用来显示描述性文本信息。

13. 在数据访问页的"工具箱"中,图标 ▦ 的名称是_____。

14. 如果在设置数据访问页的主题时选择了_____,则可以删除数据访问页中已有的主题。

15. 在设置数据访问页的自定义背景之前,必须_____。

16. 在数据访问页的"工具箱"中,图标 代表的是_____。

17. _____是一种直接连接到数据库中的数据上的特殊网页,利用数据访问页可以输入、_____和查看 Access 数据库和 SQL Server 服务器中的数据。

18. Access 在完成数据访问页的创建后,自动以_____文件格式将数据访问页保存在当前文件夹中,并在当前数据库的"页"对象中创建该数据访问页的_____。

三、简答题

1. 什么是数据访问页?

2. 常用的数据访问页的控件有哪些?在使用时应该注意什么?

3. 简述使用向导创建数据访问页的过程。

4. 简述使用自动方式创建数据访问页的过程。

5. 简述数据访问页与其他 Access 数据库对象之间的区别。

宏

第 **7** 章

在使用 Access 数据库的过程中,经常会执行一些重复性的操作。这些操作不仅浪费时间,而且还不能保证操作的一致性。如果实现自动完成这些操作,就可以保证这些操作的正确性,避免因为忘记操作步骤或操作失误而造成错误,从而极大地提高工作效率。Access 提供了两种实现自动完成操作的方法,即宏和程序编码。虽然宏比程序的功能要弱得多,但是由于使用上的简单、高效且不涉及程序设计的概念和技巧,因而得到了广泛应用。Access 提供了功能强大的创建宏的工具,可以使用这些工具来创建各种实用的宏。

7.1 宏的概述

与表、窗体、报表一样,宏也是 Access 中的数据库对象之一。宏可以实现一个或一系列操作,使得操作过程简化。本节介绍有关宏的基本概念。

7.1.1 宏的概念

宏是由一个或多个操作命令所组成的集合,其中每个操作可以实现特定的功能,例如排序、查询、显示窗体、打印报表等。可以通过创建宏来实现重复的或者一系列复杂的任务。

宏的优点在于简化操作。在使用宏时,不需要记住各种语法格式,也不需要编程,即可完成对数据库对象的各种操作。在使用宏时,只需给出操作名称、条件和参数,就可以自动完成指定的操作。

在 Access 中,可以通过宏窗口来创建或编辑宏。在宏窗口中,只要确定操作名称、条件和参数等信息,即可创建宏。若要运行宏,可以直接调用运行、通过事件响应运行、在 VBA 中运行宏等方式,还可以设置为在打开数据库时自动运行等。

宏可以分为操作序列宏、宏组和含有条件的宏。操作序列宏就是由顺序排列的操作所组成的简单的宏。宏组是由若干个宏所组成的,用来实现一些复杂的功能,一般可以将完成同一功能的宏组成一个宏组。含有条件的宏是在满足某些条件的情况下,才执行宏内的某个或某些操作。

用户应该根据应用情况的不同而选择使用能够实现相应功能的宏。

一般来说,对于事务性或重复性的操作,例如打开窗体、关闭窗体、显示工具栏、打印报表、创建全局赋值键以及在首次打开数据库时执行的一系列操作等,可以使用宏来完成。宏可以简捷地将已经创建起来的数据库对象联系在一起,不必记住各种语法格式。对于复杂的数据库操作及数据维护、自定义过程的创建和使用等,可以通过 VBA 编程来完成。

7.1.2 操作序列宏

操作序列宏是结构最简单的一种宏,由一个或一系列宏操作组成。操作序列宏在运行时,将按照操作序列的先后顺序执行。

图 7-1 所示为 Access 中的宏设计窗口,在该窗口中显示的是一个操作序列宏。每一个宏都有一个宏名,此图中的宏名是"操作序列宏练习"。"操作"列显示的是该操作序列宏所包含的操作序列,其中包含一个"OpenTable"操作和一个"ApplyFilter"操作,即这个宏包含两个操作序列。这样这个宏在运行时,Access 将首先自动执行"OpenTable"操作,即打开表,然后再执行"Apply-Filter"操作,即筛选数据。

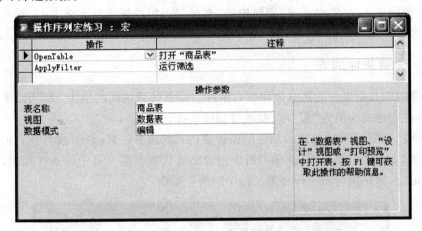

图 7-1 操作序列宏

7.1.3 宏组

将若干个宏放到一起,形成一个集合,为这个集合赋予统一的名称,就形成宏组。也就是说,宏组是若干宏组成的集合。宏组中的宏是相互独立的,可以单独运行,相互之间没有关联。

如果在使用数据库的过程中使用大量的宏,将加大管理和维护的难度,通过使用宏组可以使管理更为清晰、简便。例如,可以将功能相近的宏放在一个宏组中,或者将有关某一个窗体的宏全部放在同一个宏组中。

在图 7-2 中,标题栏显示该宏组的名称"宏组练习";"宏名"列显示这个宏组包含两个宏,分别是"商品"宏和"查询"宏。在"商品"宏中,包含"OpenTable"和"Move Size"这两个操作;在"查询"宏中,包含"OpenQuery"和"Maximize"这两个操作。

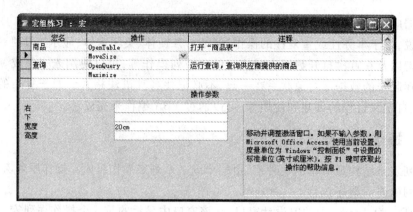

图7-2 宏组

宏组是用来管理宏的一种方法。如果要调用或运行一个宏组中的宏,需要指明所运行的宏名。可以使用以下格式来调用宏组中的宏:

宏组名.宏名

例如,要调用图7-2"宏组练习"宏组中的"查询"宏,可以使用以下格式:

宏组练习.查询

7.1.4 含有条件的宏

含有条件的宏是指宏中的某些操作带有条件。当条件表达式的值为"真"时,才会执行相应的操作;当条件表达式的值为"假"时,就跳过相应的操作。

图7-3所示"条件"列就是输入相应的条件表达式的地方;"MsgBox"操作执行的条件是系统时间在8点到12点之间;"条件"列第二行中的省略号代表与第一行中的条件相同,即当第一行中的条件满足时,顺序执行第一行和第二行中的两个操作。

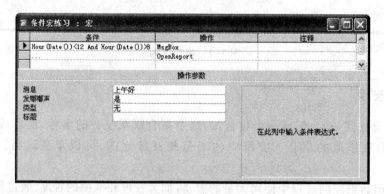

图7-3 条件宏

7.2 宏的创建与使用

7.2.1 创建宏

在Access中打开"数据库"窗口,在此打开"金鑫超市管理系统"数据库。在打开的"数据库"窗口中,单击"宏"对象,再单击"新建"按钮,即可打开宏设计窗口。

在宏设计窗口中,中间的网格处为需要添加的宏操作,一行对应于一个宏操作。在"操作"列中,填写需要添加的宏操作,具体方法是单击下拉式列表,在其中选择相应的操作即可。例如,图 7-1 中的第一个宏操作为"OpenTable",其含义为打开表。

在"注释"列中,可以添加需要加注释的信息,例如该宏操作的功能等信息。注释信息的添加并不是必需的,但是可以帮助理解宏操作的内容。

在添加了宏操作之后,宏设计窗口的下半部分就显示该宏操作的相关"操作参数"。窗口的右下方是提示信息,当鼠标指针在操作或参数位置上停留时,将显示相关操作或参数的提示信息。

设置好各个操作和参数的相关信息后,选择【文件】菜单下的【另存为】命令,弹出"另存为"对话框,或者直接关闭宏设计窗口,同样系统也会提示保存宏。在"另存为"对话框中,填写宏名后,单击【确定】按钮以保存宏。例如,在图 7-1 中,将宏保存为"操作序列宏练习"。

宏被建立好后,在"数据库"窗口的宏对象下,即可显示已经建立的宏。

在 Access 中,一个宏的相关操作最多可以有 999 个。如果操作数目超过了这个限制,应该使用 VBA 编程来实现。

7.2.2　创建宏组

在 Access 中,打开"金鑫超市管理系统"数据库窗口,选中"宏"对象,单击【新建】按钮以打开宏设计窗口。在工具栏中,单击"宏名"按钮，在宏设计窗口中即可增加"宏名"列。

在"宏名"列中添加宏的名称,在"操作"和"注释"列中分别添加所需要的操作和注释信息。如果同一个宏中包含多个操作,只在第一个操作行添加宏名,其他操作行的宏名则保持空白。

例如,在图 7-2 中添加了"商品"和"查询"这两个宏。在"商品"宏中,有"OpenTable"操作,其含义是打开表。还有"MoveSize"操作,其含义是移动和调整"数据库"窗口的尺寸。在"操作参数"区域,可以设置移动的目标位置和调整的尺寸。在"查询"宏中,有"OpenQuery"操作和"Maximize"操作,其含义分别是运行查询和最大化查询窗口。

设置好各个宏名、操作以及相应的操作参数后,将设置好的宏组保存起来,例如图 7-2 中保存的宏组名为"宏组练习"。

7.2.3　创建含有条件的宏

在 Access 中,打开"金鑫超市管理系统"数据库窗口,选中"宏"对象,单击【新建】按钮打开宏设计窗口。在工具栏中,单击"条件"按钮，在宏设计窗口中即可增加"条件"列,如图 7-3 所示。

在条件列中添加执行宏操作时所要满足的条件,同样在"操作"和"注释"列中分别添加所需要的操作和注释信息。当运行宏的条件被满足时,则执行相应的操作;当运行宏的条件不满足时,则跳过相应的操作。

如果满足同一条件的操作有多个,则除了第一个操作前面需要写清楚条件外,后面的几个操作的"条件"列均填写省略号"…"即可。在运行宏时,当条件得到满足时,即条件表达式的运算结果为"真",则执行这个操作及其后写有省略号的所有操作,并继续执行条件为空的操作,直到到达另一个条件、宏名或者退出宏。如果条件表达式的运算结果为"假",则忽略这个操作及其后写有省略号的所有操作,并移到下一个包含其他条件或条件为空的操作去执行。

可以单击工具栏上的"生成器"按钮 ,打开"表达式生成器"对话框,利用该对话框来生成条件表达式。在此处不能使用 SQL 表达式。

例如,在如图 7-3 所示的含有条件的宏中,如果当前系统时间为 8 点至 12 点,则弹出显示"上午好"的对话框,并打开报表。

在 Access 中,宏的条件最多可以有 255 个字符。如果宏的条件比限定的要长,可以使用 VBA 编程来实现。

7.2.4 编辑宏

如果对创建好的宏感到不满意,可以通过宏设计窗口对宏作进一步修改,其中包括复制宏操作、插入宏操作、移动宏操作和删除宏操作等。

1. 选定行

在宏设计窗口中,如果要选定一行,单击该行最左侧的"行选定器",则该行被选中。如果要选定多行,将鼠标移动到第一行的"行选定器"上,按住鼠标左键拖动到要选定的最后一行,再松开鼠标,这样鼠标拖动过的几行都将被选中。

2. 插入宏操作

在宏设计窗口中,选中要插入行的位置,单击工具栏上的"插入行"按钮 ,或者选择【插入】菜单下的【插入行】命令,则在当前位置插入一个空白行。如果要插入多行,则选中多行,再进行同样的操作,即可插入多个空白行。插入行后,原先选定的行及后面的行将顺序下移。

在插入的空白行中即可增加宏操作。

3. 删除宏操作

在宏设计窗口中,选中要删除的操作行,单击工具栏上的"删除行"按钮 ,或者选择【编辑】菜单下的【删除行】命令,则选中的那行宏操作会被删去。如果要删除多行,则选中多行,再进行同样的操作即可。删除行后,后面的各行将顺序上移。

4. 复制宏操作

在宏设计窗口中,选中要复制的操作行,单击工具栏上的"复制"按钮,或者选择【编辑】菜单下的【复制】命令,然后定位到目标行的位置,单击工具栏上的"粘贴"按钮,或者选择【编辑】菜单下的【粘贴】命令。这样,复制的宏操作以及相应的操作参数都会被复制到目标位置,原目标行以及其后的宏将会顺序下移。

5. 移动宏操作

在宏设计窗口中,选中要移动的操作行,单击工具栏上的"剪切"按钮,或者选择【编辑】菜单下的【剪切】命令,然后定位到目标行的位置,单击工具栏上的"粘贴"按钮,或者选择【编辑】菜单下的【粘贴】命令。这样,剪切的宏操作以及相应的操作参数都会被移动到目标位置,原目标行以及其后的宏将会顺序下移。

通过移动宏操作,可以调整宏操作的执行顺序。

6. 显示或隐藏"宏名"列和"条件"列

在宏设计窗口打开并激活的状态下,单击工具栏上的"宏名"按钮,或者选择【视图】菜单下的【宏名】命令,则在窗口中会显示"宏名"列,再次单击或选择即可隐藏"宏名"列。

在宏设计窗口打开并激活的状态下,单击工具栏上的"条件"按钮,或者选择【视图】菜单下的【条件】命令,则在窗口中会显示"条件"列,再次单击或选择即可隐藏"条件"列。

在默认情况下,宏设计窗口是隐藏"宏名"列和"条件"列的。如果想改变默认的显示状态,可以单击【工具】菜单下的【选项】命令。在打开的"选项"对话框中,选择"视图"选项卡,在"在宏设计中显示"区域中,选择或清除"名称列"和"条件列"的复选框,即可设置在默认打开宏设计窗口时,是否显示"宏名"列和"条件"列。

7.2.5 运行和调试宏

已经创建好的宏或宏组会在 Access"数据库"窗口的"宏"对象中显示出来。当 Access 运行宏时,按照宏设计窗口中列出的宏操作顺序执行。Access 提供了多种运行宏的方法。

1. 运行宏

如果要运行宏,可以使用以下几种方法之一。

（1）在宏设计窗口中运行宏

在宏设计窗口打开的状态下,若要运行宏,可以单击工具栏上的"运行"按钮 $\boxed{!}$,或者选择【运行】菜单下的【运行】命令。

（2）在"数据库"窗口中运行宏

在"数据库"窗口中,单击"宏"对象,选中要运行的宏,单击"数据库"窗口中的"运行"按钮,或者双击该宏,即可运行被选中的宏。

（3）通过菜单运行宏

在宏对象未选中的状态下,选择【工具】菜单下的【宏】,在二级子菜单中选择【运行宏】命令。在打开的对话框的下拉式列表中选择需要运行的宏,再单击【确定】按钮即可运行被选中的宏。

（4）通过 VBA 运行宏

如果要通过 VBA 程序运行宏,可以使用 DoCmd 对象的 RunMacro 方法。其语法格式为:

DoCmd. RunMacro 宏名

2. 从另一个宏中运行宏

如果要从另一个宏中运行宏,则需要在另一个宏或者过程中添加 RunMacro 宏操作,将该操作的"宏名"属性值设置为需要运行的宏。

3. 通过事件发生运行宏

将宏附加到窗体或报表的属性处,由事件触发宏的运行,这是运行宏最常用的一种方式。Access 会对窗体或报表的多种事件作出响应,例如单击鼠标、更改数据、打开窗口或关闭窗口等。

打开窗体或报表的设计视图,显示其属性窗口,也可以选中窗体或报表中的节或控件,显示相应的属性窗口。在属性窗口中,单击"事件"选项卡,选择准备触发某一事件的事件属性,再单击旁边的生成器按钮,打开"选择生成器"对话框。在"选择生成器"对话框中,有"表达式生成器"、"宏生成器"和"代码生成器"这 3 个选项。

如果选择"宏生成器",则会打开宏设计器窗口,设置好相应的宏操作并保存起来,则相应的事件会显示宏的名称,通过该事件即可触发设定的宏。

4. 运行宏组中的宏

运行宏组中的宏和上述方法相似,只是在指定宏名时需要使用"宏组名.宏名"的格式。

例如,如果要通过菜单栏来运行宏组中的宏,选择【工具】菜单下的【宏】,在二级子菜单中选择【运行宏】命令。在打开的对话框中,在下拉式列表中 Access 为每个宏组中的宏以"宏组名.宏名"的形式为各个宏显示项目。选择需要运行的宏组中的宏,再单击【确定】按钮即可运行选中的宏。

5. 调试宏

调试宏是指设置好宏之后,要想检验设置的正确性,需要对宏进行调试。调试的主要方法就是单步执行以查找宏中的问题。

在宏设计窗口中,打开要调试的宏,然后单击工具栏上的"单步"按钮 ,再单击【运行】按钮,这时会弹出如图 7-4 所示的"单步执行宏"对话框。

图 7-4 "单步执行宏"对话框

在"单步执行宏"对话框中,显示了当前运行宏的名称以及第一项宏操作的相关信息。若要执行当前显示的宏操作,则单击"单步执行"按钮。在执行完该项宏操作后,该对话框将显示下一项宏操作的信息。如果要停止运行当前宏,单击"停止"按钮。如果想停止单步执行的调试过程,继续不停顿地执行后续的宏操作,这时可以单击"继续"按钮。

在宏的运行过程中,也可以使用 Ctrl + Break 组合键暂停宏的运行,然后再以单步方式执行宏。

单步执行宏的调试方法可以观察每一个宏的运行过程,以发现各个宏在运行过程中出现的问题,找出问题所在的宏,然后进行修改。

6. 宏的自动运行

如果想在数据库打开时自动运行某些操作,可以使用 Access 提供的一个特殊的宏,即 AutoExec 宏。

Access 在数据库打开时自动查找一个名为"AutoExec"的宏,如果找到,则运行这个宏。

创建 AutoExec 宏的方法与创建其他宏的方法类似,只是保存时需要将宏命名为"AutoExec"。

如果在打开数据库时,不想运行 AutoExec 宏,在打开数据库时按住 Shift 键即可。

AutoExec 宏一般用于在数据库打开时弹出欢迎界面,或者弹出数据库窗体的主界面。

7. 为宏分配组合键

在 Access 中,可以将一个或一组操作指定给某个特定的键或组合键。这样,当按下特定的键或组合键时,Access 即可执行指定的操作。例如,可以将打印当前活动窗口内容的宏指定给 Ctrl + P 组合键,使得打印当前活动窗口内容的操作变得更为简便。

在"数据库"窗口中创建新的宏,在宏设计窗口中显示"宏名"列。在"宏名"列中输入表示组合键的代码,在"操作"列中选择需要执行的宏操作。图 7-5 所示是在"宏名"列中输入的"^p"代表 Ctrl + P 组合键,执行 RunMacro 宏操作。

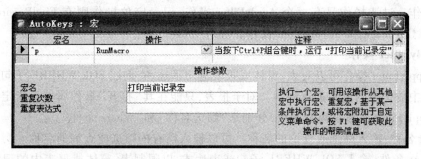

图 7-5　AutoKeys:宏

如果需要添加多个按键或组合键所对应的操作,可以在图 7-5 中继续进行添加。最后保存时,需要以"AutoKeys"为名称来保存宏组。这样,Access 会保存这些键值。在打开数据库时,这些键值将自动生效。

表 7-1 所示为可以分配给 AutoKeys 宏的组合键。

表 7-1　可以分配给 AutoKeys 宏的组合键

组合键代码(在"宏名"处填写)	组合键含义
^A 或 ^4	Ctrl + 任何字母或数字键
{F1}	任何功能键
^{F1}	Ctrl + 任何功能键
+ {F1}	Shift + 任何功能键
{Insert}	Insert 键
^{Insert}	Ctrl + Insert
+ {Insert}	Shift + Insert
{Delete} 或 {Del}	Delete 键
^{Delete} 或 ^{Del}	Ctrl + Delete
+ {Delete} 或 + {Del}	Shift + Delete

需要注意的是,如果将一个组合键赋值给某个或某组操作,而该组合键会被 Access 使用,例

如 Ctrl + C 组合键用于复制操作,则新指派的赋值键操作将取代原来的 Access 操作。

7.3 宏的应用

Access 提供了 50 多个宏操作,这些操作可以对数据或数据库对象进行操作,还可以执行一些命令,进行导入/导出操作等。下面介绍 Access 中常用的一些宏操作的使用方法。

7.3.1 操作数据

操作数据是指用于操作窗体和报表数据的宏操作,这种类型的操作又可以分为过滤操作和记录定位操作。过滤操作只有一个 ApplyFilter 操作,记录定位操作则有 FindRecord、FindNext、GoToControl、GoToPage 和 GoToRecord 操作。

1. ApplyFilter 操作

使用 ApplyFilter 操作可以对表、窗体或报表应用筛选、查询或 SQL WHERE 子句,以便对表、窗体或报表中的记录的显示进行限制。对于报表,只能在其"打开"事件属性所指定的宏中使用该操作。ApplyFilter 操作有两个参数,分别是"筛选名称"和"Where 条件"。

① 筛选名称:输入筛选或查询的名称。可以输入已有的筛选或查询的名称。

② Where 条件:输入 SQL WHERE 子句或表达式,以限制表、窗体或报表中的记录。"Where 条件"参数不需要输入"WHERE"。若输入表达式,表达式的左侧通常包含表、窗体、报表或查询中的字段名,表达式的右侧通常包含要应用于该字段的条件,以便对记录进行限制或排序。如果要引用控件名称,必须限定控件所在的位置,即在控件前面加上集合的名称,以及所属窗体或报表的名称,语法格式为:

Forms! formname! controlname

2. FindRecord 操作

此操作用于查找满足该操作参数指定条件的第一个数据实例,所查找的记录可以位于活动的数据表、查询数据表、窗体数据表或窗体中。FindRecord 操作有以下几个参数需要进行设置。

① 查找内容:这是必须输入的参数,用于指定在记录中查找的数据。如果输入表达式,则以等号开头。

② 匹配:指定字段中数据匹配的位置,有"字段的任何部分"、"整个字段"、"字段开头"这 3 个选项,默认值是"整个字段"。

③ 区分字母大小写:有"是"、"否"这两个选项,指定搜索是否区分字母大小写,默认值是"否"。

④ 搜索:指定搜索前进的方向。选择"向上",是从当前记录向上搜索到记录开头;选择"向下",是从当前记录向下搜索到记录末尾;默认值是"全部"。

⑤ 格式化搜索:制定搜索是否包含格式化数据。如果选择"是",则要求搜索的数据项的值和格式完全匹配。例如,在"查找内容"处输入"1,234",则值为"1234"的数据项将被忽略。默认值是"否"。

⑥ 只搜索当前字段:用于限定搜索范围。如果选择"是",将搜索范围限定在每条记录的当前字段内,这样速度更快。默认值是"否"。

⑦ 查找第一个:如果选择"是",将指定搜索从第一条记录开始;如果选择"否",将从当前记录位置开始搜索。

3. FindNext 操作

此操作用于查找符合最近的 FindRecord 或"查找和替换"对话框中指定条件的记录,可以使用此操纵反复搜索记录。

FindNext 操作没有任何参数,此操作与使用"查找和替换"对话框中的"查找下一个"按钮具有相同的作用。

4. GoToControl 操作

此操作将焦点移动到激活数据表或窗体中的指定的字段或控件上。此操作可以将获得焦点的字段或控件用于比较或 FindRecord 操作,还可以使用此操作在窗体中进行定位。

此操作只有"控件名称"这一个操作参数需要进行设置,而且是必须设置的参数,用于指定准备放置焦点的字段或控件的名称。

需要注意的是,此操作既不能用于数据访问页,也不能用于将焦点移到隐藏窗体的控件上。

5. GoToPage 操作

执行此操作,可以将活动窗体中的焦点移动到指定页的第一个控件上。此操作有以下几个参数需要进行设置。

① 页码:将焦点移动到指定的页码位置。

② 右:指定从此页左上角到窗口左边缘的距离。

③ 下:指定从此页左上角到窗口上边缘的距离。

对于页大于 Access 窗口的窗体,可以使用"右"和"下"参数来定位窗口显示页中的具体位置,这两个参数需要同时设置。

6. GoToRecord 操作

使用此操作,可以在表、窗体或查询结果集中将指定的记录作为当前记录。此操作有以下几个参数需要设置。

① 对象类型:指定要作为当前记录的对象类型,在下拉列表框中选择"表"、"查询"、"窗体"、"服务器视图"、"存储过程"或"函数"。

② 对象名称:指定要作为当前记录的对象名称,在下拉列表框中显示了当前数据库中由"对象类型"参数所指定的全部对象。

③ 记录:指定要作为当前记录的那条记录,可以选择"向前移动"、"向后移动"、"首记录"、"尾记录"、"定位"或"新记录",默认值为"向后移动"。

例 7.1 记录操作练习。

在"记录操作练习"窗体中,利用宏实现导航的命令按钮,单击相应的命令按钮时,可以完成移动记录指针的操作,如图 7-6 所示。

利用宏实现如图 7-6 所示的功能,需要按以下步骤进行操作。

第一步:建立"记录操作练习"窗体。

在"金鑫超市管理系统"数据库中,打开"窗体"对象,利用设计视图建立窗体。将记录源设定为"商品表",在窗体主体区域中添加"商品编号"、"种类编号"、"商品名称"、"单价"、"规格"等字段。打开属性对话框,并按下述要求更改各个属性的值。

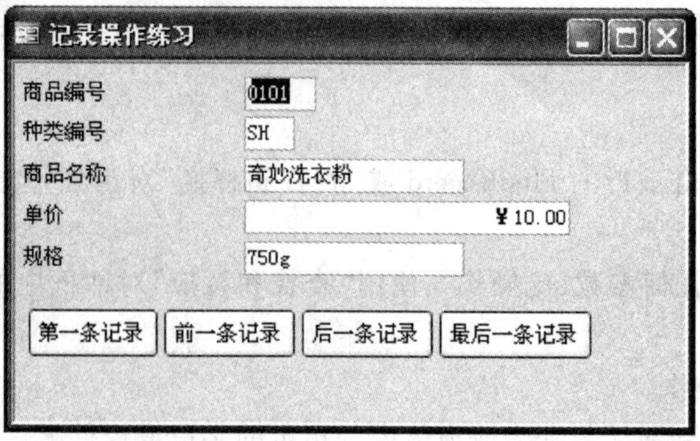

图7-6 记录操作练习

记录源:商品表

标题:记录操作练习

滚动条:两者均无

记录选择器:否

导航栏按钮:否

分隔线:否

在窗体主体区域中添加4个命令按钮,此时不要使用向导,将4个命令按钮分别命名为"Command1"、"Command2"、"Command3"、"Command4",将它们的"标题"属性值分别更改为"第一条记录"、"前一条记录"、"后一条记录"、"最后一条记录"。

设置好后,以"记录操作练习"为名称保存该窗体。

第二步:建立"记录操作练习"宏。

在宏设计视图中建立宏组,该宏组中包含4个宏,每个宏中只包含一个宏操作。

第一个宏的"宏名"为"首记录",操作为"GoToRecord",记录的参数值为"首记录"。

第二个宏的"宏名"为"前一条",操作为"GoToRecord",记录的参数值为"向前移动"。

第三个宏的"宏名"为"后一条",操作为"GoToRecord",记录的参数值为"向后移动"。

第四个宏的"宏名"为"末记录",操作为"GoToRecord",记录的参数值为"尾记录"。

设置好各个操作和参数后,以"记录操作练习"为名称保存该宏组。

第三步:设置命令按钮属性。

在设计视图中打开刚才建立的"记录操作练习"窗体,选中"Command1"命令按钮,打开其属性窗口。单击"事件"选项卡,找到"单击"属性,在其下拉列表框中选择"记录操作练习.首记录"项,表示单击该按钮时将执行宏组"记录操作练习"中的"首记录"宏。

同样,将"Command2"命令按钮的"单击"属性值改为"记录操作练习.前一条",将"Command3"命令按钮的"单击"属性值改为"记录操作练习.后一条",将"Command4"命令按钮的"单击"属性值改为"记录操作练习.末记录"。

设置好后,保存该窗体即可。

这样,在运行"记录操作练习"窗体时,单击相应的命令按钮,就可以调用相应的宏操作,从而实现导航的功能。

7.3.2 执行命令

执行命令的操作主要用来执行或终止命令和其他应用程序,可以执行查询、宏、过程及 Access 的内置命令。

1. RunCommand 操作

这是运行命令操作。使用此操作可以运行 Access 的内置命令,还可以运行自定义菜单栏、全局菜单栏、快捷菜单上的 Access 命令。此操作只有以下一项参数需要设置。

命令:指定要运行的命令的名称。此项是必填参数,可以在下拉列表框中选择 Access 的内置命令。

2. Qult 操作

这是退出操作。使用此操作可以退出 Access。此操作只有以下一项参数需要设置。

选项:指定退出 Access 时对没有保存的对象的处理方法。其中有"提示"、"全部保存"和"退出"等项,"提示"是指弹出是否保存的提示对话框,"全部保存"则不需要用户确认保存所有未保存的对象,"退出"不保存任何未保存的对象。默认值为"全部保存"。

3. RunCode 操作

这是运行代码操作。使用此操作可以调用 VBA 的函数或过程。此操作只有以下一项参数需要设置。

函数名称:要调用的函数或过程的名称。此参数是必选参数。

4. RunMacro 操作

这是运行宏操作。使用此操作可以执行宏,该宏可以在宏组中。此操作需要设置的参数如下。

① 宏名:指定需要运行的宏的名称。此参数是必选参数。

② 重复次数:指定宏运行的次数的上限。如果此参数为空,则只运行一次。

③ 重复表达式:如果指定了表达式,则每次运行宏时都将计算该表达式。当计算结果为 True(−1)时运行,计算结果为 False(0)时停止运行。

5. RunSQL 操作

这是运行 SQL 操作。使用此操作可以运行指定的 SQL 语句,有以下几项参数需要设置。

① SQL 语句:指定所要运行的操作查询或数据定义查询对应的 SQL 语句。此参数是必选参数,但是最大长度限制为 255 个字符。

② 使用事务处理:有"是"、"否"这两个选项。选择"是",则在对数据库数据和构架所作的一系列更改的事务处理中包含这个查询。默认值为"是"。

6. RunApp 操作

这是运行应用程序操作。使用此操作可以在 Access 内部运行基于 Windows 或 DOS 的应用程序,比如 Word、Excel 或 PowerPoint 等。例如,可以将 Excel 电子表格数据粘贴到 Access 数据库中。此操作只有以下一项参数需要设置。

命令行:指定需要启动的应用程序,包括路径和必要的参数。此参数为必选参数。

在宏或应用程序中运行可执行程序,有可能会危及计算机和数据的安全,因此应该小心使用。

7. CancelEvent 操作

这是取消事件操作。使用此操作可以取消一个事件,该事件用于引发 Access 来执行包含此操作的宏。此操作没有任何参数。

8. StopMacro 操作

这是停止宏操作。使用此操作可以停止当前正在运行的宏。此操作没有任何参数。

9. StopAllMacros 操作

这是停止所有宏操作。使用此操作可以终止当前正在运行的所有宏。当某种出错条件被满足时,可以使用此操作来终止运行的宏。此操作没有任何参数。

例 **7.2**　运行应用程序练习。

图 7-7 所示是在"运行应用程序练习:窗体"中,单击"打开 Word"按钮,打开 Word 应用程序;单击"运行筛选"按钮,运行 7.1.2 小节中的"操作序列宏练习";单击"退出"按钮,将会退出 Access。

图 7-7　运行应用程序练习

要实现图 7-7 所示的功能,应按以下步骤进行操作。

第一步:建立"运行应用程序练习:窗体"。

在"金鑫超市管理系统"数据库窗口中,打开"窗体"对象,利用设计视图建立窗体。将"记录源"设定为"商品表",在窗体主体区域中按照图 7-7 添加标签、图像等控件。打开属性对话框,并按下述要求更改窗体各个属性的值。

标题:运行应用程序练习

滚动条:两者均无

记录选择器:否

导航栏按钮:否

分隔线:否

在窗体主体区域中添加 3 个命令按钮,添加时不要使用向导,将 3 个命令按钮分别命名为"Command1"、"Command2"、"Command3",将它们的"标题"属性值更改为"打开 Word"、"运行筛选"、"退出"。

第二步:建立"运行应用程序练习"宏。

在宏设计视图中建立宏组,该宏组中包含 3 个宏,每个宏中只包含一个宏操作。

第一个宏的"宏名"为"打开 Word",操作为"RunApp",命令行的参数值为"C:\Program Files\Microsoft Office\Office\WinWord.exe"。

需要注意的是,命令行的参数值是指需要打开的应用程序,包含其所在的路径,因此需要根据用户所使用的系统中 Word 所在的路径进行设置。

第二个宏的"宏名"为"运行筛选",操作为"操作序列宏练习"。

第三个宏的"宏名"为"退出",操作为"Quit"。

设置好各个操作和参数后,以"运行应用程序练习"为名称保存该宏组。

第三步:设置命令按钮的属性。

在设计视图中,打开"运行应用程序练习"窗体。

选中"Command1"命令按钮,打开其属性窗口,单击"事件"选项卡,找到"单击"属性,在其下拉列表框中选择"运行应用程序练习.打开 Word",表示单击该按钮时执行宏组"运行应用程序练习"中的"打开 Word"宏。

将"Command2"命令按钮的"单击"属性值改为"运行应用程序练习.运行筛选",将"Command3"命令按钮的"单击"属性值改为"退出"。

设置好后,保存该窗体即可。

这样,在运行"运行应用程序练习:窗体"时,单击命令按钮就可以调用相应的宏操作。

例 7.3 排序练习。

图 7-8 所示为在"排序练习"窗体中,单击"请选择排序依据"选项组中的任意一个单选按钮,则控制焦点移动到相应的字段上。再单击"请选择排序方法"选项组中的切换按钮,则"商品表"子窗体中的数据将按照字段的指定方法排序各条记录。

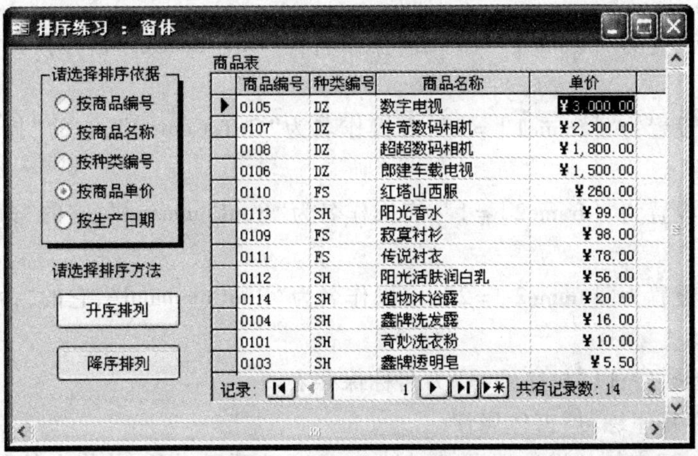

图 7-8 排序练习

要实现如图 7-8 所示的功能,应该按照以下步骤进行操作。

第一步:建立"排序练习"窗体。

建立如图 7-8 所示的窗体,将窗体的"记录选择器"属性、"导航栏按钮"属性、"分隔线"属性的值都设置为"否",再添加以下几个对象。

（1）添加"商品表"子窗体

将子窗体的"标题"属性值设置为"商品表"，"源对象"属性值设置为"商品表"，视图形式设置为"数据表"。如果有已经建立好的子窗体，可以直接拖曳到窗体中进行添加。

（2）添加选项按钮组

选项按钮组的"标签"属性值设置为"请选择排序依据"，选项组名称为"frame1"，"默认值"属性值设置为"1"。其中，5个单选按钮的"标题"属性值分别为"按商品编号"、"按商品名称"、"按种类编号"、"按商品单价"、"按生产日期"，"选项值"的属性值分别为1~5。根据窗体的大小、布局等调整文字的字体、字号等属性值。

（3）添加命令切换按钮组

将命令按钮组的"标签"属性值设置为"请选择排序方法"，选项组的名称为"frame2"，"默认值"属性值设置为"1"。两个命令切换按钮的"标题"属性值分别为"升序排列"和"降序排列"，"选项值"的属性值分别为1、2。根据窗体的大小、布局等调整文字的字体、字号等属性值。

第二步：建立"排序练习"宏。

在"宏"对象下，以设计视图建立条件宏，添加8个操作。各条操作的条件、宏操作名、参数设置如下。

第1条：无条件，宏操作名为"GoToControl"，它的"控件名称"参数值设置为"［商品表］"。

第2条：条件设置为"［frame1］=1"，宏操作名为"GoToControl"，它的"控件名称"参数值设置为"［商品编号］"。

第3条：条件设置为"［frame1］=2"，宏操作名为"GoToControl"，它的"控件名称"参数值设置为"［商品名称］"。

第4条：条件设置为"［frame1］=3"，宏操作名为"GoToControl"，它的"控件名称"参数值设置为"［种类编号］"。

第5条：条件设置为"［frame1］=4"，宏操作名为"GoToControl"，它的"控件名称"参数值设置为"［单价］"。

第6条：条件设置为"［frame1］=5"，宏操作名为"GoToControl"，它的"控件名称"参数值设置为"［生产日期］"。

第7条：条件设置为"［frame2］=1"，宏操作名为"RunCommand"，它的"命令"参数值设置为"SortAscending"。

第8条：条件设置为"［frame2］=2"，宏操作名为"RunCommand"，它的"命令"参数值设置为"SortDescending"。

设置好各个参数后，以"排序练习"为名称保存宏。

第三步：设置"排序练习"窗体属性。

返回"排序练习"窗体的设计视图，选择"frame1"选项组对象，并将它的"更新后"事件的属性值设置为"排序练习"宏。再选择"frame2"选项组对象，并将它的"更新后"事件的属性值设置为"排序练习"宏。

设置完成并保存后，将窗体切换到"窗体视图"，选择排序的依据，并单击"升序排列"或"降序排列"切换命令按钮，即可按照相应的依据进行排序。

7.3.3 实现导入/导出功能

此类操作主要是实现 Access 与其他应用程序之间的共享,可以将 Access 数据库对象和其他应用程序所要求的格式进行互换,因此使用此方法实现的是静态数据的共享。

1. OutputTo 操作

这是输出操作。使用此操作可以将指定的 Access 数据库对象中的数据输出为指定的输出格式。此操作有以下几个参数需要设置。

① 对象类型:指定待输出数据的对象类型,可供选择的有"表"、"查询"、"窗体"、"报表"、"模块"、"数据访问页"、"服务器视图"、"存储过程"和"函数"。默认值为"表"。

② 对象名称:指定待输出数据对象的名称,在下拉列表框中会显示当前数据库中的可选对象。

③ 输出格式:指定输出数据的格式。可以指定输出为 HTML 文件、文本、ASP、Excel 工作表等格式,可以在下拉列表框中选择相应文件格式的扩展名。

④ 输出文件:指定输出数据的目标文件的名称,其中包括输出路径。

2. SendObject 操作

这是发送对象操作。使用此操作可以将指定的 Access 数据表、窗体、报表、模块或数据访问页包括在电子邮件中,以便在电子邮件中查看并转发。此操作有以下几个参数需要设置。

① 对象类型:指定待发送对象的类型,可供选择的有"表"、"查询"、"窗体"、"报表"、"模块"、"数据访问页"、"服务器视图"、"存储过程"和"函数"。默认值为"表"。

② 对象名称:指定待发送对象的名称,在下拉列表框中会显示当前数据库中的可选对象。

③ 输出格式:所包括对象的格式。

④ 收件人:指定在邮件"收件人"一栏中显示的收件人。

3. TransferDatabase 操作

这是转换数据库操作。使用此操作可以在当前的 Access 数据库、Access 项目与其他数据库之间进行数据的导入或导出,还可以建立当前数据库与其他数据库的表的链接,即可访问该数据库表中的数据。此操作有以下几个参数需要设置。

① 迁移类型:指定迁移的类型。在下拉列表框中有"导入"、"导出"或"链接"可供选择。默认值为"导入"。

② 数据库类型:指定导入来源、导出目的或者链接目的数据库的类型。默认值为"Microsoft Access"。

③ 数据库名称:指定导入来源、导出目的或者链接目的数据库的名称,其中应该包含完整路径,此参数是必选参数。

④ 对象类型:指定导入或导出的对象类型。例如,Access 数据库的对象类型有"表"、"查询"、"窗体"等可供选择。

⑤ 源:指定要导入、导出或链接的表、查询或 Access 对象的名称。此参数是必选参数。

⑥ 目标:指定目标数据库中要导入、导出或链接的表、查询或 Access 对象的名称。此参数是必选参数。

4. TransferSpreadsheet 操作

这是转换电子表格操作。使用此操作可以在当前的 Access 数据库、Access 项目与电子表格之间进行数据的导入或导出,还可以建立当前数据库与 Excel 电子表格的链接。此操作有以下几个参数需要设置。

① 迁移类型:指定转换的类型,在下拉列表框中有"导入"、"导出"或"链接"可供选择。默认值为"导入"。

② 电子表格类型:指定所要导入、导出或链接的电子表格的类型,可以在下拉列表框中进行选择。默认值为"Microsoft Excel 8-10"。

③ 表名:指定 Access 表或查询的名称。此参数是必选参数。

④ 文件名:指定所要导入、导出或建立链接的电子表格文件的名称,其中应该包含完整路径。此参数是必选参数。

⑤ 带有字段名称:指定电子表格的第一行是否包含字段名。如果选择"是",则将电子表格的第一行作为 Access 表的字段名。默认值为"否"。

⑥ 范围:指明导入或链接的电子表格的单元格范围。如果要导入或链接整个电子表格,则此项参数为空。

5. TransferText 操作

这是转换文本操作。使用此操作可以在当前的 Access 数据库、Access 项目与文本文件之间导入或导出文本内容,还可以建立当前数据库与文本文件的链接,也可以导入、导出或链接到 HTML 文件表或列表。此操作有以下几个参数需要设置。

① 迁移类型:指定所要迁移的类型,可以在下拉列表框中进行选择。默认值为"导入分隔符号"。

② 表名:指定文本数据的导入目标、导出来源或链接目标 Access 表的名称。此参数是必选参数。

③ 文件名:指定所要导入、导出或建立链接的文本文件的名称,其中应该包含完整的路径。此参数是必选参数。

④ 带有字段名称:指定文本文件的第一行是否包含字段名。如果选择"是",则将文本文件的第一行作为 Access 表的字段名。默认值为"否"。

⑤ HTML 表名称:指明待导入或链接的 HTML 文件中的列表或表的名称。

6. TransferSQLDatabase 操作

这是转换 SQL 数据库操作。在 Access 项目中使用此操作,可以将一个 SQL Server 7.0 或更高版本的数据库传输到另一个 SQL Server 7.0 或更高版本的数据库中。此操作有以下几个参数需要设置。

① 服务器:指明正在复制到的目标数据库服务器的名称。

② 数据库:指定目标服务器上所创建的新数据库的名称。

③ 用户信任连接:指定是否有到 SQL Server 的可信任连接,有"是"、"否"这两个选项。默认值为"是"。

例 7.4 电子表格转换练习。

图 7-9 所示为建立一个简单的操作序列宏,可以实现从 Access 数据库表向 Excel 工作表的转换。

图 7-9 电子表格转换练习

首先,在"金鑫超市管理系统"数据库窗口中创建操作序列宏,按照图 7-9 添加"操作"为"TransferSpreadsheet",然后再设置各个操作参数。

"迁移类型"选择"导出","电子表格类型"选择"Microsoft Excel 8-10","表名称"中填入"商品表"。

在"文件名称"文本框中填写输出的 Excel 文件的名称,注意包含路径,例如可以填写"D:\我的工作文件\商品表"。

设置完成后,以"电子表格转换练习"为名称保存该宏。运行该宏后,即可在指定的路径下找到转换输出的 Excel 电子表格,如图 7-9 右侧所示。

7.3.4 操纵数据库对象

实现对数据库对象操作的自动化。利用操纵数据库对象操作可以对数据库对象进行复制、重命名、保存、打开、关闭等操作,还可以设置字段、控件或属性值等。

1. CopyObject 操作

这是复制对象操作。使用此操作可以将指定的数据库对象复制到另一个 Access 数据库中,或者以新的名称复制到同一数据库或 Access 项目中。此操作有以下几个参数需要设置。

① 目标数据库:指定复制到的目标数据库的有效路径和文件名称。如果在当前数据库中进行复制操作,此项参数为空。

② 新名称:指定复制后新对象的名称。如果复制到不同的数据库中,此项为空时将使用原来的名称。

③ 源对象类型:指定要复制的源对象的类型,在下拉列表框中的"表"、"查询"、"窗体"等选项中进行选择。

④ 源对象名称:指定要复制的源对象的名称,在下拉列表框中列出了可选的所有对象的名称,可以在其中进行选择。

2. Rename 操作

这是重命名操作。使用此操作可以重新命名一个指定的数据库对象。此操作有以下几个参数需要设置。

① 新名称:指定重命名后数据库对象的新名称。此参数是必选参数。

② 对象类型:指定要重新命名的对象的类型。

③ 旧名称:指定要重新命名的对象。

需要注意的是,数据库对象的新名称必须遵循 Access 对象的命名规则。

3. Save 操作

这是保存操作。使用此操作可以保存一个指定的 Access 对象,或者保存当前的活动对象。此操作有以下几个参数需要设置。

① 对象类型:指定要保存的对象的类型。

② 对象名称:指定要保存的对象的名称,下拉列表框中列出了由"对象类型"指定类型的所有对象的名称,也可以在此处输入新的对象名称。

4. Maximize 操作

这是最大化操作。使用此操作可以放大当前活动窗口,使其充满 Access 的"数据库"窗口。此操作没有任何参数。

5. Minimize 操作

这是最小化操作。使用此操作可以将当前活动窗口缩小为 Access"数据库"窗口底部的小标题栏。此操作没有任何参数。

6. Restore 操作

这是恢复操作。使用此操作可以将最大化或最小化的窗口恢复为原来的尺寸。此操作没有任何参数。

7. Close 操作

这是关闭操作。使用此操作可以关闭指定的窗口。如果没有指定窗口,则关闭当前活动窗口。此操作有以下几个参数需要设置。

① 对象类型:指定要关闭的窗口的对象类型。

② 对象名称:指定要关闭的对象的名称,下拉列表框中显示了所有由"对象类型"指定类型的可选对象。

③ 保存:确定关闭时是否要保存对对象所作的更改,有"是"、"否"和"提示"等项可供选择。默认值为"提示"。

8. OpenTable 操作

这是打开表操作。使用此操作可以在"数据表"视图、"设计"视图或"打印预览"视图中打开表,也可以选择表的数据输入模式。此操作有以下几个参数需要设置。

① 表名:指定需要打开的表的名称。

② 视图:指定要打开表的视图形式,可以选择"数据表"视图、"设计"视图、"打印预览"视图、"数据透视表"或"数据透视图"。默认值为"数据表"。

③ 数据模式:指定打开表的数据输入模式,有"添加"、"编辑"和"只读"等项可供选择。默认值为"编辑"。

9. OpenView 操作

这是打开视图操作。使用此操作可以在 Access 项目的"数据表"视图、"设计"视图或"打印预览"视图中打开视图。此操作有以下几个参数需要设置。

① 视图名称:指定要打开的视图的名称,下拉列表框中列出了当前数据库中的所有视图,可以在其中进行选择。此参数为必选参数。

② 视图:指定将在其中打开视图的"视图"。

③ 数据模式:指定视图的数据输入模式。

10. OpenQuery 操作

这是打开查询操作。使用此操作可以在"数据表"视图、"设计"视图或"打印预览"视图中打开选择查询或交叉表查询,此操作将运行一个操作查询。此操作有以下几个参数需要设置。

① 查询名称:指定要打开的查询的名称,下拉列表框中列出了当前数据库中的所有查询。此参数是必选参数。

② 视图:指定打开查询的视图。

③ 数据模式:指定数据在打开查询后的输入模式。

11. OpenReport 操作

这是打开报表操作。使用此操作可以在"设计"视图或"打印预览"视图中打开报表或打印报表。此操作有以下几个参数需要设置。

① 报表名称:指定要打开的报表的名称,下拉列表框中列出了当前数据库中的所有报表。此参数是必选参数。

② 视图:指定要打开报表的视图,可以选择"打印"、"设计"或"打印预览"项。默认值为"打印"。

③ 筛选名称:指定用于限制报表记录数目的筛选,可以在此输入一个已有查询或另存为筛选的名称。

④ Where 条件:指定从报表的基础表或基础查询中选择记录的有效 SQL WHERE 子句表达式。

12. OpenForm 操作

这是打开窗体操作。使用此操作可以打开"窗体"视图中的窗体、窗体设计视图、"打印预览"视图或数据表视图。此操作有以下几个参数需要设置。

① 窗体名称:指定要打开的窗体的名称。此参数是必选参数。

② 视图:指定要打开窗体的视图。

③ 筛选名称:指定用于对窗体中的记录进行限制或排序的筛选。

④ 数据模式:指定打开窗体的数据输入模式,可以选择"添加"、"编辑"或"只读"。

13. OpenModule 操作

这是打开模块操作。使用此操作可以在指定的过程中打开指定的 VBA 模块。此操作有以下几个参数需要设置。

① 模块名称:指定要打开的模块的名称。

② 过程名称:指定要在其中打开模块的过程的名称。

14. OpenDataAccessPage 操作

这是打开数据访问页操作。使用此操作可以在"页"视图或"设计"视图中打开数据访问页。此操作有以下几个参数需要设置。

① 数据访问页:指定要打开的数据访问页的名称,下拉列表框中列出了当前数据库中的所有页。此参数是必选参数。

② 视图:指定要在其中打开数据访问页的视图,可以选择"浏览"或"设计"项。默认值为"浏览"。

15. PrintOut 操作

这是打印输出操作。使用此操作可以打印当前数据库中的活动对象,如数据表、报表、窗体、数据访问页或模块。此操作有以下几个参数需要设置。

① 打印范围:指定要打印的范围。默认值为"全部"。

② 开始页码:指定要打印的起始页码。此参数是必选参数。

③ 结束页码:指定要打印的最终页码。此参数是必选参数。

16. SelectObject 操作

这是选择对象操作。使用此操作可以选择指定的数据库对象。此操作有以下几个参数需要设置。

① 对象类型:指定所要选择的数据库对象的类型。此参数是必选参数。

② 对象名称:指定所要选择的数据库对象的名称。

17. DeleteObject 操作

这是删除对象操作。使用此操作可以删除指定的数据库对象。此操作有以下两个参数需要设置。

① 对象类型:指定要删除的对象的类型。

② 对象名称:指定要删除的对象的名称。

18. SetValue 操作

这是设置值操作。使用此操作可以设置窗体、数据表或报表上的字段、控件或属性的值。此操作有以下两个参数需要设置。

① 项目:指定要设置值的字段、控件或属性的名称。此参数是必选参数。

② 表达式:指定需要设置的值。表达式的计算结果就是需要设置的值。

19. ShowAllRecords 操作

这是显示所有记录操作。使用此操作可以针对活动表、查询或窗体在应用了筛选操作后,恢复显示所有的记录。此操作没有任何参数。

例7.5 筛选练习。

图 7-10 所示为建立了"筛选练习"的窗体。当单击相应商品类别的按钮时,则"商品表"窗口将显示该类别的商品。当单击【显示所有记录】按钮时,则恢复显示所有记录的内容。

图 7-10 筛选练习

要实现图 7-10 所示的窗体功能,操作步骤如下。

第一步:建立"商品表"窗体。

在"金鑫超市管理系统"数据库窗口中,打开"窗体"对象,利用设计视图建立窗体。将"记录源"设定为"商品表",在窗体主体区域中添加"商品编号"、"种类编号"、"商品名称"、"单价"、

"规格"等字段。打开属性窗口,并按下述要求更改窗体各个属性的值。

记录源:商品表

标题:商品表

默认视图:数据表

设置好各个属性值后,以"商品表"为名称保存该窗体。

第二步:建立"筛选练习"窗体。

在设计视图中建立窗体,添加"选项卡"控件,并命名为"Frame1",将选项卡附属标签的属性改为"请选择商品类别"。在选项组中添加 5 个切换按钮,分别命名为"Toggle1"、"Toggle2"、"Toggle3"、"Toggle4"、"Toggle5"。按照以下要求更改各个属性的值。

滚动条:两者均无

记录选择器:否

导航栏按钮:否

分隔线:否

"Toggle1"~"Toggle5"的"标题"属性分别设置为"电子产品"、"衣服服饰"、"生活日用"、"蔬菜水果"和"显示所有记录"。"选项值"的属性分别设置为 1~5。

设置好各个属性值后,以"筛选练习"为名称保存该窗体。

第三步:建立"筛选练习"宏。

在"宏"对象下,以设计视图的方式建立条件宏,添加 5 个操作,如图 7-11 所示。第 1 个操作的条件为"[Frame1]=1",操作为"OpenForm",操作参数"窗体名称"选择"商品表","视图"选择"数据表",在"Where 条件"文本框中输入"[种类编号]="DZ""。

图 7-11 筛选练习

第 2 个操作与第 1 个操作的其他设置均相同,只是条件改为"[Frame1]=2",在"Where 条件"文本框中输入"[种类编号]="FS""。

第 3 个操作与第 1 个操作的其他设置均相同,只是条件改为"[Frame1]=3",在"Where 条件"文本框中输入"[种类编号]="SH""。

第 4 个操作与第 1 个操作的其他设置均相同,只是条件改为"[Frame1]=4",在"Where 条件"文本框中输入"[种类编号]="SG""。

第 5 个操作与第 1 个操作的其他设置均相同,只是条件改为"[Frame1]=5",在"Where 条件"文本框中输入"[种类编号] Like "*""。

设置好各项参数后,以"筛选练习"为名称保存宏。

第四步:设置"筛选练习"窗体属性。

在设计视图中打开"筛选练习"窗体,将"Frame1"的"更新后"属性值改为"筛选练习"宏。

按照上述操作步骤即完成了这个练习。在运行"筛选练习"窗体时,即显示如图 7-10 所示的画面。单击某个类别按钮时,即弹出"商品表"窗体,并只显示该类别的商品。单击【显示所有记录】按钮,将弹出"商品表"窗体,并显示所有记录。

7.3.5 其他

此类操作主要用于维护 Access 界面及其他一些应用。使用此类操作可以使用户界面变得更加友好,以便用户使用。

1. AddMenu 操作

这是添加菜单操作。使用此操作可以创建菜单栏,包括自定义的菜单栏、快捷菜单、全局菜单栏、全局快捷菜单。此操作有以下几个参数需要设置。

① 菜单名称:指定要添加的菜单的名称。

② 菜单宏名称:指定宏组的名称,该宏组包含上述菜单命令所对应的宏。此参数是必选参数。

2. SetMenuItem 操作

这是设置菜单项操作。使用此操作可以设置当前活动窗口的自定义菜单栏或全局菜单栏上的菜单项。此操作有以下几个参数需要设置。

① 菜单索引:指定菜单的索引,该菜单中包含要对其进行状态设置的命令,应该输入整型索引值。此参数是必选参数。

② 命令索引:指定要设置状态的命令的索引。

③ 子命令索引:指定要设置状态的子命令的索引。

④ 标志:指定要将命令或子命令所设置成的状态,可以选择"变灰"、"变实"、"选取"或"不选取"项。默认值为"变实"。

3. Echo 操作

这是回响操作。使用此操作可以指定是否打开回响效果。回响是指在运行宏时,Access 更新或重现屏幕的过程,例如,可以指定在宏运行时隐藏或显示运行结果。此操作有以下两个参数需要设置。

① 打开回响:可以选择"是"或"否"。默认值为"是"。

② 状态栏文字:指明关闭回响时在状态栏中显示的文字。例如,在关闭回响时,状态栏中可以显示"宏正在运行"。

4. Hourglass 操作

这是等待操作。使用此操作可以在宏运行时,将鼠标指针变成沙漏状,在宏运行完后恢复正常。此操作只有一个参数需要设置。

显示沙漏:可以选择"是"或"否"。默认值为"是"。

5. MsgBox 操作

这是消息框操作。使用此操作可以显示包含警告或通知性信息的消息框。此操作有以下几个参数需要设置。

① 消息:指定消息框中需要显示的文本。

② 发嘟嘟声:指定在显示消息时,计算机的扬声器是否发出嘟嘟声。默认值为"是"。

③ 类型:指定消息框的类型,可以选择"无"、"重要"、"警告?"、"警告!"或"信息"。默认值为"无"。

④ 标题:指定在消息框的标题栏中需要显示的文本。若为空,则显示"Microsoft Access"。

6. SetWarning 操作

这是设置警告操作。使用此操作可以打开或关闭所有的系统消息,可以防止模式警告终止宏的运行。此操作只有一个参数需要设置。

打开警告:指定是否显示系统消息。默认值为"否"。

7. ShowToolbar 操作

这是显示工具栏操作。使用此操作可以设置显示或隐藏内置工具栏或自定义工具栏。此操作有以下两个参数需要设置。

① 工具栏名称:指定所要显示或隐藏的工具栏名称。此参数是必选参数。

② 显示:指定是否显示工具栏以及在何种视图中进行显示或隐藏。默认值为"是"。

8. Beep 操作

这是使计算机扬声器发出嘟嘟声的操作。此操作没有任何参数。

例7.6 自动运行宏练习。

图7-12所示为设计宏。在启动数据库时,将自动弹出欢迎使用的界面,紧接着运行例7.2中的"运行应用程序练习"窗体。使用"AutoExec"这个特殊的宏,可以在Access数据库启动时自动运行,操作方法如下。

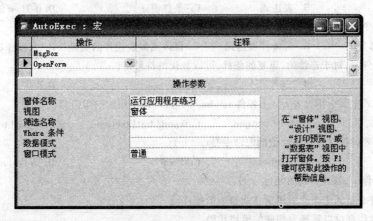

图7-12　自动运行宏练习

在"金鑫超市管理系统"数据库窗口中,在设计视图下创建操作序列宏。添加第一个宏操作为"MsgBox",其"消息"参数值为"欢迎使用本系统","类型"参数值为"无","标题"参数值为"金鑫超市管理系统"。

添加第二个宏操作为"OpenForm",其"窗体名称"参数值为"运行应用程序练习"。

设置完成后,以"AutoExec"为名称来命名宏并加以保存。

这样,以后在打开"金鑫超市管理系统"数据库窗口时,将会弹出"欢迎使用本系统"的对话框。在关闭该对话框后,将打开"运行应用程序练习"窗体。

▢ 本章小结

本章介绍了宏的概念、分类方法、创建方法、编辑方法、运行调试方法以及宏的应用等内容。宏是由一个或多个操作命令所组成的集合,通过宏可以实现重复的或一系列复杂的任务。宏可以分为操作序列宏、宏组、含有条件的宏这 3 种类型。可以使用设计视图来创建宏。

对于已经创建好的宏,可以通过菜单栏或工具栏中的相关命令对其进行编辑。运行宏的方法有直接运行、通过另一个宏来运行、通过事件发生运行等。对于不能正常运行的宏,可以通过单步执行方式来进行调试。

Access 提供了 50 多种宏操作命令,这些操作命令可以对数据、数据库对象进行操作,实现一些简单的命令,进行数据的导入/导出操作以及其他一些类型的操作。通过在窗体、查询等对象中灵活使用这些宏操作,可以使一些操作变得简单、快捷。

▢ 习题

一、单项选择题

1. 宏是指一个或多个(　　)的集合。

    A. 命令　　　　　　　B. 操作　　　　　　　C. 对象　　　　　　　D. 条件表达式

2. 使用(　　)以决定某些特定情况下运行宏的多个操作是否进行。

    A. 函数　　　　　　　B. 表达式　　　　　　C. 条件表达式　　　　D. If-Then 语句

3. 要限制宏命令的作用范围,可以在创建宏时定义(　　)。

    A. 宏操作对象　　　　B. 宏条件表达式　　　C. 窗体或报表控件的属性　　D. 宏操作目标

4. 在设计宏条件时,对于连续的、重复的条件,可以替代的符号是(　　)。

    A. "…"　　　　　　　B. " = "　　　　　　　C. ","　　　　　　　　D. ";"

5. 在宏的表达式中要引用报表 test 上控件 txtname 的值,可以使用的引用值是(　　)。

    A. txtname　　　　　B. test! txtname　　　C. report! test! txtname　　D. report! txtname

6. 为窗体或报表的控件设置属性值的宏命令是(　　)。

    A. Echo　　　　　　　B. MsgBox　　　　　　C. Beep　　　　　　　D. SetValue

7. 有关宏的操作中,叙述错误的是(　　)。

    A. 宏的条件表达式中不能引用窗体或报表的控件值

    B. 所有宏操作都可以转换为相应的模块代码

    C. 使用宏可以启动其他应用程序

    D. 可以利用宏组来管理一系列相关的宏

8. 在创建宏时,不用定义(　　)。

    A. 宏名　　　　　　　　　　　　　　　　B. 窗体或报表的控件属性

    C. 宏操作目标　　　　　　　　　　　　　D. 宏操作对象

9. 能够执行宏操作的是(　　)。

    A. 创建宏　　　　　　B. 编辑宏　　　　　　C. 运行宏　　　　　　D. 创建宏组

10. 关于宏的叙述中,错误的是(　　)。
    A. 宏是 Access 的一个对象
    B. 宏的主要功能是使操作自动进行
    C. 使用宏可以完成许多繁杂的人工操作
    D. 只有熟练掌握各种语法、函数,才能编写出功能强大的宏命令

11. 宏中的每个操作都有名称,用户运行宏时(　　)。
    A. 能够更改操作的名称　　　　　　　　B. 不能更改操作的名称
    C. 能够对有些宏名进行更改　　　　　　D. 能够调用外部命令更改操作的名称

12. 一个非条件宏在运行时,系统会(　　)。
    A. 执行部分宏操作　　　　　　　　　　B. 执行全部指定操作
    C. 执行已经设置了参数的宏操作　　　　D. 等待用户选择执行每个宏操作

13. 下列操作中,适合使用宏而非 VBA 程序的是(　　)。
    A. 在首次打开数据库时执行一个或一系列操作
    B. 数据库的复杂操作与维护
    C. 自定义过程的创建和使用
    D. 一些错误处理

14. 下列操作中,适合使用 VBA 程序而非宏的是(　　)。
    A. 数据库的复杂操作与维护
    B. 建立自定义菜单栏
    C. 利用工具栏的按钮执行自己的宏或程序
    D. 将筛选程序添加到各条记录中,从而提高查找记录的速度

15. 通过在"数据库"窗口拖曳(　　)向宏中添加操作,Access 将自动为这个操作设置合适的参数。
    A. 宏对象　　　　B. 窗体对象　　　　C. 报表对象　　　　D. 数据库对象

16. 在操作参数中输入表达式时,不能用"＝"开头的是(　　)操作的表达式。
    A. OpenForm　　　B. OpenReport　　　C. SetValue　　　D. RunApp

17. 表达式 IsNull([名字])的含义是(　　)。
    A. 判断有无"名字"字段　　　　　　　　B. 判断"名字"字段值是否为空
    C. 判断"名字"字段值是否为空字符串　　D. 检查"名字"字段名的有效性

18. 用于显示消息框的宏命令是(　　)。
    A. Beep　　　　　B. MsgBox　　　　　C. InputBox　　　D. DisBox

19. 宏命令 OpenReport 用于打开报表,则可以显示该报表的视图是(　　)。
    A. "版面预览"视图　　B. "设计"视图　　C. "打印预览"视图　　D. 以上各项都是

20. 如果要在 Visual Basic 中运行 OpenTable 操作,可以使用(　　)对象的 OpenTable 方法。
    A. DoCmd　　　　　B. Form　　　　　C. Report　　　　D. Query

21. 下面关于"宏"与 VBA 代码的叙述中,正确的是(　　)。
    A. 任何宏操作都可以通过编写相应的 VBA 代码来实现
    B. 对于重复性较强的操作,应该使用宏命令来实现
    C. 任何宏都可以转换为等价的 VBA 代码
    D. 以上各项都正确

22. 在 Access 系统中,宏是按(　　)调用的。
    A. 名称　　　　　　B. 标识符　　　　　C. 编码　　　　　D. 关键字

23. 若想取消宏的自动运行,打开数据库时应该按住(　　)键。

A. Alt   B. Shift   C. Ctrl   D. Enter

24. 条件宏的条件项的返回值是(　　)。
    A. "真"   B. "假"   C. "真"或"假"   D. 不能确定

25. 在表达式前面可以用(　　)符号来设置宏的操作参数。
    A. "."   B. " = "   C. ","   D. ";"

26. RunSQL 命令用于(　　)。
    A. 执行指定的 SQL 语句   B. 执行指定的外部应用程序
    C. 退出 Access   D. 设置属性值

27. 宏设计窗口的上半部分包括宏名、条件、注释和(　　)。
    A. 操作   B. 变量   C. 宏组   D. 类型

二、填空题

1. 宏是一个或多个_____的集合。

2. 如果要引用宏组中的宏,采用的语法格式是_____。

3. 如果要建立一个宏,希望在执行该宏后,首先打开一个表,然后打开一个窗体。那么,在该宏中应该使用 OpenTable 和_____这两个操作命令。

4. 在宏的表达式中引用窗体控件的值,可以用表达式_____来实现。

5. 在宏的表达式中引用报表控件的值,可以用表达式_____来实现。

6. 实际上,所有宏操作都可以转换为相应的模块代码,它可以通过_____来完成。

7. 由多个操作所构成的宏,在执行时按_____依次运行。

8. 定义_____有利于数据库中宏对象的管理。

9. 在设计条件宏时,对于连续的、重复的条件,可以用_____符号来代替重复条件。

10. VBA 中的自动运行宏必须被命名为_____。

11. 宏以动作为基本单位,一个宏命令能够完成一个操作动作,宏命令是由_____组成的。

12. 使用单步方式跟踪宏的运行,可以观察宏的_____和每一个操作的结果。

13. 在宏中加入_____,可以限制宏在满足一定的条件时才能完成某种操作。

14. 宏的使用一般是通过窗体、报表中的_____来实现的。

15. 宏可以成为实用的数据库管理系统菜单栏中的_____,从而控制整个管理系统的操作流程。

16. 直接运行宏组时,只执行_____所包含的宏命令。

17. 经常使用的宏的运行方法是:将宏赋予某一窗体或报表控件的_____,通过触发事件来运行宏或宏组。

18. 在"宏"编辑窗口中,可以完成_____、设置宏条件、宏操作、操作参数,添加或删除宏,更改宏顺序等操作。

19. 运行宏有两种选择:一是依照宏命令的排列顺序连续执行宏操作,二是依照宏命令的排列顺序_____。

20. 利用宏命令可以对 Access 数据库对象进行操作,OpenForm 命令用于_____,OpenReport 命令用于_____, OpenQuery 命令用于_____。

21. 使用宏命令可以执行一些操作,RunSQL 命令用于_____,RunApp 命令用于_____。

22. 宏命令 Close 用于_____,Quit 用于_____。

23. 宏命令 SetValue 用于_____。

24. 有关记录的宏操作 FindRecord 命令用于_____,FindNext 命令用于_____,GoToRecord 命令用于_____。

25. 有关窗口的宏操作 Maximize 命令用于_____,Minimize 命令用于_____,Restore 命令用于_____。

26. SetWarning 命令用于_____,经常可以与之配合使用的 Beep 命令则用于_____。

27. 有关转换的宏操作 TransferDatabase 命令用于_____,TransferText 命令用于_____。

三、简答题

1. 什么是宏?
2. 如何将宏转换成相应的 VBA 代码?
3. 有几种类型的宏?宏有几种视图?
4. 简述创建宏的操作步骤。
5. 简述为窗体创建菜单栏的操作步骤。

关系数据库设计

第 **8** 章

关系型数据库系统是支持关系模型的数据库,它采用数学方法来处理数据库中的数据。关系数据库管理系统(Relational Database Management System,RDBMS)主要有 Sybase、Oracle、Informix、SQL Server、Access、FoxPro、FoxBASE 等。

关系数据库设计是指整个关系数据库应用系统的设计。它针对某个具体的应用问题进行信息的抽象,构造优化概念模型,设计最佳的数据库逻辑模式和物理结构,并以此为依据建立关系数据库及应用系统。从而使之有效地存储数据,满足用户的信息需求和处理需求,满足硬件和操作系统的特性,能够被关系数据库管理系统所接受。所以,关系数据库设计的主要内容就是概念模型设计、逻辑模型设计和物理模型设计,以及对关系模式的规范化。

本章将介绍关系数据库设计的主要内容和优化方法。

8.1 概念模型设计

计算机只能处理数据。如果要利用计算机解决现实中的具体应用问题,就必须先解决现实世界中的问题如何表达为信息世界中的问题,然后还应该解决信息世界中的问题如何在具体的机器世界中表达的问题。

概念模型设计就是解决现实世界中的问题如何表达为信息世界中的问题,它是整个数据库设计的关键,是对现实世界第一层面的抽象与模拟。通过对用户需求进行综合、归纳与抽象,最终设计出描述现实世界且独立于具体的数据库管理系统的概念模型。

概念模型设计体现了设计人员的抽象能力,是对事物的特征和事物之间的联系所做的描述。所以,概念模型设计就是将需求分析得到的用户需求抽象为信息世界中的概念模型的过程。描述概念模型的有力工具是实体 – 联系模型(Entity-Relationship model),简称 E – R 模型。E – R 模型又是通过 E – R 图(Entity-Relationship diagram)来描述的。下面将主要讲解 E – R 模型的设计方法和设计步骤。

8.1.1 E-R模型的设计方法

设计 E-R 模型可以采用以下几种方法。

（1）自顶向下策略

首先，定义全局概念模型的框架，然后逐步细化。自顶向下策略如图 8-1 所示。

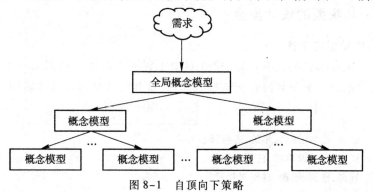

图 8-1　自顶向下策略

（2）自底向上策略

首先，定义各个局部应用的概念模型，然后将它们集成起来，得到全局概念模型。自底向上策略如图 8-2 所示。

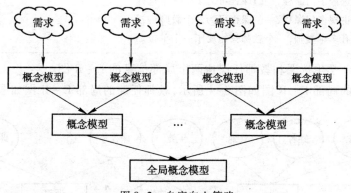

图 8-2　自底向上策略

（3）逐步扩张策略

首先，定义最重要的核心概念模型，然后向外扩充，以滚雪球的方式逐步生成其他概念模型，直至全局概念模型。逐步扩张策略如图 8-3 所示。

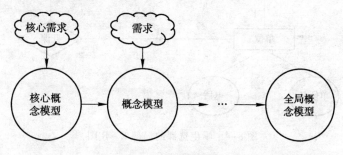

图 8-3　逐步扩张策略

（4）混合策略

将自顶向下策略和自底向上策略相结合,用自顶向下策略设计一个全局概念模型的框架,以它为骨架集成由自底向上策略所设计的各个局部概念模型。

通常,用自顶向下策略进行需求分析,用自底向上策略设计概念模型。

8.1.2 E-R 模型的设计步骤

1. 局部 E-R 模型的设计

利用需求分析阶段得到的数据信息,建立对应于每一个应用的局部 E-R 模型。最关键的问题是确定系统中的每一个子系统都包含哪些实体,这些实体又包含哪些属性。

例 8.1 设有如下实体。

学生:学号,单位名,姓名,性别,年龄,选修课程号

课程:课程号,课程名,开课单位,任课教师号

教师:教师号,姓名,性别,职称,讲授课程号

单位:单位名,电话,教师号,教师姓名

上述实体中存在如下联系。

一个学生可以选修多门课程,一门课程可为多个学生选修。

一个教师可以讲授多门课程,一门课程可为多个教师讲授。

一个单位可以有多个教师,一个教师只能属于一个单位。

要求:分别设计学生选课和教师任课这两个局部信息的 E-R 图。

解:学生选课的局部 E-R 图如图 8-4 所示,教师任课的局部 E-R 图如图 8-5 所示。

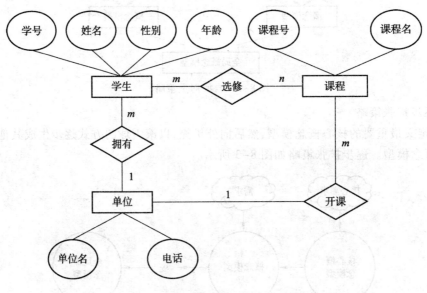

图 8-4 学生选课的局部 E-R 图

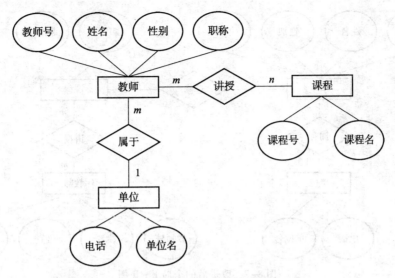

图 8-5 教师任课的局部 E-R 图

2. 全局 E-R 模型的设计

综合各个应用的局部 E-R 模型,就可以得到系统的全局 E-R 模型。综合局部 E-R 模型的方法有两种。其一,多个局部 E-R 图一次性地综合;其二,多个局部 E-R 图逐步地综合,用累加的方式一次综合两个 E-R 图。无论采用哪种方法,每次综合都可以分为两步:合并,解决各个局部 E-R 图间的冲突问题,生成初步 E-R 图;修改和重构,消除冗余信息,生成基本的 E-R 图。

例 8.2 将例 8.1 中设计完成的 E-R 图合并成一个全局 E-R 图。

解:① 合并局部 E-R 图。合并后得到的全局 E-R 图如图 8-6 所示。

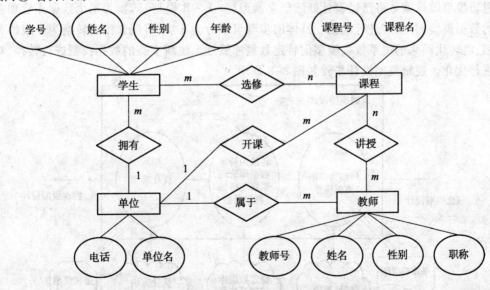

图 8-6 全局 E-R 图

② 消除冗余信息,从而改进全局 E-R 图。改进后的全局 E-R 图如图 8-7 所示。

概念模型设计是建立数据库的关键,它决定了数据库的总体逻辑结构。设计人员必须和用

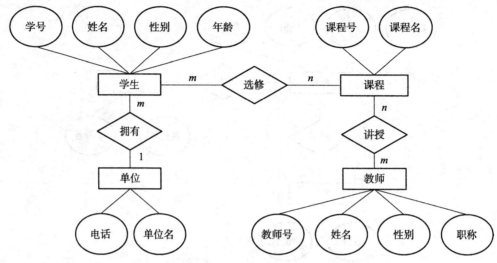

图 8-7 改进后的全局 E-R 图

户在一起对这一模型进行反复、认真的讨论。只有在用户确认模型完整无误地反映了自己的要求之后,才能进入下一个阶段的设计工作。

8.2 逻辑模型设计

用 E-R 图表示的概念模型是用户的模型,是一种独立的数据模型,它独立于具体的数据库管理系统而存在。为了能够用某一数据库管理系统实现用户的要求,还必须将概念模型进一步转化为相应的数据库管理系统支持的数据模型。这正是数据库逻辑模型设计所要完成的任务。

逻辑模型设计就是将已经设计好的概念模型(如 E-R 模型)转换为某个数据库管理系统所支持的数据模型,并对其进行优化。具体的步骤可以分为 3 步:将概念模型转换为一般的关系数据模型,将转化而来的关系数据模型向特定数据库管理系统所支持的数据模型进行转换,对数据模型进行优化。逻辑模型设计步骤如图 8-8 所示。

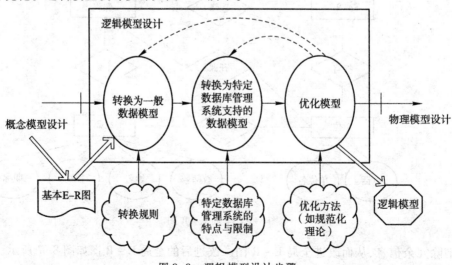

图 8-8 逻辑模型设计步骤

8.2.1　E－R 模型向关系模型的转换

1. 转换内容

E－R 模型是用 E－R 图来描述的,E－R 图由实体、实体的属性和实体之间的联系这 3 个要素组成。关系模型的逻辑结构是一组关系模式的集合。将 E－R 图转换为关系模型,将实体、实体的属性和实体之间的联系转换为关系模式。

2. 转换原则

① 一个实体型转换为一个关系模式。

（a）关系的属性:实体型的属性。

（b）关系的码:实体型的码。

例如,设有学生实体:学生(学号,姓名,出生日期,所在系,年级,平均成绩),可以将其转换为如图 8-9 所示的关系模式。其中,关系模式的主码为加下划线的部分,即学号。

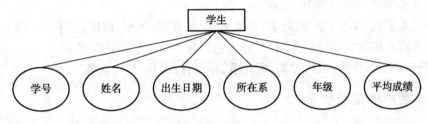

图 8-9　关系模式示例

② 一个 $m:n$ 联系转换为一个关系模式。

（a）关系的属性:与该联系相连的各个实体型的码以及联系本身的属性。

（b）关系的码:各个实体型的码的组合。

③ 一个 $1:n$ 联系既可以转换为一个独立的关系模式,也可以与 n 端对应的关系模式进行合并。

（a）关系的属性:与该联系相连的各个实体型的码以及联系本身的属性。

（b）关系的码:n 端实体型的码。

与 n 端对应的关系模式进行合并的情形如下。

（a）合并后关系的属性:在 n 端关系中加入 1 端关系的码和联系本身的属性。

（b）合并后关系的码:保持不变。

例如,"组成"联系为 $1:n$ 联系,将其转换为关系模式可以有以下两种方法。

（a）使其成为一个独立的关系模式:

组成(学号,班级号)

（b）将其与学生关系模式合并:

学生(学号,姓名,出生日期,所在系,年级,班级号,平均成绩)

后者可以减少系统中的关系数目,一般情况下更倾向于采用这种方法。

④ 一个 $1:1$ 联系既可以转换为一个独立的关系模式,也可以与任意对应的关系模式进行合并。

（a）关系的属性:与该联系相连的各个实体型的码以及联系本身的属性。

（b）关系的候选码：每个实体型的码均是该关系的候选码。

与某一端对应的关系模式进行合并的情形如下。

（a）合并后关系的属性：加入对应关系的码和联系本身的属性。

（b）合并后关系的码：保持不变。

⑤ 3 个或 3 个以上实体间的一个多元联系转换为一个关系模式。

（a）关系的属性：与该多元联系相连的各个实体型的码以及联系本身的属性。

（b）关系的码：各个实体型的码的组合。

⑥ 同一实体集的实体间的联系也可以按上述 $1:1$、$1:n$ 和 $m:n$ 这 3 种情况分别进行处理。

⑦ 具有相同码的关系模式可以合并，其目的是减少系统中的关系数目。合并方法为，将其中一个关系模式的全部属性加入到另一个关系模式中，然后删除其中的同义属性（有可能同名，也有可能不同名），并适当调整属性的出现次序。

例如，

"拥有"关系模式：拥有（学号，性别）

"学生"关系模式：学生（学号，姓名，出生日期，所在系，年级，班级号，平均成绩）

两个关系模式都以"学号"作为码，可以将它们合并为一个关系模式：

学生（学号，姓名，性别，出生日期，所在系，年级，班级号，平均成绩）

8.2.2 数据模型的优化

数据库逻辑设计的结果并不是唯一的。在得到初步的数据模型之后，还应该适当地修改、调整数据模型的结构，以便进一步提高数据库应用系统的性能，这就是数据模型的优化。关系数据模型的优化通常以规范化理论为指导。下一节将详细介绍关系模式的规范化理论。

8.3 关系模式的规范化

8.3.1 关系模式规范化的必要性

在数据库的逻辑模型设计中，形成了一组关系模式。如果这些关系模式没有设计好，就会出现数据冗余、数据更新异常、数据删除异常、数据插入异常等问题。如果要将这些关系模式组成一个具体、简明、高效的关系数据库，还需要以规范化理论为指导进一步进行优化。

规范化理论的目的就是设计组织良好的关系模式。

1. 数据依赖

（1）完整性约束的表现形式

限定属性的取值范围，例如学生的成绩必须在 $0 \sim 100$ 的范围内。

（2）数据依赖

定义属性值之间的相互关联，它是通过一个关系中属性值间的相等与否而体现出来的数据间的关系，是现实世界的属性间相互联系的一种抽象，是数据的内在性质，是语义的一种体现。数据依赖是数据库模式设计的关键。

（3）数据依赖的类型

数据依赖的类型包括函数依赖（Functional Dependency，FD）、多值依赖（Multivalued Dependency，MVD）等。

2. 关系模式的形式化定义

关系模式通常表示为一个三元组 $R(U,F)$。其中，R 表示关系名，U 表示组成该关系的属性集合，F 表示属性间数据的依赖关系的集合。

在关系模式 $R(U,F)$ 中，当且仅当 U 上的一个关系 r 满足 F 时，r 称为关系模式 $R(U,F)$ 的一个关系。

例 8.3 描述学校数据库。

假设有关系模式 Student (U,F)，$U=\{$Sno，Sname，Sdept，Mname，Cname，Grade$\}$，属性组 U 上的一组函数依赖 $F=\{$Sno $\rightarrow$ Sname，Sno $\rightarrow$ Sdept，Sdept $\rightarrow$ Mname，（Sno，Cname）$\rightarrow$ Grade$\}$，如图 8-10 所示。

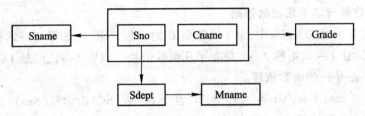

图 8-10　属性组 U 上的一组函数依赖 F

其中，各个名称的含义是学生表（U）、学生的学号（Sno）、学生的姓名（Sname）、所在系（Sdept）、系主任姓名（Mname）、课程名（Cname）、成绩（Grade）。

学校数据库的语义：一个系有若干学生，一个学生只属于一个系；一个系只有一名系主任；一个学生可以选修多门课程，每门课程有若干学生选修；每个学生所选修的每门课程都有一个成绩。

3. 关系模式 Student(U,F) 中存在的问题

① 数据冗余量大，浪费大量的存储空间。例如，每一个系主任的姓名将重复出现。

② 更新异常（update anomalies）。在更新数据时，维护数据完整性的代价过高。例如，某系更换系主任后，系统必须修改与该系学生有关的每一个元组。

③ 插入异常（insertion anomalies）。应该插入的数据插不进去。例如，如果一个系刚刚成立，尚无学生，就无法把这个系及其系主任的信息存入数据库中。

④ 删除异常（deletion anomalies）。不应该删除的数据不得不删除。例如，某个系的学生全部毕业了，在删除该系学生的信息的同时，把这个系及其系主任的信息也删掉了。

由此可知，以上的 Student 关系模式不是一个好的模式。好的模式不会发生插入异常、删除异常、更新异常，数据冗余应该尽可能地少。究其原因，是由存在于模式中的某些数据依赖所引起的。解决方法是，通过分解关系模式来消除其中不合适的数据依赖。通俗地说，就是使一个关系所表示的信息单纯一些。

在针对一个具体的问题进行数据库设计时，考虑如何构造一个适合于它的数据模式。也就是考虑关系数据库的逻辑模型设计问题，或者说是考虑关系模式的规范化。如果数据模式构造得不好，就会出现插入异常、更新异常、删除异常、数据冗余等问题。为了解决这些问题，我们需要对关系模式进行规范化。

规范化理论提供了判别关系模式的标准,为数据库设计工作提供了严格的理论依据。

8.3.2 函数依赖

1. 函数依赖

定义 8.1 设 $R(U)$ 是一个属性集 U 上的关系模式,X 和 Y 是 U 的子集。若对于 $R(U)$ 的任意一个可能的关系 r,r 中不可能存在两个元组在 X 上的属性值相等而在 Y 上的属性值不等,则称"X 函数确定 Y"或"Y 函数依赖于 X",记作 $X \rightarrow Y$。

例 8.4 设 S(Sno, Sname, Ssex, Sage, Sdept),如果不允许学生姓名重名,则有 Sno $\rightarrow$ Ssex,Sno $\rightarrow$ Sage,Sno $\rightarrow$ Sdept,Sno $\rightarrow$ Sname,Sname $\rightarrow$ Sno,Sname $\rightarrow$ Ssex,Sname $\rightarrow$ Sage,Sname $\rightarrow$ Sdept。

但是,Ssex $\rightarrow$ Sage 不成立。

2. 平凡函数依赖与非平凡函数依赖

定义 8.2 在关系模式 $R(U)$ 中,对于属性集 U 的子集 X 和 Y,如果 $X \rightarrow Y$,但是 $Y \not\subset X$(即 Y 不是 X 的真子集),且 $Y \neq X$,则称 $X \rightarrow Y$ 是非平凡函数依赖。如果 $X \rightarrow Y$,但是 $Y \subseteq X$(即 Y 是 X 的子集),则称 $X \rightarrow Y$ 是平凡的函数依赖。

例 8.5 设 SC(Sno, Cno, Grade),其中,"学生选课"表(SC)由学号(Sno)、课程号(Cno)、修课成绩(Grade)这 3 个属性组成。(Sno, Cno)为主码。在关系 SC(Sno, Cno, Grade)中,存在非平凡函数依赖(Sno, Cno) $\rightarrow$ Grade、平凡函数依赖(Sno, Cno) $\rightarrow$ Sno。

对于任意关系模式,平凡函数依赖都是必然成立的,它不反映新的语义。因此,若不特别声明,总是讨论非平凡函数依赖。

3. 完全函数依赖与部分函数依赖

定义 8.3 在关系模式 $R(U)$ 中,如果 $X \rightarrow Y$,且对于 X 的任何一个真子集 X',$X' \rightarrow Y$,则称 Y 完全函数依赖于 X,记作 $X \xrightarrow{F} Y$。

若 $X \rightarrow Y$,但是 Y 不完全函数依赖于 X,则称 Y 部分函数依赖于 X,记作 $X \xrightarrow{P} Y$。

例 8.6 考虑例 8.5 所述的关系 SC(Sno, Cno, Grade),由于 Sno $\rightarrow$ Grade,Cno $\rightarrow$ Grade,因此 (Sno, Cno) $\xrightarrow{F}$ Grade 是完全函数依赖。

例 8.7 设 Student(Sno, Sname, Ssex, Sage, Sdept, Cno),其中,"学生"表(Student)由学号(Sno)、姓名(Sname)、性别(Ssex)、年龄(Sage)、所在系(Sdept)、课程号(Cno)这 6 个属性组成。学号不能为空,其值是唯一的,并且姓名的取值也是唯一的。

由于(Sno, Cno) $\rightarrow$ Sname,且 Sno $\rightarrow$ Sname,因此(Sno, Cno) $\rightarrow$ Sname 是部分函数依赖,记为 (Sno, Cno) $\xrightarrow{P}$ Sname。

4. 传递函数依赖

定义 8.4 在关系模式 $R(U)$ 中,如果 $X \rightarrow Y$,$Y \rightarrow Z$,且 $Y \subseteq X$(即 Y 是 X 的子集),则称 Z 传递函数依赖于 X。

如果 $Y \rightarrow X$,即 $X \leftrightarrow Y$,则称 Z 直接函数依赖于 X。

例 8.8 设 td(Sno, Sdept, Mname),其中,Sno $\rightarrow$ Sdept,Sdept $\rightarrow$ Mname,主码是 Sno。那么,

Mname 传递函数依赖于 Sno。

8.3.3 关系模式的规范化

规范化理论正是用来改造关系模式的,通过分解关系模式来消除其中不合适的数据依赖,以解决插入异常、删除异常、更新异常和数据冗余等问题。

1. 码

设 K 为 $R(U,F)$ 中的属性或属性组合,若 K 完全函数依赖于 U,则称 K 为 R 的候选码(candidate key)。若候选码多于一个,则选定其中的一个作为主码(primary key)。包含在任何一个候选码中的属性都称为主属性,反之,则称为非主属性。整个属性组组成全码。

2. 范式

范式(Normal Form,NF)是符合某一种级别的关系模式的集合。要想设计出一个好的关系,必须使关系满足一定的约束条件。约束条件形成规范,规范分为若干个等级。满足第一个等级要求的关系属于 1NF,满足第二个等级要求的关系属于 2NF,以此类推。而且,较高级别的范式必然也是较低级别的范式。

关系数据库中范式的种类有第一范式(1NF)、第二范式(2NF)、第三范式(3NF)、BC 范式(BCNF)。其中,BCNF 是二元关系模式的最高范式。各种范式之间存在这样的联系:2NF 包含于 1NF 中,3NF 包含于 2NF 中,BCNF 包含于 3NF 中。

某一关系模式 R 为第 n 范式,简记为 $R \in n$NF,符号" $\in$ "代表"属于"。

3. 第一范式(1NF)

定义 8.5 设 R 是一个关系模式,R 属于第一范式当且仅当 R 中的每个属性的值域只包含不可分割的数据项。

第一范式是对关系模式的最起码的要求。不满足第一范式的数据库模式不能称为关系数据库。但是,满足第一范式的关系模式并不一定是一个好的关系模式。

例如,例 8.3 中给出的属性组 U 就是 1NF。其中存放的信息太庞杂,因为其中的属性之间存在着完全、部分和传递等不同的依赖情况,存在插入异常、更新异常、删除异常、数据冗余等问题。所以 1NF 的关系不是一个好的关系。换言之,从规范化的角度来讲,1NF 不够规范。

改进的方法是消除同时存在于一个关系中的属性间的不同依赖情况,也就是使一个关系表示的信息更单纯一些。

4. 第二范式(2NF)

定义 8.6 设 R 是一个关系模式,R 属于第二范式当且仅当 R 是 1NF,且每个非主属性都完全函数依赖于主码。

例 8.9 设 SLC(Sno, Sdept, Sloc, Cno, Grade),其中,Sloc 为学生住处,假设每个系的学生都住在同一个地方。这里的函数依赖包括:

$$(\text{Sno, Cno}) \xrightarrow{F} \text{Grade}, \text{Sno} \rightarrow \text{Sdept}, (\text{Sno, Cno}) \xrightarrow{P} \text{Sdept}, \text{Sno} \rightarrow \text{Sloc},$$

$$(\text{Sno, Cno}) \xrightarrow{P} \text{Sloc}, \text{Sdept} \rightarrow \text{Sloc}$$

SLC 的码为(Sno, Cno),SLC 满足第一范式。非主属性 Sdept 和 Sloc 部分函数依赖于码(Sno, Cno),所以 SLC 不满足第二范式。

一个不属于 2NF 的关系模式会产生插入异常、删除异常和修改异常,并伴有大量的数据冗余。例如,例 8.9 存在如下问题。

(1)插入异常

假设 Sno = 95102,Sdept = IS,Sloc = N 的学生尚未选课,因为课程号是主属性,因此该学生的信息无法被插入 SLC。

(2)删除异常

假定某个学生本来只选修了 3 号课程这一门课程。现在因为身体不适,他连 3 号课程也不选修了。因为课程号是主属性,此操作将导致该学生信息的整个元组都要被删除。

(3)数据冗余度大

如果一个学生选修了 10 门课程,那么他的 Sdept 和 Sloc 值就要重复存储 10 次。

(4)修改异常

例如学生要转系,在修改此学生元组的 Sdept 属性值时,还可能需要修改学生住处(Sloc)信息。如果这个学生选修了 k 门课,则必须无遗漏地修改 k 个元组中的全部 Sdept、Sloc 信息。

分析例 8.9 中存在问题的原因,主要是属性 Sdept、Sloc 部分函数依赖于码。解决方法是将 SLC 分解为两个关系模式,以消除部分函数依赖:SC(Sno,Cno,Grade),SL(Sno,Sdept,Sloc)。此时,SLC(Sno,Sdept,Sloc,Cno,Grade) $\in$ 1NF,SLC(Sno,Sdept,Sloc,Cno,Grade) $\notin$ 2NF,SC(Sno,Cno,Grade) $\in$ 2NF,SL(Sno,Sdept,Sloc) $\in$ 2NF。符号" $\in$ "代表"属于",符号" $\notin$ "代表"不属于"。

将一个 1NF 关系分解为多个 2NF 关系,并不能完全消除关系模式中的各种异常和数据冗余情况。可以通过消除关系中的非主属性对主码的部分依赖成分,使之满足 2NF。一种直接的解决办法就是投影分解,分解后不应丢失原来的信息。这意味着,经过连接运算之后仍然能恢复原来关系的所有信息,这种操作称为关系的无损分解。

5. 第三范式(3NF)

定义 8.7 设 R 是一个关系模式,R 属于第三范式当且仅当 R 是 2NF,且每个非主属性都非传递函数依赖于主码。

R 属于 3NF 可以理解为 R 中的每一个非主属性既不部分依赖于主码,也不传递依赖于主码。这里,不传递依赖蕴涵着不互相依赖。

只属于 2NF 而非 3NF 的关系模式也会产生数据冗余及操作异常的问题。一个属于 2NF 但不属于 3NF 的关系模式总可以分解为一个由一些属于 3NF 的关系模式组成的集合。可以利用投影运算来消除非主属性间的传递函数依赖。

例 8.10 设有如图 8-11 所示的关系 R。

(1)能否确定 R 是第几范式?为什么?

(2)是否存在删除异常?若存在,试说明是在什么情况下发生的。

(3)将 R 分解为高一级范式,分解后的关系是如何解决分解前可能存在的删除异常问题的?

解:

(1)R 是 2NF。原因说明:首先,因为 R 的候选关键字为

课程名	教师名	教师地址
C_1	马春波	D_1
C_2	于水清	D_1
C_3	余亮	D_2
C_4	于水清	D_1

图 8-11 关系 R

课程名,"教师名→课程名"不成立;"课程名→教师名","教师名→教师地址";所以,课程名 $\xrightarrow{T}$ 教师地址,即存在非主属性"教师地址"对候选关键字"课程名"的传递函数依赖。因此,R 不是 3NF。其次,因为不存在非主属性对候选关键字的部分函数依赖,所以 R 是 2NF。

（2）存在删除异常。当删除某门课程时,会删除不该删除的教师的有关信息。

（3）分解为高一级范式,即 3NF,分解后的两个关系 R_1 与 R_2 如图 8-12 所示。

R_1

课程名	教师名
C_1	马春波
C_2	于水清
C_3	余亮
C_4	于水清

R_2

教师名	教师地址
马春波	D_1
于水清	D_1
余亮	D_2

图 8-12 关系 R_1 与 R_2

经过分解后,若删除课程数据,仅关系到对 R_1 的操作,教师地址信息在关系 R_2 中仍然保留,不会丢失教师方面的信息。

如上所述,3NF 关系已经排除了非主属性对于主码的部分函数依赖和传递函数依赖,从而使关系所表达的信息相当单一。因此,满足 3NF 的关系数据库一般情况下就能达到令人满意的效果。但是,3NF 仅对非主属性与候选码之间的依赖关系作了限制,而对主属性与候选码的依赖关系没有任何约束。这样,当关系具有多个组合候选码而候选码内的属性又有一部分互相覆盖时,仅满足 3NF 的关系仍然有可能发生异常,这时就需要用更高一级的范式去限制它。

6. BC 范式（BCNF）

定义 8.8 对于关系模式 R,若 R 中的所有非平凡的、完全的函数依赖的决定因素是码,则 R 属于 BCNF。

由 BCNF 的定义可以得到以下结论,若关系模式 R 属于 BCNF,则有:

① R 中的所有非主属性对每一个码都是完全函数依赖的。

② R 中的所有主属性对每一个不包含它的码也是完全函数依赖的。

③ R 中没有任何属性完全函数依赖于非码的属性。

若关系模式 R 属于 BCNF,则 R 中不存在任何属性对码的传递函数依赖和部分函数依赖,所以 R 也属于 3NF。因此,任何属于 BCNF 的关系模式一定属于 3NF,反之则不然。

BCNF 消除了原来在 3NF 的定义中有可能存在的一些问题,而且 BCNF 的定义没有涉及 1NF、2NF、主码及传递函数依赖等概念,因而显得更加简洁。3NF 和 BCNF 是在函数依赖的条件下,对关系模式分解所能达到的分离程度的一种度量。一个关系模式若属于 BCNF,则在函数依赖的范畴内已经实现了彻底的分离,已经消除了插入异常和删除异常。

例 8.11 设有如图 8-13 所示的关系 R。

（1）试求出 R 的所有候选关键字。

（2）列出 R 中存在的函数依赖。

A	D	E
a_1	d_1	e_2
a_2	d_6	e_2
a_3	d_4	e_3

图 8-13 关系 R

（3）R 属于第几范式？

解：

（1）R 的候选关键字为 A 和（D，E）。

（2）R 中存在的函数依赖有 A→（D，E），（D，E）→A。

（3）R 是 BCNF。

7. 规范化的基本思想

① 消除不合适的数据依赖关系。

② 各个关系模式达到某种程度的"分离"。

③ 采用"一事一地"的模式设计原则。

④ 让一个关系来描述一个概念、一个实体或者实体间的一种联系。若多于一个概念，就把相应的关系"分离"出去。

⑤ 所谓规范化，实质上是概念的单一化。

⑥ 不能说规范化程度越高的关系模式就越好。

⑦ 在设计数据库模式结构时，必须对现实世界中的实际情况和用户需求作进一步分析，以便确定一个合适的、能够客观反映现实世界的模式。

⑧ 上述规范化步骤可以在其中的任何一步终止。

8.4 物理模型设计

数据库最终要存储在物理设备上，并为物理设备实现数据处理与输出提供理论依据。数据库在物理设备上的存储结构和存取方法称为数据库的物理结构，它依赖于给定的计算机系统。物理模型设计就是为逻辑数据模型选取一个最适合应用环境的物理结构。

8.4.1 物理模型设计步骤

数据库的物理模型设计步骤如图 8-14 所示。

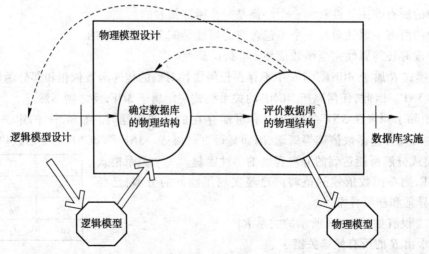

图 8-14 物理模型设计步骤

在数据库物理模型的设计过程中,首先,确定数据库的物理结构;其次,对物理结构进行评价,评价的重点在于时间效率和空间效率。如果评价结果满足原来的设计要求,则可进入物理实施阶段。否则,就需要重新设计或修改物理结构,有时甚至要返回逻辑模型设计阶段进行修改。

8.4.2 物理模型设计内容

数据库物理模型设计的内容包括 5 个方面:做好设计物理数据库结构的准备工作,选择物理数据库设计所需参数,选择关系模式存取方法(建立存取路径),确定数据库的存储结构,评价物理结构。

1. 做好设计物理数据库结构的准备工作

充分了解应用环境,详细分析要运行的事务,以获得数据库物理模型设计所需参数;充分了解所用关系数据库管理系统的内部特征,特别是系统所提供的存取方法和存储结构。

2. 选择物理数据库设计所需参数

数据库查询事务所包含的内容有:被查询的关系、查询条件所涉及的属性、连接条件所涉及的属性、查询的投影属性;数据更新事务所包含的内容有:被更新的关系、每个关系上的更新操作条件所涉及的属性、修改操作所要改变的属性值;每个事务在各个关系上运行的频率和性能要求。

3. 选择关系模式存取方法(建立存取路径)

数据库系统是多用户共享的系统,对同一个关系要建立多条存取路径才能满足多用户的应用需求。物理设计的第一项任务就是要确定选择哪些存取方法,即建立哪些存取路径。数据库管理系统常用的存取方法包括:索引方法,目前主要是 $B+$ 树索引方法;聚簇(cluster)方法;散列方法。

设计关系、索引等数据库文件的物理存储结构,选择索引的存取方法。根据应用的要求确定:对哪些属性建立索引,对哪些属性建立组合索引,要将哪些索引设计为唯一索引。选择索引存取方法的一般规则是:如果一个(或一组)属性经常在查询条件中出现,则考虑在这个(或这组)属性上建立索引(或组合索引);如果一个属性经常作为最大值和最小值等聚集函数的参数,则考虑在这个属性上建立索引;如果一个(或一组)属性经常在连接操作的条件中出现,则考虑在这个(或这组)属性上建立索引。如果关系上所定义的索引数过多,会带来较大的额外开销,比如维护索引的开销、查找索引的开销等。

下面介绍选择聚簇方法。为了提高对某个属性(或属性组)的查询速度,把这个(或这些)属性(称为聚簇码)上具有相同值的元组集中存放在连续的物理块中,称为聚簇。许多关系型数据库管理系统都提供了聚簇的功能。聚簇存放与聚簇索引存在一定的区别。聚簇索引要求基表中的数据也按照指定的聚簇属性值的升序或降序来存放,即聚簇索引的索引项顺序与表中元组的物理顺序保持一致。在一个基本表上,最多只能建立一个聚簇索引。聚簇索引的用途:对于某些类型的查询,可以提高查询的效率。聚簇索引的适用范围:很少对基表进行增删操作,很少对其中的变长属性进行修改;既适用于单个关系的独立聚簇,也适用于多个关系的组合聚簇;当通过聚簇码进行访问或连接时是该关系的主要应用,与聚簇码无关的其他访问很少或者是次要的时,可以使用聚簇。

下面介绍选择散列方法。当一个关系满足下列两个条件时,可以选择散列方法:该关系的属性主要出现在等值连接条件中，或者主要出现在相等关系比较的选择条件中，该关系的规模可以预知，而且保持不变；或者该关系的规模动态地改变，但是所选用的数据库管理系统提供了动态散列方法。

4. 确定数据库的存储结构

确定数据的存放位置和存储结构，需要考虑以下几个方面的内容：关系、索引、聚簇、日志、备份等；还要确定系统配置。

影响数据存放位置和存储结构的因素来自两个方面：硬件环境和应用需求。应用需求需要考虑存取时间、存储空间利用率、维护代价，这 3 个方面往往是相互矛盾的。例如，消除一切冗余数据虽然能够节约存储空间和减轻维护代价，但是往往会导致检索代价的增加。对此必须进行权衡，选择一个折中方案。根据应用的实际情况，将易变部分与稳定部分、存取频率较高部分与存取频率较低部分分开存放，以提高系统性能。例如：

① 数据库的数据备份、日志文件备份等由于只在故障恢复时才使用，而且数据量很大，可以考虑将相关数据和文件存放在磁带上。

② 如果计算机上有多个磁盘，可以考虑将表和索引分别存放在不同的磁盘上。在查询时，由于两个磁盘驱动器同时在工作，因而可以保证物理读写速度较快。

③ 可以将较大的表分别存放在两个磁盘上，以加快存取速度。这一点在多用户环境下特别有效。

④ 可以将日志文件与数据库对象（表、索引等）放在不同的磁盘上，以改进系统性能。

确定系统配置。数据库管理系统一般都提供了一些存储分配参数：同时使用数据库的用户数目、同时打开的数据库对象的数目、缓冲区长度、时间片大小、数据库的规模、装填因子、锁的数目等。系统为这些变量赋予了合理的默认值。但是，这些值不一定适合每一种应用环境，在进行物理设计时，需要根据具体的应用环境来确定这些参数值，以使系统性能达到最优。在进行物理设计时，对系统配置变量的调整只是初步的，在系统运行时还需要根据系统实际运行情况作进一步的调整，以期切实改进系统性能。

5. 评价物理结构

① 评价内容：对数据库物理设计过程中所产生的多种方案进行细致的评价，从中选择一个较优的方案作为数据库的物理结构。

② 评价方法：定量估算各种方案（存储空间、存取时间、维护成本）；对估算结果进行权衡，选出一个较优的、合理的物理结构。如果该物理结构不符合用户的要求，则需要修改设计。

▣ **本章小结**

本章介绍了关系数据库设计的基本内容：概念模型设计、逻辑模型设计、关系模式的规范化、物理模型设计。还介绍了与关系数据库设计密切相关的一些基本概念。

本章重点介绍了关系数据库的规范化理论。关系数据库的规范化理论是进行数据库逻辑模型设计的工具。关系模式规范化的基本步骤是：对 1NF 消除非主属性对码的部分函数依赖，转换为 2NF；对 2NF 消除非主属性对码的传递函数依赖，转换为 3NF；对 3NF 消除主属性对码的部分函数依赖和传递函数依赖，转换为 BCNF。

■ 习题

一、单项选择题

1. 在数据库的概念模型设计中,常用的数据模型是( )。

    A. 形象模型   B. 物理模型   C. 逻辑模型   D. 实体 – 联系模型

2. 在关系数据库设计中,设计关系模式是( )的任务。

    A. 需求分析阶段   B. 概念模型设计阶段   C. 逻辑模型设计阶段   D. 物理模型设计阶段

3. 从 E – R 模型向关系模式进行转换时,一个 $m:n$ 联系转换为一个关系模式,该关系模式的码是( )。

    A. m 端实体型的码   B. n 端实体型的码

    C. m 端实体型的码与 n 端实体型的码的组合   D. 重新选取其他属性

4. 关系模式 $R(A,B)$ 已经属于 3NF,下列说法中( )是正确的。

    A. 它在一定程度上消除了插入异常和删除异常   B. 仍然存在一定的插入异常和删除异常

    C. 一定属于 BCNF   D. A 和 C 都对

5. 关系模式 R 中的属性全部是主属性,则 R 的最高范式必定是( )。

    A. 2NF   B. BCNF   C. 3NF   D. 以上各项都不是

6. 关系规范化中的删除异常是指( ),插入异常是指( )。

    A. 不该删除的数据被删除   B. 不该插入的数据被插入

    C. 应该删除的数据未被删除   D. 应该插入的数据未被插入

7. 关系数据库设计理论中,起核心作用的是( )。

    A. 范式   B. 模式设计   C. 数据依赖关系   D. 数据的完整性

8. 关系模式的候选码可以有( ),主码最多有( )。

    A. 0 个   B. 1 个   C. 0 个或多个   D. 多个

9. 关系数据库规范化是为解决关系数据库中的( )问题而引入的。

    A. 插入异常、删除异常和数据冗余   B. 提高查询速度

    C. 减少数据操作的复杂性   D. 保证数据的安全性

10. 消除了部分函数依赖的 1NF 关系模式必定是( )。

    A. 2NF   B. 1NF   C. 3NF   D. 以上各项都不是

二、填空题

1. 在数据库的概念模型设计中,常用的数据模型是_____。

2. 当局部 E – R 图合并成全局 E – R 图时,可能会出现冲突。语法冲突_____合并冲突。(提示:填写"属于"或"不属于"。)

3. 若两个实体之间的联系是 $1:m$,则实现 $1:m$ 联系的方法是_____。

4. 关系规范化中的删除异常是指_____,插入异常是指_____。

5. 在关系数据库设计理论中,起核心作用的是_____。

6. 关系模式的候选码可以有_____个,主码有_____个。

7. 设关系模式 R 为:运货路径(顾客姓名,顾客地址,商品名,供应商姓名,供应商地址),则该关系模式的主码是_____。

8. 当属性 B 函数依赖于属性 A 时,属性 A 与 B 的联系是_____。

9. 关系数据库规范化是为解决关系数据库中的_____问题而引入的。

10. 在关系模式中,模式 1NF、2NF 和 3NF 之间的关系为_____。

11. 关系模式中的关系至少是_____。

12. 根据关系数据库规范化理论,关系数据库中的关系要满足第一范式。现考虑"部门"关系:部门(部门号,部门名,部门成员,部门总经理),因为_____属性的存在而使它不满足1NF。

13. 在关系模式$R(A,B,C)$中,存在函数依赖关系$\{A \to C, C \to B\}$,则关系模式R最高可以达到_____。

14. 在关系模式$R(A,B,C,D)$中,存在函数依赖集$F = \{B \to C, C \to D, D \to A\}$,则关系模式$R$能够达到_____ _____。

15. 关系模式R中的属性全部是主属性,则R的最高范式必定是_____。

三、简答题

1. 试述采用 E - R 方法进行数据库概念模型设计的过程。

2. 假定一个部门的数据库中包括以下信息。

> 职工:职工号、姓名、地址,所在部门
> 部门:部门所有职工,部门名,经理,销售的产品
> 产品:产品名,制造商,价格,型号,产品内部编号
> 制造商:制造商名,地址,生产的产品,价格

试绘制这个数据库的 E - R 图。

3. 假定一个销售单位有5个实体型,如下所示。

> 职工:职工号,姓名,住址,所在部门
> 部门:部门号,部门名,部门经理
> 产品:产品名,制造商,价格,型号,产品内部编号
> 制造商:制造商名,地址,生产的产品,价格
> 购货客户:客户名,地址,联系人,电话

上述实体型和它们的属性分别为:

> 一个部门有若干名职工,也有部门经理;不同的部门销售不同的商品,同一种商品来自不同的制造商,同一个供货商可以提供多种商品;一个顾客购买多种商品,一种商品可以有多个顾客采购。

试绘制这个数据库的 E - R 图。

VBA 编程应用

第 **9** 章

在 Access 中,借助宏可以完成一些事件的响应处理,如打开窗体、打开报表和输出信息等,并利用宏将表、查询、窗体和报表等 Access 对象有机地联系起来以构成数据库管理系统。但是,宏的使用也有一定的局限性。一是它只能处理一些简单的、常规性的操作,对于更为复杂的循环等操作则显得无能为力;二是宏对数据库对象的处理能力比较弱,尤其是不能自定义某些函数,所以仅用宏来对数据进行比较复杂的计算还很不够。

本章将讲解如何利用程序的方式来完成这些更为复杂的任务,主要包括 VBA 编程环境、VBA 程序语句与控制结构、过程和模块等内容。

9.1　VBA 概述

Visual Basic(简称 VB)是微软公司出品的一种可视化的、面向对象的高级程序设计语言。它具有高效、易学及功能强大的特点,并使用 Windows 应用程序接口(Application Program Interface,API)函数,采用动态链接库(Dynamic Link Library,DLL)、动态数据交换(Dynamic Data Exchange,DDE)、对象链接与嵌入(Object Linking and Embedding,OLE)等技术,可以高效地编写出 Windows 环境下功能强大、图形界面丰富的应用软件系统。

Visual Basic for Applications(简称 VBA)是内置在 Office 中的 VB 版本,不能脱离 Office 环境独立运行,它是 VB 的子集。VBA 被所有 Office 可编程应用软件所共享,包括 Word、Excel、PowerPoint、Access 以及 Outlook 等。

9.1.1　VBA 编程环境

VBA 的编程环境为 Visual Basic Editor(简称 VBE),是 VBA 程序的编辑窗口,用来编写 VBA 程序代码。

1. 进入 VBE

当需要编写 VBA 代码时,就必须进入 VBE 环境。Access 提供了以下几种进入 VBE 环境的方法。

① 使用 Alt + F11 组合键。

② 在"数据库"窗口中使用菜单【工具】→【宏】→【Visual Basic 编辑器】命令。

③ 在"数据库"窗口中单击左侧"对象"列表中的"模块"对象,再单击"数据库"窗口工具栏中的"新建"按钮。

④ 在"数据库"窗口中单击左侧"对象"列表中的"模块"对象,然后双击已经存在的模块。

⑤ 在窗体、报表等 Access 对象的设计视图中,选中某一控件,单击设计工具栏上的"代码"按钮。

图 9-1 所示为 VBE 窗口。

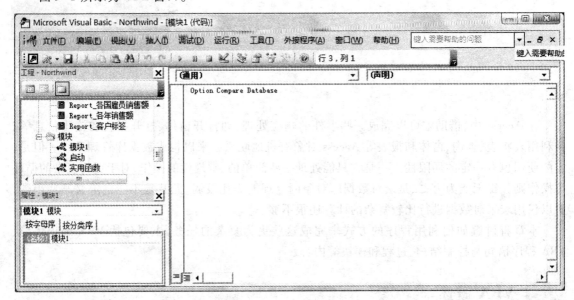

图 9-1　VBE 窗口

2. VBE 窗口组成

VBE 窗口和 Office 的其他组件的窗口类似,主要由菜单栏、工具栏以及代码窗口等多个操作元素构成。

（1）菜单栏

VBE 菜单栏包括文件、编辑、视图、插入、调试、运行、工具、外接程序、窗口和帮助。图 9-2 所示为 VBE 窗口的菜单栏的组成。

图 9-2　VBE 的菜单栏

（2）工具栏

VBE 窗口提供了多个工具栏,包括"标准"工具栏、"编辑"工具栏、"调试"工具栏和"用户窗体"工具栏等。其中,"标准"工具栏包含保存、运行宏、中断等常用工具,如图 9-3 所示;"编辑"工具栏主要在编辑代码时使用,包含属性/方法列表、常数列表、参数信息、缩进、凸出等常用工具,如图 9-4 所示。

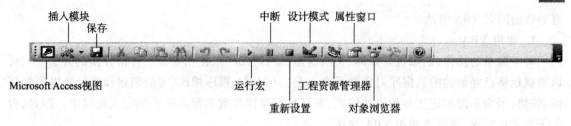

图 9-3 "标准"工具栏

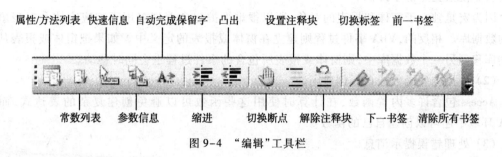

图 9-4 "编辑"工具栏

（3）VBE 中的窗口

VBE 使用一组窗口来显示不同的对象或者完全不同的任务,如工程资源管理器窗口、属性窗口、代码窗口、对象窗口、对象浏览器窗口、立即窗口、本地窗口、监视窗口等(注意:VBE 窗口在打开之后,并不一定显示所有相关的窗口,通过"视图"菜单中的相应命令可以控制这些窗口的显示)。下面仅对常用的窗口作简单介绍。

① 代码窗口

代码窗口用来编写、显示和编辑 VBA 代码,如图 9-1 的右下方区域所示。可以打开多个代码窗口来查看各个模块的代码,而且可以方便地在代码窗口之间进行各种编辑操作。代码窗口对于代码中的关键字及普通代码通过不同的颜色加以区分,使之一目了然。

代码窗口中间的主体部分为代码编辑区,代码编辑区的上方为对象列表框和过程列表框,代码编辑区的左下方的两个按钮分别为"过程视图"和"全模块视图"。

② 工程资源管理器窗口

工程资源管理器窗口的列表框中列出了在应用程序中用到的所有模块,如图 9-1 的左上部分所示。可以单击"查看代码"按钮显示相应的代码窗口,或单击"查看对象"按钮显示相应的对象窗口,还可以单击"切换文件夹"按钮隐藏或显示对象文件夹。

③ 属性窗口

属性窗口中列出了所选对象的各种属性,可以分别"按字母序"和"按分类序"查看属性,如图 9-1 的左下部分所示。

此外,立即窗口可以通过一些交互命令实时地计算并显示运算结果;本地窗口可以显示程序范围内的变量声明及变量值。

9.1.2 VBA 与宏的关系

宏的使用对于编写 VBA 代码是一个很好的起点,它们有许多相似之处。所有的宏基本上都

有等效的同名 VBA 方法。

1. 使用 VBA

对于简单的操作,例如打开窗体、关闭窗体、运行报表等,使用宏是一种很方便的方法。宏可以简捷地将已经创建的数据库对象联系在一起。与 VBA 程序相比,宏的创建和运行显得更加简便、快捷,因为不需要记住各种语法格式,并且每个操作参数都显示在宏的定义窗口中。但是,对于下列几种情况,则应该使用 VBA 程序。

(1) 使数据库易于维护

因为宏是独立于窗体和报表的对象,所以很难维护包含着许多用于响应窗体和报表事件的宏的数据库。相反的,VBA 事件过程则建立在窗体或报表的定义中。如果把窗体或报表从一个数据库移到另一个数据库中,则窗体或报表所包含的事件过程也会同时移动。

(2) 使用内置函数或自行创建函数

Access 包含许多内置函数,在计算时使用这些函数可以避免创建复杂的表达式,而且在 VBA 环境中还可以创建自己的函数。

(3) 处理错误提示消息

在使用数据库的过程中如果遇到意外情况,Access 有可能会显示一则错误提示消息,也可能会中断系统的运行。使用 VBA 可以在出现错误时及时检测错误,并显示自己指定的消息或执行某些指定的操作。

(4) 创建或处理对象

在大多数情况下,在数据库对象的设计视图中创建和修改对象是最为简单的方法。而在某些情况下,可能需要在代码中对对象进行操作,使用 VBA 就可以处理数据库中的所有对象,甚至数据库本身。

(5) 一次处理多条记录

使用 VBA 可以一次选择一个记录集合或单条记录,并对每条记录执行一项操作。而宏则只能一次对整个记录集合进行操作。

(6) 将参数传递给 VBA 过程

在创建宏时,可以在宏的定义窗口的下半部分设置宏操作参数,但是在运行宏时无法对参数进行修改。而使用 VBA 则可以在程序运行期间将参数传递给代码,或者将变量用于参数中,这在宏中是难以做到的。这些特性使得 VBA 具有更大的灵活性。

2. 将宏转换为 VBA 代码

可以将已经存在的宏转换为 VBA 代码,具体步骤如下。

① 在"数据库"窗口中,单击左侧"对象"列表中的"宏"对象,选择需要转换为 Visual Basic 代码的宏对象。

② 使用菜单【工具】→【宏】→【将宏转换为 Visual Basic 代码】命令,弹出"转换宏"对话框,如图 9-5 所示。此时,如果选择"给生成的函数加入错误处理"复选框,那么转换后的代码将包含异常处理代码;如果选择"包含宏注释"复选框,那么转换后的代码将包含代码注释。

③ 单击"转换"按钮,系统将自动对选中的宏进行转换。

转换完成后,在"数据库"窗口中单击左侧"对象"列表中的"模块"对象,可以看到生成了名为"被转换的宏—宏1_显示一条消息"的模块,如图 9-6 所示。双击该模块,即可打开该模块对象的代码编辑器,以便进一步查看或编辑经过转换的代码。

图 9-5　"转换宏"对话框

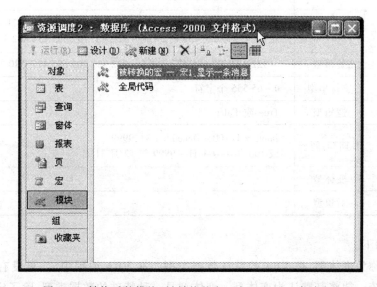

图 9-6　转换后的模块"被转换的宏—宏 1_显示一条消息"

　　注意:使用该方法转换的宏是不属于任何窗体或报表的宏,转换后的模块代码可以被整个数据库使用。如果所转换的是窗体或报表中的宏,则需要打开相应的窗体或报表设计视图,然后再使用菜单【工具】→【宏】→【将宏转换为 Visual Basic 代码】命令,这样转换后生成的模块代码将与该窗体或报表保存在一起。

9.2　VBA 中的数据

　　在编写代码时,需要用到程序设计方面的知识,包括 VBA 的基本数据类型、常量、变量、数组、运算符与表达式以及常用函数等。

9.2.1　数据类型

　　数据类型决定了使用数据时的格式、数据的存储方式以及对数据所进行的操作。由系统提供的数据类型称为标准数据类型。VBA 提供了比较完备的数据类型。对于数据表中的字段类型,除了 OLE 对象和备注型数据以外,其他在 VBA 中都有对应的类型。VBA 基本数据类型及对应的字段类型如表 9-1 所示。

表 9-1　VBA 基本数据类型及对应的字段类型

VBA 类型	符号	字 段 类 型	取 值 范 围	存储空间
Byte	—	字节	0 ~ 255 范围内的整数	1 B
Integer	%	整型	– 32 768 ~ 32 767	2 B
Long	&	长整型	– 2 147 483 648 ~ 2 147 483 647	4 B
Single	!	单精度型	负数：– 3. 402 823E38 ~ – 1. 401 298E – 45 正数：1. 401 298E – 45 ~ 3. 402 823E38	4 B
Double	#	双精度型	负数：– 1. 797 693 134 862 32E308 ~ – 4. 940 656 458 412 47E – 324 正数：4. 940 656 458 412 47E – 324 ~ 1. 797 693 134 862 32E308	8 B
Currency	@	货币型	– 922 337 203 685 477. 580 8 ~ 922 337 203 685 477. 580 7	8 B
String	$	字符串型	0 ~ 65 535 个字符	—
Boolean	—	逻辑型	True 或 False	1 B
Date	—	日期/时间型	January 1,100 ~ December 31,9999 或 100 年 1 月 1 日 ~ 9999 年 12 月 31 日	8 B
Variant		变体型	—	—
Object		对象型	—	—

说明几点如下。

① Variant 称为变体型，是 VBA 的默认数据类型。在 VBA 编程中，如果没有特别定义变量的数据类型，系统一律将其默认为变体型。变体型是一种特殊的数据类型，除了定长字符串和用户自定义类型外，可以包含任何其他类型的数据。

② String 称为字符串型。字符串是用双引号括起来的一组字符，数据所占字节数由字符数目决定，每个字符占用 1 B。如果定义字符串型值时采用 String * n 的格式，其中的 n 是一个数字，这样定义的字符串型数据为定长字符串，占用 n 个字节。

③ 字符串型数据的默认值为空串""，逻辑型数据的默认值为 false，变体型数据的默认值为empty，其他类型数据的默认值为 0。

④ 除了上述系统提供的基本数据类型之外，VBA 还支持用户自定义数据类型。用户自定义数据类型实质上是由基本数据类型构造而成的一种数据类型，可以根据具体需要来定义一个或多个用户自定义数据类型。

9.2.2　保留字与标识符

1. 保留字

保留字是计算机系统中为了规范命名所采取的一些约定。例如，"Dim"、"End"在计算机中会被认为是程序代码的一部分。常用的保留字包括以下几种。

① 表示数据类型的符号，如 Double、Integer、String 等。

② 构成程序结构的符号，如 For、Else、End、Case、Until 等。

③ 用于数据声明的符号,如 Dim、Array、As、Public、Private、Type、Static 等。

④ 作为运算符的符号,如 And、Or、Xor 等。

⑤ VBA 中的命令动词,如 Run、Print、Open 等。

⑥ 其他符号,如 True、False、Empty、Null 以及 Error、Lock、Me、Option 等。

在 VBE 窗口中,保留字是用蓝色显示的,用户不能改变这些保留字,在命名变量或常量时也不能使用这些保留字作为变量名或常量名。

2. 标识符

标识符是一种标识变量、常量、过程、函数、类等语言构成要素的符号,利用标识符可以完成对变量、常量、过程、函数、类等的引用。标识符的命名规则如下。

① 标识符必须以字母或下划线开头,由字母、数字或下划线组成,不得包含空格。

② 标识符的长度不能超过 255 个字符。

③ 标识符不区分字母大、小写。

④ 标识符不得与 VBA 中的保留字相同。

⑤ 标识符应该是有一定意义的直观的英文字符串,最好能够做到见名知义。

9.2.3 常量与变量

1. 常量

常量是在程序运行过程中可以直接使用的实际值,其值在程序运行过程中始终保持不变。具体来说,常量既可以是一个保持不变的整型量,如 10、4、−6、0 等;也可以是一个确定的实型量,如 3.14、−4.3E+18、圆周率 π、真空中的光速等;还可以是一个字符串,如"pen"、"77.7"、"财经大学"等。这些常量分别被称为整型常量、实型常量或字符串型常量。

此外,Access 还提供了 3 种类型的常量:符号常量、系统常量、内部常量。

(1)符号常量

符号常量就是被命名的数据项,常用来表示需要反复使用的常量值。定义符号常量时使用保留字 Const,符号常量名一般用大写字母,以便与变量名相区分。定义符号常量的语句格式有以下几种。

格式 1:Const 符号常量名 = 常量值

格式 2:Const 符号常量名 As 数据类型 = 常量值

例如:Const S_AGE% = 25 或 Const S_AGE As integer = 25

　　　Const SNAME As string = "pen",S_AGE% = 25

说明:

① 常量在命名时遵循标识符命名规则。

② 常量可以声明成 Boolean、Byte、Integer、Long、Currency、Single、Double、Date、String 或 Variant 数据类型中的任意一种。定义符号常量时,如果不指明数据类型,则 VBA 会自动按存储效率最高的方式为其确定数据类型。

③ 可以在一条语句中同时定义多个符号常量,各个常量之间用逗号加以分隔。

(2)系统常量

系统常量是 Access 启动时就建立的常量,可以在程序编码时直接使用。系统常量包括

TRUE、FALSE、YES、NO、ON、OFF、NULL 等,这些常量都是系统保留字。

（3）内部常量

内部常量又称固有常量,是 VBA 提供的一些预定义的内部符号常量,用户也可以直接使用它们。内部常量用前两个字母指明该常量所属的对象库,如 Access 的库常量以"ac"开头、VBA 的库常量以"vb"开头等。

内部常量如 vbOK、vbYes 等,也作为系统保留字,不能被用户定义为其他标识符。

2. 变量

变量是被命名的存储位置,是在程序执行过程中值可以发生变化的数据。每个变量都有变量名,在一定的作用域内可以唯一识别。同时,在声明变量时,也可以指定数据类型,系统会按照变量的数据类型在内存中为它分配相应的存储单元。程序中用变量名来调用所存储的数据。所以,变量实际上是一个符号地址,代表命名的存储位置。

（1）变量命名规则

① 变量在命名时同样遵循标识符命名规则。

② 变量名通常采用大小写字母相结合的方式,使其更具有可读性。

（2）用 Dim 语句声明变量

VBA 不要求变量必须先声明后使用,但是在使用变量之前先进行声明是一种好习惯。将所有变量声明放在程序的开始几行内,可以避免数据输入错误,提高程序的可读性与可维护性。

如果在声明变量时使用 Dim 语句,则称为显式声明。

格式:Dim　变量名　As　数据类型

说明:

① 如果不用 As 定义数据类型,则变量为变体型。变体型变量比其他类型的变量要占用更多的内存资源。

② 可以用 Dim 同时定义多个变量,变量之间用英文逗号分隔,每一个变量都应该用 As 声明数据类型。

例如,Dim　b1　As　Integer,b2　As　Boolean 的功能是声明变量 b1 是整型、b2 是逻辑型。

③ 用 Dim 定义的变量是局部变量,会按照数据类型自动设置其默认值。

（3）用类型说明符声明变量类型

如果没有直接定义,而是借助于将一个值赋给变量名来建立变量,称为隐式声明。在变量名后面直接加上 VBA 的数据类型说明符,则可以隐式地声明变量类型。

例如,b1% = 125 的功能是,变量 b1 是整型,其值是 125。

说明:如果用数据类型说明符来声明变量,数据类型说明符在使用时将作为变量名的一部分,它始终被放在变量的末尾。

可以既没有显式声明,也没有添加数据类型说明符,隐式地声明变体型变量。

例如,c1 = 125 的功能是,变量 c1 是变体型,其值是 125。

（4）赋值语句

赋值语句用来为变量指定一个确定的值。也就是说,通过赋值语句可以在程序中使变量的值发生变化。赋值语句的语法格式为:

变量名 = 值或表达式

说明:

① 语法格式中的"="称为赋值号。在赋值号的左边必须是变量名,赋值号的右边既可以是一个具体的常量值,也可以是某个需要进行运算的表达式。

② 赋值语句兼有计算和赋值的双重功能,执行时会首先对赋值号右边的表达式进行计算,然后再将计算结果赋值给变量。

③ 赋值号两边的数据类型要匹配。

顺序执行以下语句,变量将会发生相应的变化。

Dim   b1   As   Integer,b2   As   Boolean   '声明变量 b1 是整型,b2 是逻辑型

b1 = 45   '整型变量 b1 的值为 45

b1 = 102   '整型变量 b1 的值变为 102

b1 = b1 * 2   '整型变量 b1 的值变为 204

④ 常量不能出现在赋值号的左边。也就是说,不能试图修改常量的值。

(5)变量的作用域

变量的作用域是变量在程序中起作用的范围。对于变量的作用域,必须在声明以后才能加以确定。变量的作用域分为 3 个层次,从低到高依次为:局部、模块、全局。考虑以下示例来加以说明。

例如:

Dim   strA   As   String

功能:创建变量 strA,并且将其指定为 String 数据类型。

① 局部变量

局部变量仅在声明过程中有效。如果上述语句出现在过程中,则变量 strA 只可以在定义该语句的过程中被使用。局部变量在本地拥有最高级别,即当存在同名的模块变量时,模块变量会被屏蔽掉。

② 模块变量

模块变量在所声明的模块的所有函数和过程中都有效。如果上述语句出现在模块的声明部分,则变量 strA 可以被该模块中的所有过程使用,但是不能被其他模块使用。

在模块的声明部分,使用如下的 Private 语句也可以声明模块变量 strA。

Private   strA   As   String

③ 全局变量

全局变量与模块变量类似,要在声明部分来定义,但是要在变量名前面加上 Public。全局变量可以在所有模块的所有过程和函数中使用。如下的 Public 语句可以声明全局变量 strA。

Public   strA   As   String

9.2.4 数组

VBA 中的数组是一组具有相同名称、不同下标的变量的集合。数据变量由变量名和数据下标组成,数据下标应该用圆括号括起来。

说明:

① 数组必须先定义、后使用,VBA 不允许隐式声明数组。

② 同一过程中的数组名不能与其他变量名同名。

1. 数组的声明和使用

（1）声明一维数组

格式 1：Dim　数组名（下标上限）　As　数据类型

格式 2：Dim　数组名（下标下限　To　下标上限）　As　数据类型

例如：

Dim　a(6)　As　Integer

功能：声明一个含有 7 个元素的数组 a，元素下标的取值范围为 0 ~ 6，默认值均为 0。

例如：

Dim　b(1 To 6)　As　String

功能：声明一个含有 6 个元素的数组 a，元素下标的取值范围为 1 ~ 6，默认值均为空串。

说明：

① 如果不定义数组下标的下限，默认的下标下限为 0。在模块声明中，用“Option Base 1”语句可以将数组默认的下标下限从 0 改为 1。

② 如果使用 As 语句定义数组类型，同一个数组只能存放相同类型的数据。

③ 如果不使用 As 语句定义数组类型，数组类型默认为变体型 Variant，同一个数组可以存放不同类型的数据。

（2）声明多维数组

格式：Dim 数组名（下标上限 1，下标上限 2，…）　As　数据类型

例如：

Dim　c(3,4)　As　Integer

功能：声明一个含有 20 个元素的数组 c，行下标的取值范围为 0 ~ 3，列下标的取值范围为 0 ~ 4。

例如：

Dim　d(1 To 3,2 To 4)　As　Integer

功能：声明一个含有 9 个元素的数组 d，行下标的取值范围为 1 ~ 3，列下标的取值范围为 2 ~ 4。

（3）使用数组

声明数组后，每个数组元素都可以被当作单个变量使用。

一维数组元素的引用格式：数组名（下标），如前例中的 a(2)、b(5) 等。

二维数组元素的引用格式：数组名（下标 1，下标 2），如前例中的 c(0,0)、d(2,3) 等。

2. 动态数组

VBA 支持动态数组，动态数组是指声明时不指明元素数量的数组。如果事先不知道数组需要多少元素，或者希望数组的规模在运行时发生变化，可以用 Dim 和 Redim 来声明动态数组。

动态数组的建立方法是：先用 Dim 声明不指明元素数量的数组，在以后的使用中再用 Redim 来指定数组元素的数量，还可以用 Redim 来释放数组占用的内存空间。

格式：Dim a( ) As Integer

功能：声明动态数组，括号中为空。

格式：Redim a(9)

功能：给数组分配内存空间。

格式:Redim a(22)

功能:给数组重新分配内存空间。

格式:Redim a(0)

功能:释放数组所占用的内存空间。

说明:

① Redim 不但能够改变数组的规模,而且能够改变数组的维数。

② 每次执行 Redim 语句时,存储在数组中的当前值就会全部丢失。如果希望在改变数组规模的同时保留原有数据,在 Redim 后面加保留字 Preserve。数组的规模由大变小时也会丢失部分数据。

9.2.5　函数

VBA 提供近百种常用的内部函数,这些函数可以分为数值函数、类型转换函数、字符串函数、日期/时间函数和输入输出函数等。具体的数值函数、字符串函数、日期/时间函数请参见 3.3.1 小节。

1. 类型转换函数

类型转换函数用于不同数据类型操作数间的转换,如表 9-2 所示。

表 9-2　常用的类型转换函数

函 数 名	含 义	示 例	运 算 结 果
Asc(C)	字符转换为 ASCII 码值	Asc("a")	97
Chr(C)	ASCII 码值转换为字符	Chr(66)	"B"
Val(C)	数字型字符串转换为数值	Val("345CD67")	345

说明:Val(C)函数在进行转换时自动将空格、制表符、换行符去掉。当遇到第一个不能识别为数字的字符时,即停止读入。

2. 输入输出函数

输入输出函数是 VBA 中经常使用的内置函数,便于与用户的交互。

(1)输出函数 MsgBox

MsgBox 函数又称消息框,用来输出消息。函数的功能是:在对话框中显示消息,等待用户单击按钮,然后返回一个整型值,该值指示用户单击了哪个按钮。

格式:MsgBox(显示信息[,按钮数目+图标类型][,标题栏字符串])

说明:

①“显示信息”是必选项,可以是一个字符串表达式,它被显示在对话框中,最大长度为 1 024 个字符。通过使用回车符(Chr(13))、换行符(Chr(10))或回车换行符的组合(Chr(13)&Chr(10)),可以将字符串拆分成若干行。

②“按钮数目”是可选项,默认值为 0。不同的取值对应不同数目的按钮及样式,如表 9-3 所示。“按钮数目+图标类型”在输入时可以选取一个提示框中的 VB 常量。

③“图标类型”是可选项,不同的取值对应不同的图标样式,如表 9-4 所示。

表9-3	消息框的按钮数目与样式
值	按钮数目与样式
0	只显示"确定"按钮,是默认值
1	显示"确定"和"取消"按钮
2	显示"放弃"、"重试"和"忽略"按钮
3	显示"是"、"否"和"取消"按钮
4	显示"是"和"否"按钮
5	显示"重试"和"取消"按钮

表9-4	消息框的图标样式
值	图 标 样 式
16	显示重要消息图标
32	显示警告查询图标
48	显示警告消息图标
64	显示信息消息图标

④ "标题栏字符串"是可选项。如果省略此项,标题栏将显示应用程序名称。

⑤ 函数的返回值是一个整数,根据在消息框中单击的按钮返回相应的值,如表9-5所示。

可以用系统提供的 VB 常量来确定消息的按钮数目与图标类型,所输入的代码可以在提示信息中查找。

例如:

MsgBox "要退出吗?", vbYesNo + vbQuestion, "确认"

（2）输入函数 InputBox

格式:InputBox(提示信息[,标题栏字符串][,默认值])

功能:提示用户输入一个字符串或数值。

表9-5	函数的返回值
返 回 值	单击的按钮
1	确定
2	取消
3	放弃
4	重试
5	忽略
6	是
7	否

说明:

① "提示信息"是必选项,可以是一个字符串,被显示在输入框中。

② "标题栏字符串"是可选项。如果省略此项,标题栏将显示应用程序名称。

③ 默认值是可选项,可以是字符串或数字。如果省略此项,系统会自动匹配数据类型。

④ 函数的返回值是在输入框中输入的数字或字符串。

3. 计算外部数据源中数据的函数

窗体和报表中可以用 DLookup 函数来显示指定的外部表数据。如果要在报表中显示非记录源(又称外部表)中的字段值,使用 DLookup 函数。外部表与当前表之间无需建立关系,在函数中以共有字段作为连接条件即可。另外,可以用 Davg 函数对指定的表数据求平均值,用 Dsum 函数对指定的表数据求和,用 Dcount 函数对指定的表数据计数。

计算外部数据源中的数据,无需为窗体设置当前数据源。

（1）DLookup 函数

格式:DLookup("外部表字段名","外部表名","条件表达式")

功能:按照条件表达式显示外部表的字段值。

说明:

① 函数中的各个部分要用引号括起来。

② 条件表达式:外部表的字段名 = "& 当前表的字段名 &"

③ 如果有多个字段符合条件表达式的要求,DLookup 函数只返回第一个字段值。

（2）Davg 函数

格式:Davg("字段名","表名","条件表达式")

功能:对指定的字段求平均值。

说明:如果省略条件表达式,则对全体字段求平均值。

例如:

Davg("资金","工资","性别 ='女 '")

(3) Dsum 函数

格式:Dsum("字段名","表名","条件表达式")

功能:对指定的字段求和。

说明:如果省略条件表达式,则对全体字段求和。

(4) Dcount 函数

格式:Dcount("字段名","表名","条件表达式")

功能:对指定的字段统计数目。

说明:如果省略条件表达式,则对全体字段统计数目。

4. 处理空值的函数

VBA 提供 Nz 函数,可以将 Null 值转换为数字 0、空字符串或自定义的返回值。Nz 函数使得在包含 Null 值时也能经计算得到一个非 Null 值。

格式:Nz(变量/表达式/字段属性名[,指定值])

说明:

① 指定值是可选项。

② 如果给出指定值,则 Nz 函数返回指定值。

③ 如果省略指定值,当数据类型为数值型且值为 Null 时,则 Nz 函数返回数字 0。

④ 如果类型为字符型且值为 Null,则 Nz 函数返回空字符串。

注意:关于运算符与表达式请参见 3.1.4 小节。

9.3 VBA 的程序结构

VBA 支持结构化程序设计中的顺序结构、分支结构(或称条件结构)和循环结构。在面向对象程序设计中增加了事件的驱动机制,由用户触发某个事件的处理过程。但是,对于具体事件的处理过程而言,又包含这 3 种基本结构。

9.3.1 顺序结构

VBA 程序是由一条条语句组成的,通过这些语句可以完成程序所要实现的功能。语句是一条能够完成某项操作的命令,可以包含保留字、运算符、变量、常量和表达式等。语句按功能的不同,可以分为声明语句和执行语句两大类。其中,声明语句用来给变量、常量、过程定义命名,并指定数据类型;执行语句用来进行赋值操作、调用过程、实现流程控制等。

顺序结构是程序设计中最简单、最基本的一种结构。在顺序结构中,程序只有一个入口和一个出口,程序按照语句的先后顺序执行。

1. 注释语句

注释语句是对程序代码所作的一些说明,是非执行语句,仅用来提高程序的可读性。注释语句只在程序清单中列出,不会被解释和编译。为程序添加注释可以有两种方法:用 Rem 或单引号。

格式 1:Rem 注释内容

格式 2:'注释内容

说明:

① 使用 Rem 语句进行注释时,需要在保留字 Rem 与注释语句之间用空格分隔开。如果在代码的后面使用 Rem 语句注释,则需要使用":"(冒号)将代码和语句分隔开。

② 如果在代码的后面使用" ' "进行注释,则需要使用空格将代码和语句分隔开。

③ 注释语句通常显示为绿色。

2. 程序书写规则

① 通常一行写一条语句。一行内写不下时,用续行符(_)作为第一行的结尾,将剩余语句写在下一行。

② 语句较短时,可以将多条语句写在一行内,各条语句之间用冒号加以分隔。

③ 如果一行语句在输入完成后显示为红色,表示该语句存在语法错误,应该及时加以更正。

④ 代码不区分字母大小写。

⑤ 提倡在程序中重要的地方添加注释语句。

9.3.2 分支结构

顺序结构只能处理简单的问题,在现实中经常需要根据给定的条件进行分析、判断,并根据不同的条件采取不同的操作。

分支结构就可以根据给定的条件来判断语句的执行方式,当条件为 True 时执行一种操作,当条件为 False 时则执行另一种操作。

1. If…Then…语句(单分支结构)

语法格式如下。

格式 1:If <表达式> Then

    <语句块>

     End if

格式 2:If <表达式> Then <语句>

执行过程:如果表达式的值为真(非零),则执行语句块,否则顺序执行 If 语句后面的下一条语句。

语法格式中的表达式可以是关系表达式、逻辑表达式或算术表达式。表达式的最终结果如果为非零,则为真(True),否则为假(False)。语法格式中的语句块可以是一条或多条语句。

若采用格式 2,要求 <语句> 是一条语句或多条语句(以冒号分隔开),并且写到同一行上。

单分支结构如图 9-7 所示。

2. If…Then…Else 语句(双分支结构)

语法格式如下。

格式 1:If < 表达式 > Then

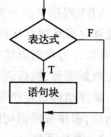

图 9-7 单分支结构

    < 语句块 1 >

   Else

    < 语句块 2 >

   End if

格式 2：If < 表达式 > Then < 语句 1 > Else < 语句 2 >

执行过程：如果表达式的值为真（非零），则执行 < 语句块 1 >，否则执行 < 语句块 2 >。双分支结构如图 9-8 所示。

3. If…Then…Else if 语句（多分支结构）

语法格式如下：

If < 表达式 1 > Then

  < 语句块 1 >

Elsc if < 表达式 2 > Then

  < 语句块 2 >

  …

[Else

  < 语句块 n >]

End if

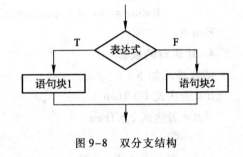

图 9-8 双分支结构

执行过程：测试 < 表达式 1 > 的值，若为真（非零），则执行 < 语句块 1 >，否则测试 < 表达式 2 > 的值，若为真（非零），则执行 < 语句块 2 >……重复该过程，直到某个语句块的值为真时为止。如果所有的表达式的值都不为真，就执行 < 语句块 n >。

多分支结构如图 9-9 所示。

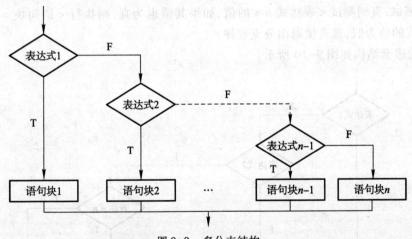

图 9-9 多分支结构

例如，下面的语句通过对销售额进行判断，给出针对雇员的评价和佣金。

If Sales > 15000 Then

  Commission = Sales * 0.08

  Rating = " Excellent"

ElseIf Sales > 12000 And Sales <= 15000 Then

```
            Commission = Sales * 0. 06
            Rating = " Good"
ElseIf Sales > 8000 And Sales <= 12000 Then
            Commission = Sales * 0. 05
            Rating = " Adequate"
Else
            Commission = Sales * 0. 04
            Rating = " Need Improvement"
End If
```

4. If 语句的嵌套

语法格式如下。

```
If < 表达式 1 > Then
    If < 表达式 2 > Then
        …
        If < 表达式 n > Then
                < 语句块 >
        End If
        …
    End If
End If
```

执行过程:测试 < 表达式 1 > 的值,若为真(非零),则测试 < 表达式 2 > 的值,若为真(非零),则继续测试,直到测试 < 表达式 n > 的值,如果其值也为真,则执行 < 语句块 > 。如果其中有一个表达式的值为假,就直接退出分支程序。

If 语句的嵌套结构如图 9-10 所示。

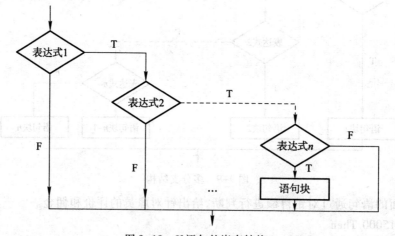

图 9-10 If 语句的嵌套结构

5. Select Case 语句

语法格式如下。

```
Select Case <变量或表达式>
    Case <表达式列表 1>
        <语句块 1>
    Case <表达式列表 2>
        <语句块 2>
        …
    Case <表达式列表 n>
        <语句块 n>
    Case Else
        <语句块 n+1>
End Select
```

说明：<变量或表达式>中的"变量或表达式"可以是数值型或字符型表达式。

执行过程：计算<变量或表达式>的值（称为测试值），再计算<表达式列表 1>的值（称为 Case 值 1）。将这两个值进行比较，如果测试值满足 Case 值 1 的条件，就执行<语句块 1>，否则 计算<表达式列表 2>的值（称为 Case 值 2），直到某个表达式列表的值被满足为止。如果表达式列表的值全都不满足，就执行<语句块 n+1>。需要注意的是，如果测试值与多个 Case 值相匹配，只执行第一个满足条件的语句块。

Select Case 语句结构如图 9-11 所示。

例如，下面改写上文中雇员佣金的例子。

```
Select Case Sales
    Case Is > 15000
        Commission = Sales * 0.08
        Rating = "Excellent"
    Case 12000 To 15000
        Commission = Sales * 0.06
        Rating = "Good"
    Case 8000 To 12000
        Commission = Sales * 0.05
        Rating = "Adequate"
    Case Else
        Commission = Sales * 0.04
        Rating = "Need Improvement"
End Select
```

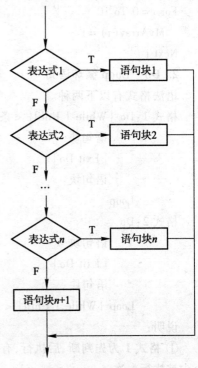

图 9-11 Select Case 语句结构

9.3.3 循环结构

在程序中，顺序结构和分支结构都只能执行一次，但是在很多情况下，要使某段程序反复执行，这时就要用到循环结构。循环结构就是在指定的条件下反复执行一组语句的操作。

1. For 循环语句

语法格式如下。

For 循环变量 = 初值 To 终值［Step 步长］

    语句块

    ［Exit For］

    语句块

Next 循环变量

说明：

① 这种循环主要用于循环次数可以预知的场合。

② 循环:变量必须为数值型的量。

③ 步长:表示每次循环变量跃变的大小,既可以是正数,也可以是负数。默认步长为 1。

④ 语句块:又称循环体,既可以是一条语句,也可以是多条语句。

⑤ Exit For:非正常退出循环,继续执行循环语句后面的语句。

例如,下面的代码使用 For…Next 循环为 MyArray 数组赋值。

```
Dim MyArray(10) As Integer
Dim i As Integer
For i = 0 To 10
    MyArray(i) = i
Next i
```

2. Do…Loop 循环语句

语法格式有以下两种。

格式 1:Do{While | Until} <条件>

        语句块

        ［Exit Do］

        语句块

     Loop

格式 2:Do

        语句块

        ［Exit Do］

        语句块

     Loop{While | Until} <条件>

说明：

① 格式 1 为先判断、后执行,有可能一次也不执行语句块;格式 2 为先执行、后判断,循环体至少被执行一次。

② 保留字 While 用于指明当条件为真(True)时,就执行语句块,而 Until 的作用正好相反。

③ Exit Do:非正常退出循环,继续执行 Loop 循环体后面的语句。

例如,下面的代码通过 Do…Loop 循环为一个数组赋值。

```
Dim MyArray(10) As Integer
```

```
Dim i As Integer
i = 0
Do While i <= 10
    MyArray(i) = i
    i = i + 1
Loop
```

9.3.4 Exit 语句

Exit 语句用于退出 Do…Loop、For…Next、Function、Property 或 Sub 代码块,它包含 Exit Do、Exit For、Exit Function、Exit Property 和 Exit Sub 等语句。

下面的示例使用 Exit 语句退出 For…Next 循环、Do…Loop 循环及子过程。

```
Sub ExitStatementDemo()
Dim I, MyNum
    Do                                  '建立无穷循环
        For I = 1 To 1000               '循环 1 000 次
            MyNum = Int(Rnd * 1000)     '生成一个随机数
            Select Case MyNum           '检查随机数
                Case 7: Exit For        '如果是 7,退出 For…Next 循环
                Case 29: Exit Do        '如果是 29,退出 Do…Loop 循环
                Case 54: Exit Sub       '如果是 54,退出子过程
            End Select
        Next I
    Loop
End Sub
```

9.4 过程与模块

过程是构成程序的逻辑模块,一般能够完成一个相对独立的功能。利用过程能够使程序结构模块化,以方便程序的开发、调试和维护。同时,利用过程还能够实现多个程序对它的共享,可以降低程序设计的工作量,提高软件开发的工作效率。简言之,过程是 VBA 代码的容器。VBA 中有 Sub 过程(又称子过程)和 Function 过程(又称函数过程)。

模块是将 VBA 语言的声明、语句和过程集成在一起,并作为一个命名单位的程序。简言之,模块是过程的容器。VBA 的模块有两种基本类型:标准模块(standard module)和类对象模块(object class module,简称类模块)。模块中的每一个过程都可以是一个 Function 过程或一个 Sub 过程。

9.4.1 过程

1. Sub 过程

Sub 过程又称子过程,是实现某种特定功能的代码段,例如可以执行动作、计算数值以及更

新并修改内置的属性值等操作。Sub 过程由程序调用,或者由事件触发,Sub 过程没有返回值。

声明 Sub 过程的语法格式为:

〔Public ｜ Private〕〔Static〕Sub 子程序名（〔＜参数＞〔As 数据类型〕〕）

　　　〔＜一组语句＞〕

　　　〔Exit Sub〕

　　　〔＜一组语句＞〕

End Sub

说明:

① 子过程可以出现在窗体模块、标准模块和类模块中。按照系统规定,所有模块中的过程都是 Public(公用)的,在应用程序中可以随处调用它们。

② 过程的命名应该遵循标识符命名规则,即必须以字母开头,长度不能超过 255 个字符,不能包含空格和标点符号,不能是 VBA 中的保留字、函数名和操作符。

③ Sub 过程定义中的"参数"列表类似于变量声明,它声明了从调用过程传递过来的值。如果没有参数,也必须在其子语句的后面加上一对圆括号。

例 9.1　下面的代码的作用是求整数的平方,并将计算结果输入到立即窗口中。P1 子过程调用 S 子过程,求整数 5 的平方。

```
Sub P1( )
    Call S(5)        '调用子过程,求 5 的平方
End Sub
Sub S( a As Integer)
    Dim R As Integer
    R = a * a
End Sub
```

代码界面如图 9-12 所示。单击【运行子过程/用户窗体】按钮 ，然后依次选择【视图】和【立即窗口】菜单项,即可看到打开的"立即窗口"对话框所显示的信息,如图 9-13 所示。

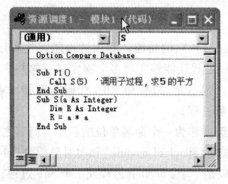

图 9-12　例 9.1 的代码界面

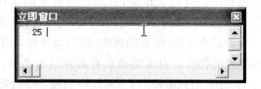

图 9-13　"立即窗口"对话框

2. Function 过程

Function 过程又称函数过程,它是实现某种数据处理功能并返回处理结果的代码段。

声明 Function 过程的语法格式为:

［Public ｜ Private］［Static］Function 函数名（［ ＜参数 ＞［As 数据类型］］）［As 数据类型］

　　［ ＜一组语句 ＞］

　　［函数名 ＝ ＜表达式 ＞］

　　［Exit Function］

　　［ ＜一组语句 ＞］

　　［函数名 ＝ ＜表达式 ＞］

End Function

说明：

① Function 过程与 Sub 过程类似，也是一个独立的过程。Function 过程从主程序中读取参数，执行一系列语句后得到执行结果，并将该结果以返回值的方式返回给主程序。这是 Function 过程与 Sub 过程的最大区别。

② 函数过程不能作为事件处理过程。

例 9.2 下面的代码是使用函数过程求整数的平方。

Function F1(a As Integer)

　　Dim R As Integer

　　F1 = a * a

End Function

代码界面如图 9-14 所示。"立即窗口"对话框用于显示信息，如图 9-15 所示。

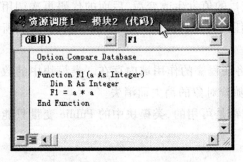

图 9-14　例 9.2 的代码界面　　　　　　图 9-15　"立即窗口"对话框

9.4.2　模块

1. 类模块

类模块是包含类的定义的模块，包含类的属性和方法的定义。类模块有 3 种基本形式：窗体类模块、报表类模块和自定义类模块，它们各自与某一窗体或报表相关联。

（1）窗体类模块

窗体类模块中包含指定的窗体或者其控件的事件所触发的所有事件过程的代码，这些过程用于响应窗体中的事件。用户可以使用事件过程来控制窗体的行为及对用户操作作出的响应。为窗体创建第一个事件过程时，Access 将自动创建与之关联的窗体类模块。单击窗体设计视图工具栏上的"代码"命令，可以查看窗体类模块。

（2）报表类模块

报表类模块与窗体类模块类似，都含有事件过程，用于响应报表中的事件，即使用事件过程来控制报表的行为及其对用户操作作出的响应。为报表创建第一个事件过程时，Access 将自动创建与之关联的报表类模块。单击报表设计视图工具栏上的"代码"命令，可以查看报表类模块。

（3）自定义类模块

自定义类模块不与窗体和报表相关联，允许用户创建自定义对象，可以为这些对象定义属性、方法和事件，也可以用保留字 New 创建窗体对象的实例。

2. 标准模块

标准模块包含通用过程和常用过程，这些过程不与 Access 数据库文件中的任何对象相关联，可以在数据库的任何对象中引用标准模块中的过程。标准模块不仅可以放置需要在数据库的其他过程中使用的 Sub 过程和 Function 过程，还可以包含其他模块中的过程可用的变量，这些变量是用 Public 来声明的。

窗体或报表模块中的过程可以调用标准模块中的过程。

模块内的过程一般可以被其他模块访问，既可以在定义过程时加上保留字 Private 将过程局限在模块内部，也可以在声明过程时加上保留字 Public 使过程在全局范围内有效。

3. 标准模块与类模块的区别

标准模块与类模块的区别可以从以下 3 个方面来论述。

① 存储数据的方法不同。标准模块中的公共变量的值发生改变后，后面的代码再次调用该变量时将得到改变后的值。类模块可以有效地封装任何类型的代码，从而起到容器的作用，所包含的数据是相对于类的实例对象而独立存在的。

② 标准模块中的数据存在于程序的存活期内，将在程序的作用域内存在。类模块中的数据只存在于对象的存活期内，随着对象的创建而创建，随着对象的消失而消失。

③ 标准模块中的 Public 变量在程序的任何地方都是可用的，类模块中的 Public 变量只能在引用该类模块实例对象时才能被访问。

9.5 VBA 的对象

9.5.1 VBA 对象概述

VBA 是一种面向对象程序设计语言，在使用 VBA 进行数据库的开发时，必须熟练地掌握对象、属性、方法和事件等相关概念。

1. 对象

"对象"是面向对象程序设计的核心，明确这个概念对于理解面向对象程序设计来说至关重要。对象可以是任何事物，如一座房子、一张桌子、一台计算机、一次旅行等。所以在现实生活中，人们随时随地都在和对象打交道。在面向对象程序设计中，对象代表应用程序中的元素，如表、窗体、按钮等。

2. 属性和方法

对象是对生活中的事物的抽象,事物具有特性和行为这两个特点。对象的特性用数据来表示则称为对象的属性,对象的行为用对象中的代码来实现则称为对象的方法。面向对象程序设计中的对象是对现实世界中的对象的模型化,它是代码和数据的组合。不同的对象具有不同的属性和方法,当然也不排除有部分地重叠。

属性的设置方法有两种,既可以用属性窗口来设置对象的属性,也可以用代码来设置对象的属性。前者是属性的静态设置,后者则是属性的动态设置。

在 VBA 中用户所创建的窗体、报表及其中的所有控件都是对象,对象的大小、位置等都可以通过对象属性来设置,通过对象方法则可以控制对象的行为。

在 Access 的窗体设计视图中,可以通过属性窗口来查看和设置对象的属性,如图 9-16 所示。通过列表框可以选择不同的对象进行查看。

图 9-16　查看和设置对象的属性

3. 事件

对象的事件是一种特定的操作,它在某个对象上发生或对某个对象发生。例如,发生在窗体上的鼠标单击、数据更改、打开或关闭窗体等操作都是事件。通常情况下,事件的发生是用户操作的结果。VBA 是基于事件驱动编程模型的,事件驱动编程是指应用程序中的对象响应用户的操作。在由事件驱动的应用程序中,并不是按照预先定义的顺序执行,而是通过响应各种事件来运行不同的过程代码。这些事件既可以是由用户操作所触发的,也可以是来自系统、其他应用程序或由应用程序的内部消息触发。

用户不必关心所使用的对象需要响应的事件的类型,因为在 Access 中每一个窗体和控件都有一个预定义事件集合,它们能够自动识别属于事件集合的事件。对象所识别的事件类型多种多样,但是大部分类型为大多数控件所共有。例如,一个命令按钮和窗体都可以对 Click、Dbclick 这样的事件作出响应。某些事件只能发生在某些对象上。相同事件发生在不同对象上所得到的反应是不一样的,形成这种差异是因为这些事件的过程不尽相同。

一些对象的主要事件如表 9-6 所示。

表 9-6 Access 的主要对象事件

对象名称	事件动作	说明
窗体	OnLoad	加载窗体时发生事件
	OnUnLoad	卸载窗体时发生事件
	OnOpen	打开窗体时发生事件
	OnClose	关闭窗体时发生事件
	OnClick	单击窗体时发生事件
	OnDblClick	双击窗体时发生事件
	OnMouseDown	窗体鼠标按下时发生事件
	OnKeyPress	窗体上按键时发生事件
	OnKeyDown	窗体上键盘按下时发生事件
报表	OnOpen	打开报表时发生事件
	OnClose	关闭报表时发生事件
命令按钮控件	OnClick	单击按钮时发生事件
	OnDblClick	双击按钮时发生事件
	OnEnter	获得按钮输入焦点之前发生事件
	OnGetFocus	按钮获得输入焦点时发生事件
	OnMouseDown	按钮上按下鼠标时发生事件
	OnKeyPress	按钮上按键时发生事件
	OnKeyDown	按钮上键盘按下时发生事件
标签控件	OnClick	单击标签时发生事件
	OnDblClick	双击标签时发生事件
	OnMouseDown	标签上按下鼠标时发生事件
文本框控件	BeforeUpdate	文本框内容更新前发生事件
	AfterUpdate	文本框内容更新后发生事件
	OnEnter	文本框获得输入焦点之前发生事件
	OnGetFocus	文本框获得输入焦点时发生事件
	OnLostFocus	文本框失去输入焦点时发生事件
	OnChange	文本框内容更新时发生事件
	OnKeyPress	文本框内按键时发生事件
	OnMouseDown	文本框内按下鼠标时发生事件
组合框控件	BeforeUpdate	组合框内容更新前发生事件
	AfterUpdate	组合框内容更新后发生事件
	OnEnter	组合框获得输入焦点之前发生事件
	OnGetFocus	组合框获得输入焦点时发生事件
	OnLostFocus	组合框失去输入焦点时发生事件
	OnClick	单击组合框时发生事件
	OnDblClick	双击组合框时发生事件
	OnKeyPress	组合框内按键时发生事件

对象名称	事件动作	说　　明
选项组控件	BeforeUpdate	选项组内容更新前发生事件
	AfterUpdate	选项组内容更新后发生事件
	OnEnter	选项组获得输入焦点之前发生事件
	OnClick	单击选项组时发生事件
	OnDblClick	双击选项组时发生事件
单选按钮控件	OnKeyPress	单选按钮内按键时发生事件
	OnGetFocus	单选按钮获得输入焦点时发生事件
	OnLostFocus	单选按钮失去输入焦点时发生事件
复选框控件	BeforeUpdate	复选框内容更新前发生事件
	AfterUpdate	复选框内容更新后发生事件
	OnEnter	复选框获得输入焦点之前发生事件
	OnClick	单击复选框时发生事件
	OnDblClick	双击复选框时发生事件
	OnGetFocus	复选框获得输入焦点时发生事件

4. 类

类和对象的关系密切,但是二者并不相同。类是对同一类相似对象的性质作描述,这些对象具有相同的性质:同类属性及方法。类好比是一类对象的模板,有了类的定义后,基于类就可以生成这类对象中的任何一个对象。虽然这些对象采用相同的属性来表示状态,但是它们在属性上的取值可以有所不同。这些对象一般有着不同的状态,且彼此间相对独立。

9.5.2　VBA 对象的使用

前面介绍了对象和对象的属性、方法等概念,在编程过程中需要引用对象、属性和方法。属性和方法不能单独使用,它们必须和对应的对象一起使用。用于分隔对象和属性以及方法的操作符是“.”,称作点操作符。

1. 引用对象的属性

语法格式:对象名.属性名

说明:对象名与属性名之间用点操作符“.”分隔开。

一般的属性都是可读写的,这样就可以通过上述语法格式读取或是为属性赋值。例如,下面的代码读取 MyForm 对象的 Width 属性,设置 MyForm 对象的 Caption 属性。

Width = MyForm. Width

MyForm. Caption = "My Form"

2. 引用对象的方法

语法格式:对象名.方法名(参数 1,参数 2,…)

说明:

① 对象名与方法名之间用点操作符“.”分隔开。

② 如果被引用的方法没有参数,则可以省略圆括号。例如,引用 MyForm 对象的 Refresh 方法,可以直接使用语句 MyForm. Refresh。

③ 在 Access 中,确定一个对象可能需要通过多重对象来实现,可以使用加重运算符"!"来逐级确定对象。例如,要确定在 MyForm 窗体对象上的一个命令按钮控件 Cmd_Button1,使用的语句为 MyForm! Cmd_Button1。

9.5.3　使用 Access 的对象模型

Access 对象是由 Access 定义的,它与 Access 界面或应用程序的窗体、报表和数据访问页相关联,而且可以用来对输入和显示数据所采用的界面的元素进行编程。下面介绍一些 Access 对象的使用方法。

1. Application 对象

Application 对象引用活动的 Access 应用程序。通过使用 Application 对象,可以将方法或属性的设置应用于整个 Access 应用程序。在 VBA 中使用 Application 对象时,首先确认 VBA 对 Microsoft Access 10.0 对象库的引用,然后创建 Application 类的新实例并为其指定一个对象,如下所示:

Dim appAccess As New Access. Application

也可以通过 CreateObject 函数来创建 Application 类的新实例:

Dim appAccess As Object

Set appAccess = CreateObject("Access. Application")

在创建 Application 类的新实例之后,可以使用 Application 对象提供的属性和方法来创建和使用其他 Access 对象。例如,可以使用 OpenCurrentDatabase 或 NewCurrentDatabase 方法打开或新建数据库,可以通过 Application 对象的 CommandBars 属性返回对 CommandBars 对象的引用,且用该引用来访问所有 Microsoft Office 命令栏对象和集合,还可以通过 Application 对象来处理其他 Access 对象。

下面的这段代码用于创建一个 Application 对象。使用 Application 对象的 OpenCurrentDatabase 方法打开"Northwind"数据库,再使用它的子对象 DoCmd 的 OpenForm 方法打开"订单"窗体。其中,Application 对象的 OpenCurrentDatabase 方法可以打开一个已有的 Access 数据库(. mdb)作为当前数据库。

Option Compare Database

'声明 Application 对象

Dim appAccess As Access. Application

Sub DisplayForm( )

　　'将字符串初始化为数据库路径

　　Const strConPathToSamples = " E: \Program Files \Microsoft Office \OFFICE11 \SAMPLES"

　　strDB = strConPathToSamples & " Northwind. mdb"

　　'新建 Access 实例

```
    Set appAccess = CreateObject("Access. Application")
    '使用 OpenCurrentDatabase 方法在 Access 窗口中打开数据库
    appAccess. OpenCurrentDatabase strDB
    '打开"订单"窗体
    appAccess. DoCmd. OpenForm "订单"
End Sub
```

2. Form 对象、Forms 集合和 Control 对象、Controls 集合

Form 对象是一个特定的 Access 窗体,是 Forms 集合的成员。Forms 集合是当前打开的所有窗体的集合。可以按名称来引用 Forms 集合中的窗体(如果窗体名称中包含空格,那么名称必须用一对方括号"[ ]"括起来)。引用 Forms 集合中的 Form 对象的语法如表 9-7 所示。

表 9-7 引用 Forms 集合中的 Form 对象的语法

语　　法	示　　例
Forms！formname	Forms！OrderForm
Forms！[formname]	Forms！[OrderForm]
Forms("formname")	Forms("OrderForm")
Forms(index)	Forms(0)

每个 Form 对象都有一个 Controls 集合,其中包含该窗体上的所有控件。要引用窗体上的控件,可以显式或隐式地引用 Controls 集合。例如,下面的代码就引用 OrderForm 窗体上名为 New-Data 的控件。

```
'隐式引用
Forms！OrderForm！NewData
'显式引用
Forms！OrderForm. Controls！NewData
```

3. Modules 集合和 Module 对象

Modules 集合包含 Access 数据库中所有打开的标准模块和类模块。所有打开的模块都包含在 Modules 集合中,无论模块是未经编译的、已经编译的、处于中断模式还是包含正在运行的代码。Module 对象引用标准模块或类模块,可以返回对 Modules 集合中特定的标准模块或类模块对象的引用。

下面的代码将返回一个对 Modules 集合中指定窗体 Module 对象的引用,并将其赋予一个模块对象。

```
Dim MyModule As Module
Set MyModule = Modules！Form_Employees
```

4. DoCmd 对象

DoCmd 是 Access 的一个特殊对象,用来调用内置方法,在程序中实现对 Access 数据库的操作。这些操作可以执行诸如打开报表、关闭报表、打开窗体、关闭窗体和设置控件值等任务。例如,可以使用 DoCmd 对象的 OpenForm 方法来打开一个窗体,或者使用 Hourglass 方法将鼠标指针改为沙漏状图标。

DoCmd 对象的大多数方法都有参数,某些参数是必需的,其他一些参数则是可选的。如果省略可选参数,这些参数将被假定为特定方法的默认值。

(1)用 DoCmd 对象打开窗体

格式:DoCmd. OpenForm"窗体名"

功能:用默认形式打开指定的窗体。

下面的代码将在窗体视图中打开一个窗体,并移至一条新记录。

```
Sub ShowNewRecord()
    DoCmd. OpenForm "Employees" ,acNormal
    DoCmd. GoToRecord, , acNewRec
End Sub
```

(2)用 DoCmd 对象关闭窗体

格式1:DoCmd. Close acForm ,"窗体名"

功能:关闭指定的窗体。

格式2:DoCmd. Close

功能:关闭当前窗体。

(3)用 DoCmd 对象打开报表

格式:DoCmd. OpenReport "报表名" ,acViewPreview

功能:用预览形式打开指定的报表。

例如:

DoCmd. OpenReport "月工资报表名" ,acViewPreview

(4)用 DoCmd 对象关闭报表

格式1:DoCmd. Close acReport "报表名"

功能:关闭指定的报表。

例如:

DoCmd. Close acViewPreview "月工资报表名"

格式2:DoCmd. Close

功能:关闭当前报表。

(5)用 DoCmd 对象运行宏

格式:DoCmd. RunMacro"宏名"

功能:运行指定的宏。

例如:

DoCmd. RunMacro "宏1"

(6)用 DoCmd 对象退出 Access

格式:DoCmd. Quit

功能:关闭所有的 Access 对象和 Access 本身。

例9.3 使用 DoCmd 对象练习。

要求:在窗体中建立2个命令按钮,单击按钮以调用 DoCmd 对象的方法打开指定的窗体、关闭指定的窗体并退出 Access。

目标:熟悉 DoCmd 对象的使用方法。

步骤：

① 打开"金鑫超市管理系统.mdb"数据库。

② 建立一个显示"供应商表"中全部信息的窗体，并进行如下设置。

（a）将窗体标题设置为"供应商表"。

（b）在窗体的页眉处添加一个矩形框，将其背景色设置为粉红色；在矩形框内添加一个标签，标题设置为"金鑫超市供应商信息一览表"。

（c）将记录选择器、导航栏按钮、分隔线均设置为不显示。

（d）添加 2 个命令按钮，分别命名为"Main_quit"和"供应商信息查询"，将标题分别设置为"退出"和"供应商信息查询"。

（e）建立一个标签，将标题设置为"窗体_DoCmd对象练习"。

其他控件的名称及属性不必做任何修改，使用默认值就可以了（窗体的"内含模块"属性为"是"）。设计结果如图 9-17 所示。

③ 右击"退出"按钮，从弹出的快捷菜单中选择"事件生成器（B）…"命令。按钮"退出"的 VBA 代码如图 9-18 所示。

图 9-17 "窗体_DoCmd 对象练习"的设计视图

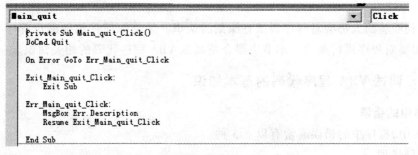

```
Main_quit                              ▼  Click

Private Sub Main_quit_Click()
DoCmd.Quit

On Error GoTo Err_Main_quit_Click

Exit_Main_quit_Click:
    Exit Sub

Err_Main_quit_Click:
    MsgBox Err.Description
    Resume Exit_Main_quit_Click

End Sub
```

图 9-18 按钮"退出"的 VBA 代码

④ 从 VBE 窗口的对象框中选择"供应商信息查询"，在过程框中选择"Click"，为按钮"供应商信息查询"编写代码，如图 9-19 所示。

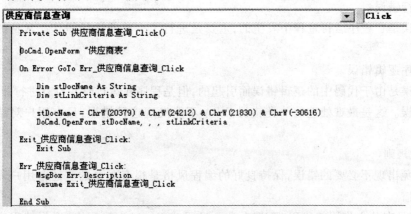

```
供应商信息查询                          ▼  Click

Private Sub 供应商信息查询_Click()

DoCmd.OpenForm "供应商表"

On Error GoTo Err_供应商信息查询_Click

    Dim stDocName As String
    Dim stLinkCriteria As String

    stDocName = ChrW(20379) & ChrW(24212) & ChrW(21830) & ChrW(-30616)
    DoCmd.OpenForm stDocName, , , stLinkCriteria

Exit_供应商信息查询_Click:
    Exit Sub

Err_供应商信息查询_Click:
    MsgBox Err.Description
    Resume Exit_供应商信息查询_Click

End Sub
```

图 9-19 按钮"供应商信息查询"的 VBA 代码

⑤ 将该窗体命名为"窗体_DoCmd 对象练习"并保存起来。在"数据库"窗口中打开"窗体_
DoCmd 对象练习"窗体,查看其窗体视图,单击"供应商信息查询"按钮,运行结果如图 9–20
所示。

图 9–20　单击"供应商信息查询"按钮的运行结果

9.6　VBA 程序代码的调试

稍有编程经验的人都会对程序调试有深刻的认识。无论如何仔细地编排程序,都难以一试
即通,常常需要对程序进行调试。本节主要介绍调试 VBA 程序代码的相关知识。

9.6.1　调试 VBA 程序代码的基本知识

1. 程序中的错误

在 VBA 中,程序中的错误通常有以下 3 种。

（1）编译错误

这是由于程序中使用语句的方式错误而引起的。例如,用户输入关键字错误、标点符号遗漏
等。VBA 会在编译时检查出这类错误。

（2）运行错误

这种错误是在程序运行过程中发生的,主要是进行了一些非法的操作。常见的错误如分母
为 0。

（3）程序逻辑错误

这种错误是由于代码中的逻辑错误而引起的,但是程序在运行时并没有进行非法操作,只是
运行结果有误。这是最难处理的一类错误,VBA 不能发现这种错误,只有用户对结果进行分析
时才会发现。

2. 编程规则

为了避免出现不必要的错误,保持良好的编程风格是很有必要的。通常用户需要遵循以下
几条规则。

① 对于具有独立作用的代码,要放在 Sub 过程或 Function 过程中,以保持程序简洁且功能

明确。

② 编写代码时要适当地添加注释,便于其他用户了解代码的功能。

③ 在每个模块中加入 Option Explicit 语句,这样用户在使用未定义变量时,就能够避免产生编译错误。

④ 变量应该采用统一的命名规则,变量名应有一定的含义,这样有利于了解变量的作用。

⑤ 在声明对象或其他变量时,应该尽量使用确定的对象类型或数据类型,尽量少用 Object 和 Variant。这样既可以加快程序的运行,又可以避免出现错误。

3. 错误处理

一个考虑周密的程序设计方案应该提供有效的错误处理机制。如果没有进行任何处理,在代码出错时,VBA 将停止代码的运行并显示一条错误提示消息。通过把错误处理例程包含在代码中,可以处理任何有可能产生的错误,可以预先防止许多问题。

将错误处理代码添加到过程中,在执行错误处理程序时,系统将通过某些形式的 On Error 语句来启用错误处理程序,所以 On Error 语句将在错误事件中指引程序的执行。如果没有 On Error 语句,在出现错误时,VBA 只是简单地中止程序的执行并显示一条错误提示消息。

错误处理程序指定发生错误时过程应该如何响应。例如,在出现特定的错误时,用户可能需要中止过程的运行机制,或者需要改正导致错误的条件并恢复过程的正常执行。On Error 和 Resume 语句决定了如何在错误事件中执行过程。

(1) On Error 语句

On Error 语句启用或禁止执行错误处理程序。如果启用了错误处理例程,当出现错误时,将会执行错误处理例程。

On Error 语句有 3 种形式:On Error GoTo Label,On Error GoTo 0,On Error Resume Next。

On Error GoTo Label 语句启用错误处理例程。如果发生一个运行时错误,则该例程激活由 Label 参数指定的代码行号后面的错误处理例程,并执行其中的代码。由 Label 参数指定的代码行应该是错误处理例程的起始行。例如,以下过程指定,在出现错误时执行跳转到标号为 Error_LineNumber 的代码行上。

```
Function MayCauseAnError( )
    '激活错误处理程序
    On Error GoTo Error_LineNumber
    '在此包含可能产生错误的代码
    …
    Error_LineNumber:
    '在此包含处理错误的代码
    …
End Function
```

On Error GoTo 0 语句使过程中的错误处理无效。该语句并不是把 0 行指定为错误处理代码的起始行,即使过程中包含标号为 0 的代码行也不是。如果代码中没有 On Error GoTo 0 语句,则在过程运行完成时,错误处理程序将自动变为无效。On Error GoTo 0 会重置 Err 对象的属性,这与使用 Err 对象的 Clear 方法的效果一样。

On Error Resume Next 语句会忽略导致错误的代码行,并跳转到错误代码行的下一行继续执行。此时,过程的执行并没有中止。如果要在执行可能导致错误的代码之后立即检查 Err 对象的属性,并在过程本身而不是错误处理程序中处理错误,可以使用 On Error Resume Next 语句。

(2) Resume 语句

Resume 语句使程序的执行从错误处理例程跳转回过程的主体。在错误处理例程中包含 Resume 语句,可以从过程的某一特定点上继续执行程序。Resume 语句并不是必需的,可以在运行完错误处理例程之后就结束过程。

Resume 语句有 3 种形式:Resume 或 Resume 0,Resume Label,Resume Next。

Resume 或 Resume 0 将返回到发生错误的代码行。当用户必须更正错误时,可以使用 Resume 或 Resume 0 语句。

Resume Label 将返回到由 Label 参数指定的代码行。Label 参数必须指定一个行标签或一个行号。通过使用 Resume Label,可以在过程中由 Label 参数指定的其他代码行上继续执行。

Resume Next 将返回到错误代码行的下一行。使用 Resume Next 语句可以在错误处理程序中改正错误并跳过错误的代码行继续执行。

(3) 退出例程

过程在包含一个错误处理例程的同时,还应该包括一个退出例程,以便只是在发生错误时才运行错误处理例程。可以像指定错误处理例程那样,用行标签来指定退出例程。

退出例程包含一条 Exit 语句。例如,可以将退出例程添加到前面的示例中。如果没有出现错误,退出例程将在过程主体后面执行。而当出现错误时,在执行完错误处理例程之后将跳转至退出例程。

```
Function MayCauseAnError( )
    '激活错误处理程序
    On Error GoTo Error_LineNumber
    '在此包含可能产生错误的代码
    …
    Error_LineNumber:
    Exit Function


    Error_LineNumber:
    '在此包含处理错误的代码
    …
    '使用退出例程恢复程序的执行,以退出函数
    Resume Exit_LineNumber
End Function
```

4. 启动、暂停和执行 VBA 程序代码

(1) 启动

在执行 VBA 程序代码时,Access 会自动执行程序中的所有模块。如果程序中存在任何编译错误,系统会给出提示信息,用户也可以主动对程序进行编译。

在通过编译以后,用户可以调试程序中的运行错误和逻辑错误。这两种错误只能在程序运行过程中才能被发现,因此必须首先启动 VBA 程序代码。只需单击工具栏上的"运行"按钮即可。

(2) 暂停

Access 提供的大部分调试工具都必须在程序处于挂起状态时才有效,这就需要暂停 VBA 程序代码。在这种情况下,变量和对象的属性都将保持它们的值,同时在代码窗口中显示当前运行的代码。要将程序设置为挂起状态,可以采用以下几种方法。

① 如果在 VBA 程序中设置了断点,系统就会在运行到该断点处时将程序挂起。用户可以在任何可执行语句和赋值语句处设置断点,但是不能在声明语句和注释行的位置设置断点。用户不能在程序运行时设置断点,只有在编写程序代码或程序处于挂起状态时才可以设置断点。

设置断点的方法为:在代码窗口中,将光标移到要设置断点的行,然后按 F9 键,或用鼠标单击要设置断点的行的左侧的边缘部分,或单击工具栏上的"切换断点"按钮。

清除断点的方法为,将插入点移到设置断点的代码行,然后单击工具栏上的"切换断点"按钮,或单击断点代码行的左侧的边缘部分。

② 向过程中添加 Stop 语句,或在代码执行时按 Ctrl + Break 组合键,即可将程序代码挂起。

Stop 语句是添加在程序中的,当程序执行到该语句时将挂起。Stop 语句的作用与断点类似。但是,当用户关闭数据库后,所有的断点都会消失,而 Stop 语句却还在代码段中。当不再需要断点时,可以选择【调试】→【清除所有断点】命令将所有断点清除。但是,Stop 语句必须被逐行删除,十分麻烦。

(3) 执行

VBA 程序代码有 5 种运行方式,分别说明如下。

① 逐语句执行

如果用户希望单步执行每一行程序代码,包括被调用过程中的程序代码,可以单击工具栏上的"逐语句"按钮。此时,VBA 运行当前语句,并自动转移到下一条语句,同时将程序挂起。

有时,在一行中会有多条被冒号分隔开的语句。在使用"逐语句"按钮时,将逐个执行该行中的每一条语句,而断点则只应用于该行的第 1 条语句。

② 逐过程执行

如果用户希望执行每一行程序代码,并将被调用的过程作为一个单位执行,可以单击工具栏上的"逐过程"按钮。

逐过程执行与逐语句执行的不同之处在于:当执行代码调用其他过程时,逐语句是将当前行转移到过程中,在此过程中一行一行地执行;而逐过程将调用其他过程中的语句,并将该过程执行完毕,然后进入下一条语句。

③ 跳出执行

如果用户希望执行当前过程中的剩余代码,可以单击工具栏上的"跳出"按钮。当执行跳出命令时,VBA 就会将该过程中尚未执行的语句执行完。执行完这个过程后,程序将返回到调用该过程的过程位置,此时"跳出"命令执行完毕。

④ 运行到光标处

选择【调试】→【运行到光标处】命令,VBA 就会运行到当前光标所在的行。当用户可以确定某一范围内的语句正确时,再在该区域后面逐步调试。

⑤ 设置下一条语句

在 VBA 中,用户可以自由设置下一条要执行的语句。用户可以在程序中选择要执行的下一条语句,然后右击,此时会弹出快捷菜单,在其中选择"设置下一条语句"命令即可。这个命令必须在程序挂起时使用。

9.6.2　调试 VBA 程序代码的工具

VBA 提供了强大的调试工具,便于用户调试程序代码,以查找到程序的编写错误。

Access 为 VBA 专门提供了"调试"菜单和"调试工具栏",如图 9–21 所示即为"调试工具栏"。

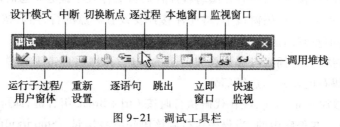

图 9–21　调试工具栏

调试工具栏上各个命令按钮的功能说明如表 9–8 所示。

表 9–8　调试工具栏命令按钮的功能说明

命令按钮	按钮名称	功能说明
	设计模式按钮	打开或关闭设计模式
	运行子过程/用户窗体按钮	单击此按钮,如果光标在过程中,则运行当前过程;如果用户窗体处于激活状态,则运行用户窗体。否则,将运行宏
	中断按钮	单击此按钮,将终止程序的执行,并切换到中断模式
	重新设置按钮	单击此按钮,清除执行堆栈和模块级变量,并重新设置过程
	切换断点按钮	单击此按钮,在当前行设置或清除断点
	逐语句按钮	单击此按钮,一次执行一句代码
	逐过程按钮	单击此按钮,在代码窗口中一次执行一个过程或一句代码
	跳出按钮	单击此按钮,执行当前执行点处的过程中的其余行
	本地窗口按钮	单击此按钮,显示"本地窗口"
	立即窗口按钮	单击此按钮,显示"立即窗口"
	监视窗口按钮	单击此按钮,显示"监视窗口"
	快速监视按钮	单击此按钮,显示所选表达式的当前值的"快速监视"对话框
	调用堆栈按钮	单击此按钮,显示"调用堆栈"对话框,列出当前活动的过程调用

9.6.3　VBA 程序代码设计示例

下面以一个简单的例子来说明调试工具的应用。有关调试工具的更多内容,可以查看"帮助"主题。

例 9.4 VBA 程序代码创建练习。

要求：设计一个小的货币数字转换器程序，将给定的阿拉伯数字转换成大写的汉字数字。

分析：可以把题目设计分为两个部分，一是数字转换部分，二是输入输出部分。把数字转换部分放入标准模块中，以供所有窗体调用；把输入输出部分放入相应的窗体事件中。

步骤：

① 启动数据库，依次选择【模块】→【新建】命令，进入 VBA 编辑环境。

② 在代码区域中输入自己编写的输入数字转换程序代码，并以名称"Up"保存模块。输入模块内容如图 9-22 所示。

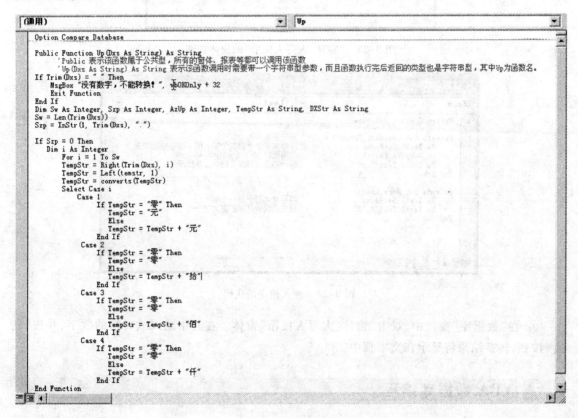

```
(通用)                                                    Up

Option Compare Database

Public Function Up(Dxs As String) As String
      'Public 表示该函数属于公共型，所有的窗体、报表等都可以调用该函数
      'Up(Dxs As String) As String 表示该函数调用时需要带一个字符串型参数，而且函数执行完后返回的类型也是字符串型，其中Up为函数名。
If Trim(Dxs) = " " Then
      MsgBox "没有数字，不能转换！", vbOKOnly + 32
      Exit Function
End If
Dim Sw As Integer, Szp As Integer, AzUp As Integer, TempStr As String, DXStr As String
Sw = Len(Trim(Dxs))
Szp = InStr(1, Trim(Dxs), ".")

If Szp = 0 Then
    Dim i As Integer
      For i = 1 To Sw
      TempStr = Right(Trim(Dxs), i)
      TempStr = Left(temstr, 1)
      TempStr = converts(TempStr)
      Select Case i
          Case 1
              If TempStr = "零" Then
                  TempStr = "元"
                  Else
                  TempStr = TempStr + "元"
              End If
          Case 2
              If TempStr = "零" Then
                  TempStr = "零"
                  Else
                  TempStr = TempStr + "拾"
              End If
          Case 3
              If TempStr = "零" Then
                  TempStr = "零"
                  Else
                  TempStr = TempStr + "佰"
              End If
          Case 4
              If TempStr = "零" Then
                  TempStr = "零"
                  Else
                  TempStr = TempStr + "仟"
              End If
End Function
```

图 9-22 输入模块内容

③ 关闭该窗口，进入"数据库"窗口。

④ 新建一个窗体，在窗体上设计两个标签、两个文本框和一个命令按钮。将标签分别命名为"转换前"和"转换后"；两个文本框中，一个用于输入阿拉伯数字，另一个用于显示转换后得到的数字；命令按钮用于触发转换事件。将窗体命名为"窗体_大写人民币"并保存起来。设计完成后的窗体视图如图 9-23 所示。

⑤ 在"窗体_大写人民币"设计视图中，选择"转换"按钮，单击鼠标右键，选择快捷菜单中的"事件生成器"，进入 VBE 窗口。输入相应的代码，如图 9-24 所示。从中可以看到，该事件过程调用了前面定义的函数"Up"，并将窗体中的一个文本框中的内容作为输入参数。代码输入完成

之后,保存并退出该编辑界面。

图 9-23 "窗体_大写人民币"的窗体视图

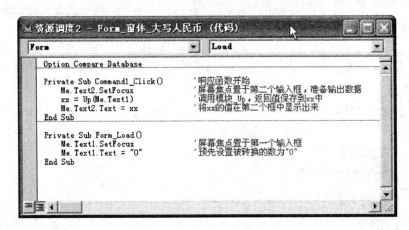

图 9-24 输入相应的代码

⑥ 在"数据库"窗口中,双击"窗体_大写人民币"窗体。在其中输入欲转换的数字,并按"转换"按钮,转换结果将显示在文本框中。

9.7 VBA 数据库编程

前面已经介绍了使用各种类型的 Access 数据库对象来处理数据的方法和形式。实际上,要想快速、有效地管理好数据,开发出更具实用价值的 Access 数据库应用程序,还应当了解和掌握 VBA 数据库编程方法。本节主要讲解 Access 中 VBA 数据库编程的基本知识和方法,从而使读者掌握两个方面的内容:用 DAO 访问数据库,用 ADO 访问数据库和运行错误处理程序。

9.7.1 VBA 数据库访问接口

1. VBA 数据库访问接口类型

VBA 数据库访问接口是指 VBA 与后台数据库的连接部分,主要有 3 种数据库访问接口。

① ODBC(Open Database Connectivity,开放式数据库连接)是一种关系数据源的接口,它基

于 SQL(Structured Query Language,结构化查询语言),把 SQL 作为访问数据库的标准。这个接口提供了最大限度的互操作性,一个应用程序通过一组代码可以访问不同的数据库管理系统。ODBC 可以为不同的数据库提供相应的驱动程序。

② DAO(Data Access Objects,数据访问对象)是一种面向对象的界面,提供一个访问数据库的对象模型,用其中所定义的一系列数据访问对象,从而实现对数据库的各种操作。

③ ADO(ActiveX Data Objects,ActiveX 数据对象)是基于组件的数据库编程接口。ADO 实际上提供访问各种数据类型的连接,是一个与编程语言无关的 COM(Component Object Model,构件对象模型)组件系统。ADO 可以方便地连接任何符合 ODBC 标准的数据库。

2. 数据引擎

数据引擎是应用程序与物理数据库之间的桥梁,它以一种通用接口的方式,使各种类型的物理数据库对用户而言都具有统一的形式、相同的数据访问与处理方法。VBA 通过数据引擎工具 Microsoft Jet 支持对数据库的访问。所谓数据引擎实际上是一组动态链接库(Dynamic Link Library,DLL),在程序运行时被连接到 VBA 上,从而实现对数据库的数据访问功能。

9.7.2 用 DAO 访问数据库

1. DAO 访问的数据库类型

VBA 通过 DAO 和数据引擎可以识别三类数据库:本地数据库,即 Access 数据库;外部数据库,如 Visual FoxPro、Excel 等;ODBC 数据库,即符合 ODBC 标准的客户－服务器数据库,如 SQL Server、Oracle 等。

DAO 提供了一种通过程序代码创建和操作数据库的机制。编程者只需了解 DAO 的使用方法就可以对几乎任何一种数据库进行操作,而对具体的数据库系统则无需深入探讨。数据引擎会处理与各种数据库之间的接口,可以把数据访问对象上的操作转换为对数据库文件本身的物理操作。

2. DAO 模型结构

DAO 完全面向对象,它将数据的值作为属性,将数据的查询作为方法,将数据值的变化作为事件,将它们完全封装在 DAO 对象中。DAO 是全面控制数据库的完整的编程接口。DAO 模型是设计关系数据库系统结构的对象类的集合,它提供了管理关系数据库系统所需操作的属性和方法,例如,创建数据库,定义表、字段和索引,建立表之间的关系,定位和查询数据库等。

DAO 模型是一个分层的树状结构,DAO 对象的简单模型如图 9-25 所示。

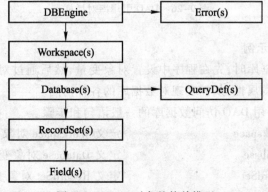

图 9-25 DAO 对象的简单模型

不同层次的对象分别对应被访问数据库的不同部分,在编程时要区分清楚。

① DBEngine 对象:处于顶层,表示 Microsoft Jet 数据引擎,是模型中唯一不被其他对象所包含的对象,它包含并控制 DAO 模型中的其他对象。

② Workspace 对象:表示工作区,可以使用隐含的 Workspace 对象。

③ Database 对象:代表一个到数据库的连接,表示被操作的数据库对象。

④ RecordSet 对象:代表一个数据记录的集合,该集合中的记录来自一个表、一个查询或一条 SQL 语句的运行结果。

⑤ Field 对象:表示记录集中的字段。

⑥ QueryDef 对象:表示数据库查询信息。

⑦ Error 对象:表示数据提供程序出错时的扩展信息。

3. DAO 库的引用

需要指出的是,在设计 Access 模块时要想使用 DAO 的各个访问对象,应该先增加一个对 DAO 库的引用。Access 的 DAO 引用库为 DAO 3.6,其引用的设置方式为:先进入 VBE 窗口,使用【工具】→【引用】命令,在弹出的"引用"对话框中选择"Microsoft DAO 3.6 Object Library"选项,如图 9-26 所示,单击"确定"按钮。

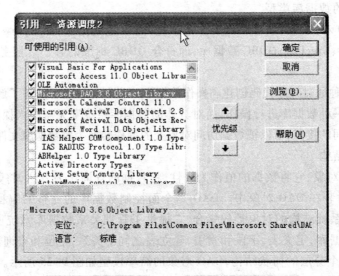

图 9-26　DAO 引用库对话框

4. DAO 访问数据库示例

在使用 DAO 访问数据库时,先在程序中设置对象变量,然后通过对象变量来调用访问对象的方法,再设置访问对象的属性,从而实现对数据库的各种访问。

下面的程序段给出了用 DAO 访问数据库的一般语句和步骤。

```
Dim ws As DAO. Workspace          '定义 Workspace 对象变量
Dim db As DAO. Database           '定义 Database 对象变量
Dim rs As DAO. RecordSet          '定义 RecordSet 对象变量
Dim fd As DAO. Field              '定义 Field 对象变量
```

```
Set ws = DBEngine. Workspace(o)                '打开默认工作区
Set db = ws. OpenDatabase(数据库的地址与文件名)      '打开数据库
Set rs = db. OpenRecordSet(表名、查询名或 SQL 语句)    '打开记录集合
Do While not rs. EOF                '循环遍历整个记录集合直到记录集合的末尾
…                                   '对字段的各种操作
rs. MoveNext                        '记录指针移到下一条记录位置
Loop                                '返回到循环开始处
rs. close                           '关闭记录集合
db. close                           '关闭数据库
Set rs = nothing                    '释放记录集合对象变量所占用的内存空间
Set db = nothing                    '释放数据库对象变量所占用的内存空间
```

说明：如果是本地数据库，Workspace 对象变量的定义就可以省略，打开默认工作区和打开数据库这两条语句可以用一条语句来代替：

Set db = CurrentDb( )

下面用一个实例来介绍使用 DAO 访问数据库的方法。

例 9.5 用 DAO 访问数据库练习。

要求：在窗体中建立命令按钮，单击命令按钮，用 DAO 方法更新本地数据库中的数据表的内容，并将其显示在文本框中。

① 打开素材文件夹中的"客户．mdb"数据库。

② 新建窗体，设置窗体的记录选择器、导航栏按钮、分隔线为均不显示。以"窗体_调整工资"为名保存起来。

③ 在窗体中建立 2 个标签，分别命名为"t1"和"t2"，标题分别设置为"联系人名字："和"工资："。

④ 在窗体的页眉处添加一个标签，标题为"工资增加 10%"。

⑤ 在窗体的页脚处建立命令按钮，名称为"C1"，标题为"显示第一条记录"。

相应的窗体布局如图 9-27 所示。

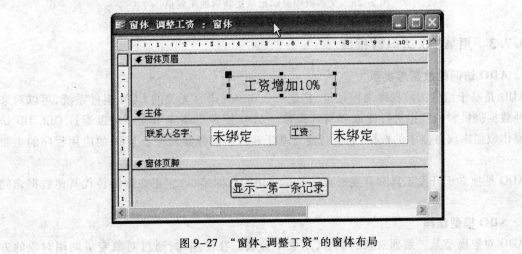

图 9-27 "窗体_调整工资"的窗体布局

⑥ 编写命令按钮 C1 的 Click 事件代码,如图 9-28 所示。

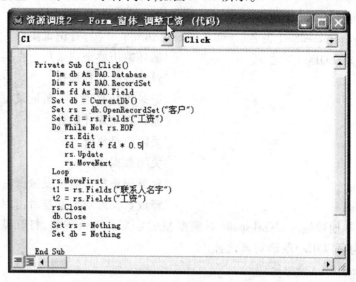

图 9-28　命令按钮 C1 的 Click 事件代码

⑦ 转到窗体视图,单击命令按钮,可以看到 t2 文本框中显示出一条记录更新后的工资值,如图 9-29 所示。

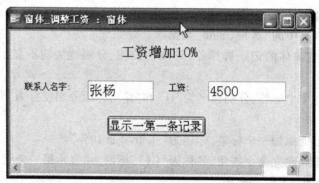

图 9-29　文本框中显示记录更新后的工资值

9.7.3　用 ADO 访问数据库

1. ADO 访问的数据库类型

ADO 是基于组件的数据库编程接口,它是一个和编程语言无关的 COM 组件系统,可以对来自多种数据提供者的数据进行读取和写入操作。ADO 使客户端应用程序可以通过 OLE DB 访问和操作数据库服务器中的数据,它支持建立基于客户 - 服务器和基于 Web 的应用程序的主要功能。

ADO 是独立于开发工具和开发语言的简单易用的数据接口,它正在逐渐替代其他数据访问接口。

2. ADO 模型结构

ADO 对象模型是一系列对象的集合,对象不分级。在使用时,通过对象变量调用对象的方法、设置对象的属性,从而实现对数据库的访问。

ADO 对象的简单模型如图 9-30 所示。

说明:

① Connection 对象:建立到数据源的连接。它是
ADO 中最为重要的对象之一。

② Command 对象:表示一个命令。

③ RecordSet 对象:表示数据操作所返回的记录
集合。它可以与 Connection 对象和 Command 对象联
合使用,它是 ADO 中最为重要的对象之一。

④ Field 对象:表示记录集合中的字段。

⑤ Error 对象:表示数据提供程序出错时的扩展信息。

ADO 的核心是 Connection、Command 和 RecordSet 对象。

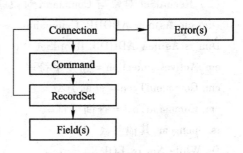

图 9-30 ADO 对象的简单模型

3. ADO 的引用

需要指出的是,在设计 Access 模块时要想使用 ADO 的各个访问对象,首先应该增加一个对
ADO 库的引用。Access 2003 的 ADO 引用库为 ADO 2.8,其引用的设置方式为:先进入 VBE 窗
口,选择【工具】→【引用】命令,弹出如图 9-26 所示的"引用"对话框,从"可使用的引用"列表框
中选择"Microsoft ActiveX Data Objects Recordset 2.8 Library"选项。

4. ADO 访问数据库示例

通过 ADO 访问数据库,先创建对象变量,再用对象的方法和属性来访问数据库。在 ADO 对
象的前面要添加前缀"ADODB"。

下面的程序段给出了用 ADO 访问数据库的一般语句和步骤。

(1) RecordSet 对象与 Connection 对象联合使用

```
Set db = CurrentDb( )

Dim cn As new ADODB. Connection        '建立连接对象

Dim rs As new ADODB. RecordSet         '建立记录集合对象

cn. Provider = " Microsoft. Jet. OLEDB. 4. 0"   '设置数据提供者

cn. Open 连接字符串                       '打开数据库

rs. Open 查询字符串                       '打开记录集合

Do While Not rs. EOF                    '循环开始

…                                      '对字段的各种操作

rs. MoveNext                           '记录指针移到下一条记录

Loop                                   '返回到循环开始处

rs. close                              '关闭记录集合

cn. close                              '关闭数据库

Set rs = nothing                       '释放记录集合对象变量所占用的内存空间

Set cn = nothing                       '释放数据库对象变量所占用的内存空间
```

说明:如果是本地数据库,Access 的 VBA 给 ADO 提供了打开数据库的快捷方式,可以将设
置数据提供者和打开数据库这两条语句用一条语句来代替:

Set cn = CurrentProject. Connection( )

（2）RecordSet 对象与 Command 对象联合使用

Dim cm As new ADODB. Command	'建立命令对象
Dim rs As new ADODB. ReordSet	'建立记录集合对象
cm. ActiveConnection = 连接字符串	'建立命令对象的活动连接
cm. CommandType = 查询类型	'建立命令对象的查询类型
cm. CommandText = 查询字符串	'建立命令对象的查询字符串
rs. open cm,其他参数	'打开记录集合
Do While Not rs. EOF	'循环开始
…	'对字段的各种操作
rs. MoveNext	'记录指针移到下一条记录
Loop	'返回到循环开始处
rs. close	'关闭记录集合
Set rs = nothing	'释放记录集合对象变量所占用的内存空间

说明：常用的查询类型有 3 种。如果查询类型为 1，则是 SQL 命令；如果查询类型为 2，则是数据表名；如果查询类型为 3，则是查询名。

▣ 本章小结

本章首先介绍了 VBA 程序设计的思想。VBA 作为 VB 的一个子集，保留了面向对象的程序设计思想与简单、易用的特点。因此，VBA 在以 Office 为代表的桌面型办公自动化软件中得到了大量的应用。

本章简要地介绍了 VBA 的基本知识，如程序流程的控制语句，这是构成程序的最基本的结构；还简要地介绍了面向对象程序设计方法，对其中的概念、方法进行了简要的说明，为后面的用例提供最基本的背景知识。

▣ 习题

一、单项选择题

1. VBA 中定义符号常量时可以使用关键字（   ）。

    A. Const   B. Dim   C. Public   D. Private

2. 使用（   ）语句可以定义变量。

    A. Dim   B. Iif   C. For…Next   D. Database

3. VBA 中的类型说明符号"%"表示（   ）。

    A. Integer   B. Long   C. Single   D. Double

4. VBA 中的类型说明符号"!"表示（   ）。

    A. Integer   B. Long   C. Single   D. Double

5. VBA 中的类型说明符号"#"表示（   ）。

    A. Integer   B. Long   C. Single   D. Double

6. 声明一个含有 10 个整型元素、下标下界为 1 的数组 Array,正确的是(   )。

    A. Dim Array(10)   B. Dim Array(1 To 10)

    C. Dim Array(1 To 10) As Integer   D. Dim Array(10) As Integer

7. 用 Static 声明的变量是(   )。

    A. 静态变量   B. 本地变量   C. 私有变量   D. 公共变量

8. 与 c = IIf(a > b,a,b)语句等价的是(   )。

    A. If a > b Then Debug. Print a Else Debug. Print b

    B. If a > b Then c = a Else c = b

    C. If a > b Then Debug. Print a Else Debug. Print b End If

    D. If a > b Then c = a Else c = b End If

9. 在 VBA 程序代码的调试过程中,能够显示出所有在当前过程中声明的变量及变量值信息的是(   )。

    A. 本地窗口   B. 立即窗口   C. 监视窗口   D. 代码窗口

10. VBA 中用实际参数 a 调用带参数过程 Proc(x)的正确形式是(   )。

    A. Proc a   B. Proc m   C. Call Proc(a)   D. Call Proc a

二、填空题

1. Access 中主要有 2 种类型的模块,分别为_____和_____。

2. 若要打开指定的模块文件,可以通过_____操作来实现。

3. Access 2003 可以支持各种数据源,例如_____、_____和_____。

4. ODBC 的英文全称为_____。

5. 在 Access 中执行命令的对象为_____。

6. 假如要在数据库和 Excel 工作表之间进行数据转换,应该使用_____操作。

7. 数据类型 Long 代表的是_____,占用_____个字节。

8. 若为动态数组变量,应该通过_____语句来定义数组变量的作用域。

9. 在 Access 2003 中,程序主要分为 4 种,分别为_____、_____、_____和_____程序。

10. 若为公用函数,则函数的结构为_____。

11. 程序中的错误主要分为三大类,分别为_____、_____和_____错误。

12. 在执行程序期间碰到_____表达式会进入中断模式。

13. 在_____窗口中可以直接输入表达式查询变量的值。

14. 数据类型 Integer 的取值范围是从_____到_____。

15. 数据类型 Decimal 占用_____个字节,数据类型 Double 占用_____个字节。

16. 数据类型 Date 占用_____个字节,取值范围是从_____到_____。

17. 数据类型 String 最多可以存放_____个字节。

18. 数据类型 Byte 占用_____个字节,取值范围是从_____到_____。

19. 数据类型 Variant 占用_____个字节。

20. 在 VBA 中占用字节最多的为_____数据类型(数据类型 String 除外)。

三、简答题

1. VBA 中有哪几种变量声明方法?

2. 什么是变量作用域?变量有哪几种作用域?

3. VBA 中有哪几种类型的模块?

4. VBA 语言在 Access 中有哪些优点?

小型应用系统开发

第 10 章

数据库应用系统是指在计算机软硬件系统和某种数据库管理系统的支持下,针对某方面的实际应用为用户提供服务的系统,进行应用系统开发是使用数据库管理系统的最终目的。

本章以"金鑫超市管理系统"为例,综合应用前面各章学习的知识、技术和方法,具体介绍一个小型数据库应用系统的开发步骤和过程。

10.1 应用系统开发概述

数据库应用系统一般包含多个子系统,子系统又包含多个功能模块。要想开发一个高质量的数据库应用系统,需要在软件开发理论和方法的指导下进行,否则难以取得成功。软件开发方法有很多,如结构化生命周期法、原型法、面向对象方法等。软件生命周期开发方法将数据库应用系统开发分为系统分析、系统设计、系统实施、系统运行与维护等几个阶段。

10.1.1 系统分析

系统分析是数据库系统开发的重要环节,同时也是首要环节,系统分析的优劣直接影响着系统的成败。系统分析的主要任务是详细调查用户现有系统的组织、系统功能、数据结构,了解用户对数据库应用系统的具体要求,根据调查结果进行深入的需求分析,编写用户需求说明书,提出建立数据库应用系统的初步方案。

由于使用者不同,系统开发的目标和角度是不同的。所以在这期间开发人员需要尽量详细地了解系统的理念、功能,从而总结出可行性思路以及开发时间等细节问题,使最后开发出的成果尽量清晰地展现出来。系统分析阶段要在信息收集的基础上,确定系统开发的可行性。

10.1.2 系统设计

系统设计包括概要设计和详细设计。系统概要设计的主要任务是在系统需求分析的基础上建立数据库应用系统的总体结构,划分数据库应用系统的子系统和子系统的功能模块,编写概要设计说明书;详细设计的主要任务是进行数据库设计、模块设计、界面设计、输入设计、输出设计等。

数据库设计是指根据用户的需要,确定数据库中要输出什么信息、输入什么数据、如何按不同主题的表存储数据、表中有哪些字段、表之间存在什么关系,并据此建立 E‑R 模型、逻辑模型、物理模型。

模块设计是指对组成子系统的每个功能进行设计。对 Access 来说,模块的任务可以由查询、窗体、报表对象来完成。

界面设计是指对组成应用系统的每个窗口界面进行设计。对 Access 来说,就是设计数据库应用的系统主界面、子系统界面、功能模块界面,考虑界面上显示的内容、提示信息、输入输出数据、图片、字体、颜色等。

输入设计是指如何简单、方便、快捷、正确地将数据输入到数据库中,可以使用外部数据导入。对 Access 来说,就是要设计何种类型的窗体对象,解决数据的输入问题。

输出设计是指如何方便、快捷、正确、美观地显示或打印用户需要的结果。对 Access 来说,就是要设计何种形式的查询、窗体、报表对象,解决输出问题。

10.1.3 系统实施

系统实施阶段的主要内容包括程序设计、调试及试运行。

程序设计的主要任务是选择系统开发工具,并根据详细设计的结果进行代码设计,实现系统的全部功能模块。对 Access 来讲,程序设计阶段的任务就是创建数据库、表、查询、窗体、页、宏、模块对象等。

程序调试的主要任务是对所开发的程序进行细致的调试与测试,检查各个模块的功能是否符合设计要求,子系统是否能够控制各个模块,系统是否能够控制各个子系统。在数据库应用系统交付用户使用之前,要精心设计一些测试用例,尽可能多地检查出系统中存在的错误。如果测试结果不符合设计目标,应该返回到设计阶段,重新调整设计和编写程序。

10.1.4 系统运行与维护

系统运行与维护阶段是整个系统开发生命周期中最长的一个阶段。在这个阶段,要做好系统运行记录,并按规定做好数据库的转储和重新组织工作,还要不断弥补系统中存在的缺陷,调整与修改数据库以满足用户新的功能需求和性能需求。

10.2 "金鑫超市管理系统"需求分析与设计

10.2.1 应用系统需求分析

金鑫超市每天要完成商品采购、进货、入库、出库、补货、上货、收货、商品变价、销售、结账、统计等业务工作,管理所涉及的数据信息复杂。随着销售商品种类和销售量的增加,需要开发一个数据库应用系统,对超市的商品进货、库存、销售等进行集中管理,提高工作和管理效率,以获取更大的利润。

经过开发人员与用户的交流及调查,对用户需求进行认真分析,确定"金鑫超市管理系统"

应该具备以下基本功能。

1. 能够方便地维护与管理数据

（1）能够将管理、库存、销售等业务数据存储在合适的数据库表中

（2）能够方便地输入、修改、删除、添加、查询数据

2. 能快速查询各种管理使用的信息

（1）能够查询订单信息

（2）能够查询商品及商品销售信息

（3）能够查询供应商信息

（4）能够查询畅销、滞销商品信息

3. 自动生成日常管理报表

（1）能够生成商品销售日报表

（2）能够生成供应商商品销售汇总表

（3）能够生成库存清单

（4）能够生成畅销、滞销商品表

（5）能够生成业务员销售量统计表

（6）能够打印商品销售票据

4. 能够支持多种管理业务

（1）能够生成采购订单

（2）能够生成入库单

（3）能够生成出库单

（4）能够生成并打印价签

随着需求的进一步细化，可能还会增加一些功能。

10.2.2　应用系统概要设计

在对"金鑫超市管理系统"进行需求分析的基础上，设计"金鑫超市管理系统"的总体结构，并使用总体结构来描述它们的构成，可以将系统功能划分为如图 10-1 所示的功能模块结构图。

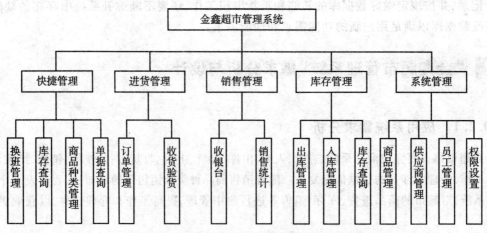

图 10-1　"金鑫超市管理系统"功能模块结构图

实际上,超市管理是一项复杂的工程,所涉及的内容非常多。这里设计的"金鑫超市管理系统"只是一个具备基本功能的教学演示系统,实际应用中可以根据具体情况进行扩充和修改。

10.3　"金鑫超市管理系统"数据库设计与创建

数据库的设计是衡量一个数据库应用系统好坏的关键指标。在进行数据库应用系统开发时,一定要设计好数据库中的诸多数据表,设计好数据表间的关联关系,然后再设计由表所生成的查询。

1. 概念模型设计

(1) 确定金鑫超市中的实体对象

根据调查分析可知,"金鑫超市管理系统"数据库主要包括以下实体:商品、商品种类、职工、职务、部门、仓库、供应商、顾客、库存、采购单、采购明细单、商品交易单、商品交易明细单等。

(2) 确定各个实体的属性

商品:商品编号、种类编号、商品名称、单价、进价、规格、生产日期、保质期、供应商编号、备注。

商品种类:种类编号、种类名称、备注。

职工:职工编号、职务类别编号、部门编号、姓名、性别、住址、电话、密码。

职务:职务类别编号、职务名称、备注。

部门:部门编号、部门名称、电话。

仓库:仓库编号、仓库名称、管理员职工编号、备注。

供应商:供应商编号、供应商名称、地址、电话、传真、邮编、电子邮箱、联系人、开户行、账户行、备注。

顾客:顾客编号、顾客姓名、等级、电话、注册日期、工作单位、累计消费额、备注。

库存:商品编号、仓库编号、库存上限、库存下限、库存数量。

采购单:采购单编号、供应商编号、职工编号、购买时间、总计、备注。

采购单明细:采购单编号、商品编号、数量、小计。

商品交易:交易编号、交易时间、顾客编号、收银员职工号、总计、备注。

商品交易明细:交易编号、商品编号、数量、小计。

(3) 确定实体间的联系与联系类型

例如,部门与职工之间的关系是 $1:n$,一个部门可以有多个职工,一个职工只能隶属于一个部门。商品种类和商品之间的关系是 $1:n$,一种类型的商品包括多个商品,一个商品只能属于一种类型。职工和商品交易之间的关系是 $1:n$,一个职工(收银员)可以负责多个交易单,一个交易单只能被一个职工(收银员)交易。商品交易和商品之间的关系是 $m:n$,一宗交易里可以包括多种商品,一种商品可以在不同的交易里面。

(4) 设计 E-R 图

以职工、商品交易、商品交易明细、商品之间的关系举例,如图 10-2 ~ 图 10-6 所示。

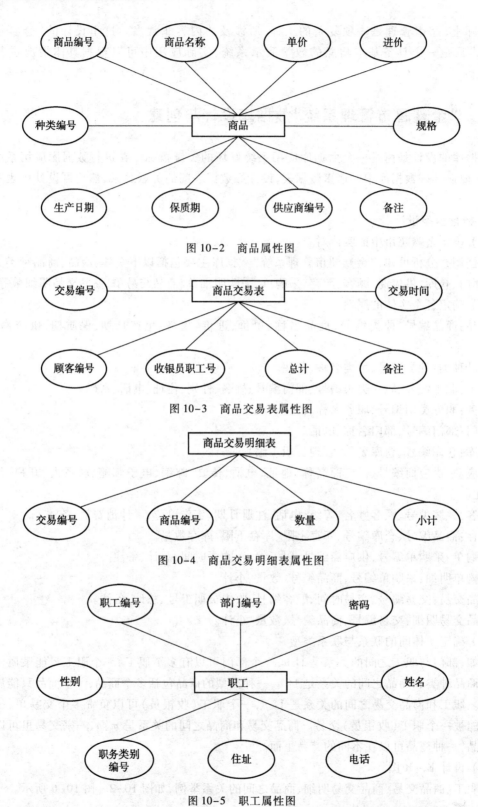

图 10-2 商品属性图

图 10-3 商品交易表属性图

图 10-4 商品交易明细表属性图

图 10-5 职工属性图

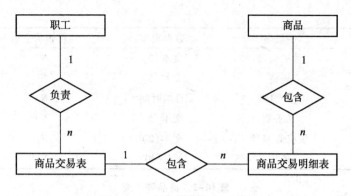

图 10-6 多个实体的 E－R 图

2. 逻辑模型设计

根据 E－R 图及实体属性,可以得到部分实体之间的关系模式。

职工(<u>职工编号</u>、职务类别编号、部门编号、姓名、性别、住址、电话、密码)

职务(<u>职务类别编号</u>、职务名称、备注)

部门(<u>部门编号</u>、部门名称、电话)

商品交易(<u>交易编号</u>、交易时间、顾客编号、收银员职工号、总计、备注)

商品交易明细(<u>交易编号、商品编号</u>、数量、小计)

商品(<u>商品编号</u>、种类编号、商品名称、单价、进价、规格、生产日期、保质期、供应商编号、备注)

"职工"关系中,主键是"职工编号",外键是"职务类别编号"、"部门编号","职工"与"职务"通过"职称类别编号"建立一对多联系,"职工"与"部门"通过"部门编号"建立一对多联系。

"商品交易"和"商品"之间是多对多联系,因此,必须引入"商品交易明细"。"商品交易"的主键是"交易编号","商品"的主键是"商品编号",因此,"商品交易明细"关系的主键是"交易编号"和"商品编号"的组合。"商品交易"和"商品"的多对多联系转换为"商品交易"和"商品交易明细"、"商品"和"商品交易明细"两个一对多联系。

对于转换后的关系模式,应该按照数据库规范化设计原则检验其好坏。

3. 物理模型设计

(1)建立表

根据 Access 数据库管理系统的特点,设计系统的物理模型,即定义存储在数据库中的总的表名、字段名、字段数据类型、字段大小、主键等。其中,"金鑫超市管理系统"的部分表结构如表 10-1 ～ 表 10-7 所示。

表 10-1 商品表

序号	字段名	数据类型	可否为空	主键(P)外键(F)
1	商品编号	文本(6)	N	P
2	商品名称	文本(10)	N	
3	单价	货币	N	
4	进价	货币	N	

序号	字段名	数据类型	可否为空	主键(P)外键(F)
5	种类编号	文本(2)	N	F
6	规格	文本(5)	N	
7	生产日期	日期时间	N	
8	保质期	文本(5)	N	
9	供应商编号	文本(2)	N	F
10	备注	文本(30)	Y	

表 10-2　商品种类表

序号	字段名	数据类型	可否为空	主键(P)外键(F)
1	种类编号	文本(2)	N	P
2	种类名称	文本(10)	N	
3	备注	文本(30)	Y	

表 10-3　商品交易表

序号	字段名	数据类型	可否为空	主键(P)外键(F)
1	交易编号	文本(4)	N	P
2	交易时间	日期时间	N	
3	顾客编号	文本(4)	N	F
4	收银员职工号	文本(6)	N	F
5	总计	货币	N	
6	备注	文本(30)	Y	

表 10-4　商品交易明细表

序号	字段名	数据类型	可否为空	主键(P)外键(F)
1	交易编号	文本(4)	N	P
2	商品编号	文本(6)	N	P
3	数量	整型	N	
4	小计	货币	N	

表 10-5　职工表

序号	字段名	数据类型	可否为空	主键(P)外键(F)
1	职工编号	文本(6)	N	P
2	姓名	文本(4)	N	
3	职务类别编号	文本(2)	N	F
4	性别	文本(1)	N	
5	住址	文本(30)	N	
6	电话	文本(11)	N	
7	部门编号	文本(2)	N	F
8	密码	文本(12)	N	

序号	字段名	数据类型	可否为空	主键(P)外键(F)
1	部门编号	文本(2)	N	P
2	部门名称	文本(5)	N	
3	电话	文本(11)	N	

表 10-7　职务类别表

序号	字段名	数据类型	可否为空	主键(P)外键(F)
1	职务类别编号	文本(2)	N	P
2	职务名称	文本(5)	N	
3	备注	文本(30)	Y	

（2）建立表间关系

建立如图 10-7 所示的表间关系。其中"职务类别"表和"职工"表按照"职务类别编号"建立一对多联系。采用同样的方法，"部门"表和"职工"表按照"部门编号"建立一对多联系，"仓库"表和"库存"表按照"仓库编号"建立一对多联系，"商品"表和"库存"表按照"商品编号"建立一对多联系，"供应商"表和"商品"表按照"供应商编号"建立一对多联系，等等。

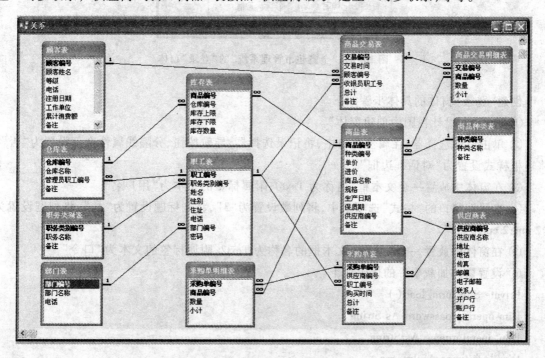

图 10-7　"金鑫超市管理系统"数据库中表的"关系"视图

10.4　"金鑫超市管理系统"实施

对于非计算机专业人员来说，用 Access 建立的应用系统无需编写一行代码，利用各种对象的生成器可以快速完成其设计;对各种事件的响应,如窗体事件、按钮、查询、菜单等,都可以利用宏来完成,也可以使用 VBA 编程来实现。大多数 VBA 代码可以由向导产生,只有少量的关键代码需要由用户设计。

10.4.1　"登录"窗体的设计与实现

在"金鑫超市管理系统"中,设计如图 10-8 所示的系统"登录"窗体。系统"登录"窗体是用来控制操作人员使用系统口令输入的窗口。输入用户名和口令后,单击"确定"按钮进行验证,若正确,则进入并使用系统;若不正确,给出错误提示,允许重新输入,但是最多只能输入口令 3次。单击"取消"按钮,退出系统。

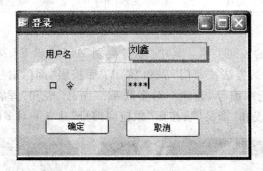

图 10-8　"金鑫超市管理系统"的"登录"窗体

创建"登录"窗体的具体步骤如下。

① 选择"在设计视图中创建窗体"。

② 单击窗体选择器,在属性窗口中,将记录选择器、导航按钮、分隔线属性全部设置为"否",将边框样式设置为"对话框边框"。

③ 在窗体中放置一个文本框,名称为 Text0,附属标签的文本为"用户名"。

④ 在属性窗口的"格式"选项卡中,将列数设置为"3",将列标题设置为"是",将列宽设置为"2 cm;2 cm;0 cm"。

⑤ 在窗体中放置一个文本框,文本框的名称为 Text2,附属标签的文本为"口令"。

⑥ 设置窗体加载事件的代码如下。

```
Private Sub form_load( )
Dim operatorpassword As String
Dim operatorname As String
Dim logintimes As Integer
Dim rst1 As RecordSet
Dim db As Database
    Set db = DBEngine. Workspaces(0). Databases(0)
    Set rst1 = db. OpenRecordSet("职工表")
End Sub
```

⑦ 在窗体上放置按钮,名称为 cmdOK,标题为"确定",修改单击事件的代码如下。

```
Private Sub cmdOK_Click()
    Dim temp As String
    Dim ps As String
    If IsNull(Forms![登录]![Text0]) Or IsNull(Forms![登录]![Text2]) Then
        MsgBox "必须输入用户名/口令", vbOKOnly, "提示信息"
        Exit Sub
    End If
    operatorname = Forms![登录]![Text0]
    operatorpassword = Forms![登录]![Text2]
    temp = "select * from 职工表 where 用户名 likc'" & operatorname & "'"
    Set rst1 = db.OpenRecordSet(temp)
    If Not rst1.EOF Then
        Do While Not rst1.EOF
        ps = rst1("密码")
        rst1.MoveNext
        Loop
    End If
    rst1.Close
    db.Close
    If (Trim(operatorpassword) = Trim(ps)) Then
        DoCmd.Close
        DoCmd.OpenForm("主窗体")
    Else
        MsgBox "对不起!!!口令错误,请重试", vbOKOnly + vbCritical, "口令错误"
        logintimes = logintimes + 1
        If (logintimes >= 3) Then
            MsgBox "对不起!!!登录次数超过三次", vbOKOnly + vbCritical, "错误提示"
            DoCmd.Close
        End If
    End If
End Sub
```

⑧ 在窗体上放置按钮,名称为 cmdCancel,标题为"取消",设置单击事件的代码如下。

```
Private Sub cmdCancel_Click()
    Quit
End Sub
```

⑨ 关闭代码编辑器,将窗体保存为"登录"。

10.4.2 创建"商品种类管理"窗体

首先,在"数据库"窗口的"窗体"对象中,双击"设计视图中创建窗体"选项,创建如图 10-9 所示的"商品种类管理"窗体。在窗体上创建 3 个"文本框"控件和 6 个"命令按钮"控件,控件属性设置如表 10-8 所示。

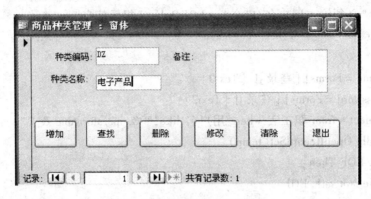

图 10-9 "商品种类管理"窗体

表 10-8 "商品种类管理"窗体的控件属性设置

控件名称	控件属性	属性值	控件名称	控件属性	属性值
文本框	标题	种类编码	按钮	标题	删除
文本框	标题	种类名称	按钮	标题	修改
文本框	标题	备注	按钮	标题	清除
按钮	标题	增加	按钮	标题	退出
按钮	标题	查找			

然后,通过以下步骤进行代码的实现。

① 在 VBA 代码窗口中,声明模块级变量。

Dim rst As RecordSet

Dim rst1 As RecordSet

Dim db As Database

② 在加载窗体的时候,为对象变量赋值,打开数据表"商品种类表";清空 3 个文本框;调用 buttonEnable 子过程。窗体的加载事件的代码如下。

Private Sub form_load( )

    Set db = DBEngine. Workspaces(0). Databases(0)

    Set rst = db. OpenRecordSet("商品种类表")

    种类编码 . Value = " "

    种类名称 . Value = " "

    备注 . Value = " "

```
    Call buttonEnable
End Sub
```

buttonEnable 子过程的作用是:如果"商品种类表"中没有记录,则使"查找"、"删除"、"修改"这3个命令按钮不可用;否则,各个命令按钮都可用。子过程的代码如下。

```
Private Sub buttonEnable( )
If rst. BOF And rst. EOF Then
    种类编码 . SetFocus
    查找 . Enabled = False
    删除 . Enabled = False
    修改 . Enabled = False
    增加 . Enabled = True
Else
    查找 . Enabled = True
    删除 . Enabled = True
    修改 . Enabled = True
    增加 . Enabled = True
End If
End Sub
```

③ 进行增加操作的时候,当在"种类编码"文本框中输入完数据,移走光标时会触发该文本框的 LostFocus 事件;3 个文本框的输入内容不能全为空;使用 AddNew 方法可以使记录集处于添加状态;使用 Update 方法才能将记录集中的数据保存到数据库中;使用 CancelUpdate 方法可以取消增加。增加事件的代码如下。

```
Private Sub 增加_click( )
    Dim aOk As Integer
    If 种类编码 . Value = " " Then
        MsgBox "输入的数据不能为空,请重新输入", vbOKOnly, "错误提示!"
        种类编码 . SetFocus
    Else
        rst. AddNew
        rst( "种类编号" ) = 种类编码 . Value
        rst( "种类名称" ) = 种类名称 . Value
        rst( "备注" ) = 备注 . Value
        aOk = MsgBox( "确认增加吗?", vbOKCancel, "确认提示!" )
        If aOk = 1 Then
            rst. Update
            Call buttonEnable
        Else
            rst. CancelUpdate
```

```
        End If
        种类编码 . Value = " "
        种类名称 . Value = " "
        备注 . Value = " "
    End If
End Sub
```

文本框"种类编码"LostFocus 事件的作用是:数据表中的主键是"种类编码",因此不能有重复值,否则会引起错误。为了避免错误发生,在文本框控件中输入完数据后,和记录集中的字段"种类编码"逐一进行比较,如果有相同的则重新输入。相应的代码如下。

```
Private Sub 种类编码_lostfocus( )
    If rst. BOF And rst. EOF Then
        Exit Sub
    Else
        rst. MoveFirst
        Do While Not rst. EOF
        If Val(种类编码 . Value) = rst("种类编号") Then
            MsgBox "输入的种类编号重复,请重新输入", vbOKOnly, "错误提示"
            种类编码 . SetFocus
            种类编码 . Value = " "
            Exit Do
        Else
            rst. MoveNext
        End If
        Loop
    End If
End Sub
```

④ "查找"命令按钮的事件代码如下。

```
Private Sub 查找_click( )
    Dim rst1 As RecordSet
    Dim temp As String
    strsearchname = InputBox("输入要查找的种类名称", "查找输入")
    temp = " select * from 商品种类表 where 种类名称 like'" & strsearchname & "'"
    Set rst1 = db. OpenRecordSet(temp)
    If Not rst1. EOF Then
        Do While Not rst1. EOF
        MsgBox "找到了!"
        种类编码 . Value = rst1("种类编号")
        种类名称 . Value = rst1("种类名称")
```

```
            备注 . Value = rst1("备注")
            rst1. MoveNext
            Loop
        Else
            MsgBox "没找到!"
        End If
        rst1. Close
End Sub
```

⑤ "删除"命令按钮的事件代码如下。

```
Private Sub 删除_click( )
        Dim rst1 As RecordSet
        Dim temp As String
        Dim strsearchname As String
        strsearchname = InputBox("输入要查找的种类名称","查找输入")
        temp = "select * from 商品种类表 where 种类名称 like'" & strsearchname & "'"
        Set rst1 = db. OpenRecordSet(temp)
        If Not rst1. EOF Then
            MsgBox "找到了!"
            种类编码 . Value = rst1("种类编号")
            种类名称 . Value = rst1("种类名称")
            备注 . Value = rst1("备注")
            If MsgBox("确定要删除该记录内容吗?", vbYesNo, "确定") = vbYes Then
                rst1. Delete
                种类编码 . Value = ""
                种类名称 . Value = ""
                备注 . Value = ""
            End If
        Else
            MsgBox "没找到!"
        End If
        rst. MoveFirst
        Call buttonEnable
End Sub
```

⑥ "清除"命令按钮的事件代码如下。

```
Private Sub 清除_click( )
        种类编码 . Value = ""
        种类名称 . Value = ""
        备注 . Value = ""
```

End Sub

⑦ "退出"命令按钮的事件代码如下。

```
Private Sub 退出_click()
    rst. Close
    db. Close
    DoCmd. Close
End Sub
```

⑧ "修改"命令按钮的事件代码如下。

```
Private Sub 修改_click()
    Dim temp As String
    Dim strsearchname As String
    If 修改 . Caption = "修改" Then
        strsearchname = InputBox("输入要查找的种类名称","查找输入")
        temp = "select * from 商品种类表 where 种类名称 like'" & strsearchname & "'"
        Set rst1 = db. OpenRecordSet(temp)
        If Not rst1. EOF Then
            MsgBox "找到了!"
            修改 . Caption = "确定"
            修改 . ForeColor = vbRed
            rst1. Edit
            种类编码 . Value = rst1("种类编号")
            种类名称 . Value = rst1("种类名称")
            备注 . Value = rst1("备注")
            种类名称 . SetFocus
        Else
            MsgBox "没找到!"
        End If
    Else
        修改 . Caption = "修改"
        修改 . ForeColor = vbBlack
        rst1("种类编号") = 种类编码 . Value
        rst1("种类名称") = 种类名称 . Value
        rst1("备注") = 备注 . Value
        rst1. Update
    End If
End Sub
```

10.4.3 "快捷管理"窗体的创建

"快捷管理"窗体的创建步骤如下。

① 选择在设计视图中"创建窗体"。

② 确保工具箱中的"控件向导"被选中,在工具箱中选择"命令按钮",在窗体主体中拖出合适的大小。此时窗体向导对话框打开,在"类别"列表框中选择"窗体操作",窗体操作中的"操作"选择"打开窗体",如图10-10所示。

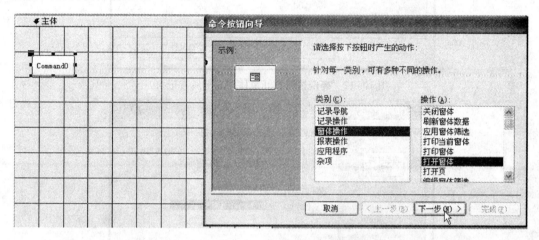

图10-10 选择窗体的操作

③ 单击"下一步"按钮,设置按钮命令打开的窗体为"商品种类管理",如图10-11所示。

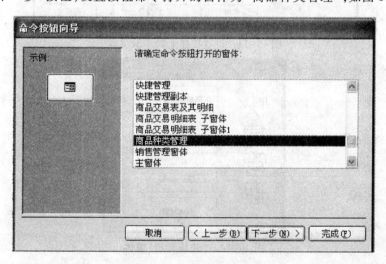

图10-11 设置命令按钮打开的窗体

④ 单击"下一步"按钮,确定按钮打开窗体并显示所有记录,如图10-12所示。

⑤ 单击"下一步"按钮,设置按钮上的显示文本为"商品种类管理",如图10-13所示。

⑥ 单击"完成"按钮,完成库存查询按钮的设置。采用同样的方法,添加"单据查询"、"库存查询"和"换班管理"按钮。"快捷管理"窗体如图10-14所示。

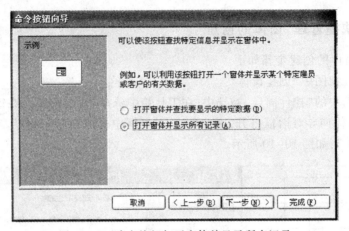

图 10-12 确定按钮打开窗体并显示所有记录

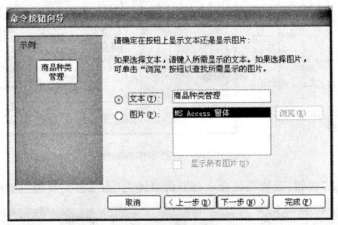

图 10-13 设置按钮上的显示文本

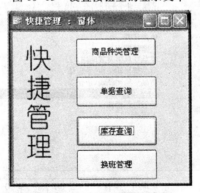

图 10-14 "快捷管理"窗体

10.4.4 "商品交易表及其明细"窗体的创建

"商品交易表及其明细"窗体的创建步骤如下。

① 选择"使用向导创建窗体"。

② 在"表/查询"下拉列表框中选择"表:商品交易表",添加选定字段,如图 10-15 所示。

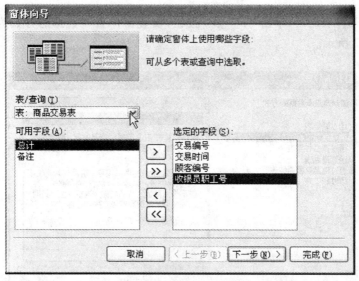

图 10-15　添加商品交易表和选定字段

③ 依次在"表/查询"下拉列表框中选择"表:商品交易明细表"、"表:商品表"、"表:职工表"、"表:商品种类表",并添加选定的字段,如图 10-16 中的(a) ~ (d)所示。

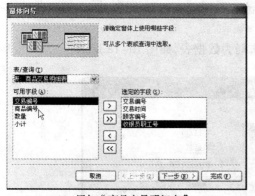

(a) 添加"商品交易明细表"

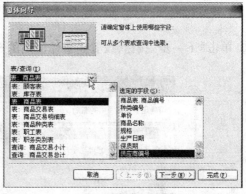

(b) 添加"商品表"

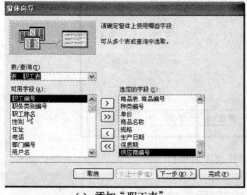

(c) 添加"职工表"

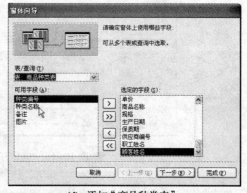

(d) 添加"商品种类表"

图 10-16　添加表和选定字段

④ 添加以上几种表之后,单击"下一步"按钮,设置窗体查看数据的方式为"带有子窗体的窗体",如图 10-17 所示。

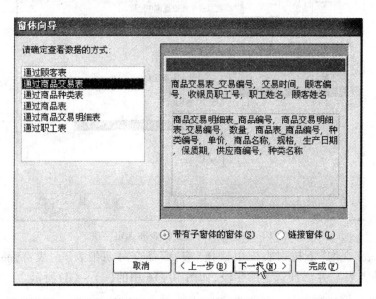

图 10-17　确定窗体查看数据的方式

⑤ 单击"下一步"按钮,设置子窗体使用的布局为数据表,如图 10-18 所示。

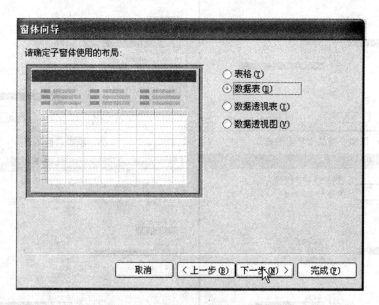

图 10-18　确定子窗体使用的布局

⑥ 单击"下一步"按钮,设置窗体"所用样式"为"国际",如图 10-19 所示。

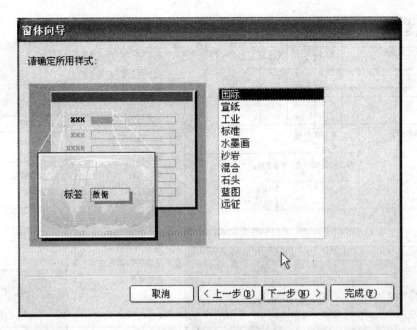

图 10-19 确定窗体所用样式

⑦ 单击"下一步"按钮,为窗体指定标题,如图 10-20 所示。

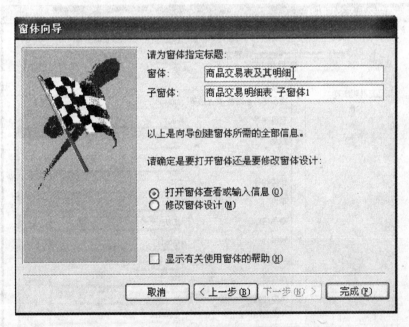

图 10-20 为窗体指定标题

⑧ 单击"完成"按钮,并右击所用的"列表框",改为"文本框",如图 10-21 所示。

⑨ 将窗体名称设置为"商品交易表及其明细"并保存起来,打开窗体,如图 10-22 所示。

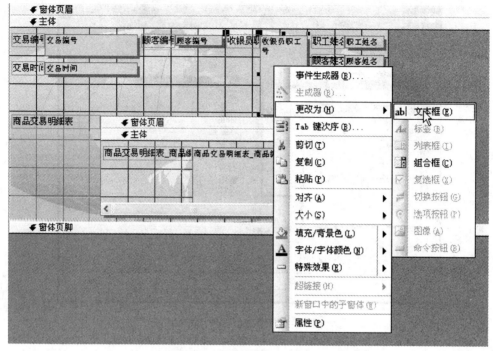

图 10-21 将"列表框"改为"文本框"

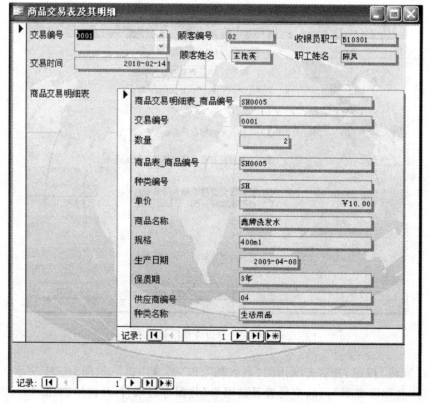

图 10-22 "商品交易表及其明细"窗体

10.4.5 查询的设计与实现

1. 商品交易小计查询

商品交易查询的设计步骤如下。

① 选择"在设计视图中创建查询"。

② 在空白处单击鼠标右键,选择快捷菜单中的"SQL 视图",并输入相应的 SQL 语句,如图 10-23 所示。

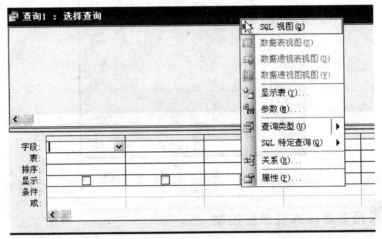

图 10-23 将选择查询视图转换为"SQL 视图"

SELECT 商品交易明细表.交易编号,商品交易明细表.商品编号,商品表.商品名称,商品表.单价,供应商表.供应商名称,商品交易明细表.数量,商品表.生产日期,商品表.保质期,商品表.单价*商品交易明细表.数量 AS 小计

FROM 商品交易明细表,供应商表 INNER JOIN 商品表 ON 供应商表.供应商编号 = 商品表.供应商编号

WHERE ((商品表.商品编号) = 商品交易明细表.商品编号)

GROUP BY 商品交易明细表.交易编号,商品交易明细表.商品编号,商品表.商品名称,商品表.单价,供应商表.供应商名称,商品交易明细表.数量,商品表.生产日期,商品表.保质期

③ 保存查询为"商品交易小计",查询结果如图 10-24 所示。

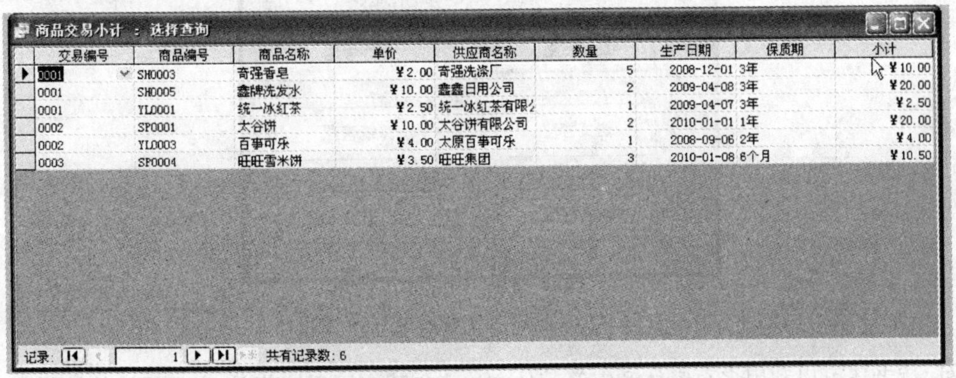

交易编号	商品编号	商品名称	单价	供应商名称	数量	生产日期	保质期	小计
0001	SH0003	奇强香皂	￥2.00	奇强洗涤厂	5	2008-12-01	3年	￥10.00
0001	SH0005	鑫牌洗发水	￥10.00	鑫鑫日用公司	2	2009-04-08	3年	￥20.00
0001	YL0001	统一冰红茶	￥2.50	统一冰红茶有限公司	1	2009-04-07	3年	￥2.50
0002	SP0001	太谷饼	￥10.00	太谷饼有限公司	2	2010-01-01	1年	￥20.00
0002	YL0003	百事可乐	￥4.00	太原百事可乐	1	2008-09-06	2年	￥4.00
0003	SP0004	旺旺雪米饼	￥3.50	旺旺集团	3	2010-01-08	6个月	￥10.50

记录: |◄| ◄ | 1 | ► |►|| 共有记录数: 6

图 10-24 "商品交易小计"查询结果

2. 商品交易总计查询

采用和上面相同的方法创建"商品交易总计"查询,查询结果如图 10-25 所示。

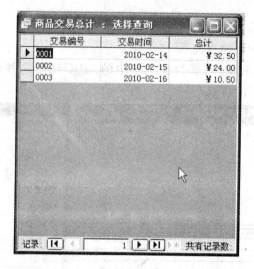

图 10-25　"商品交易总计"查询结果

10.4.6　采用主窗体实现系统控制

开发数据库应用程序需要将表、查询、窗体、报表等对象和 DAO 编程结合在一起综合应用。通过 Access 提供的设计器和向导等工具,可以很轻松地创建表、查询、报表、页、宏等对象。有关报表设计、菜单设计等"金鑫超市管理系统"的其他部分对象,读者可参见本书相关章节自行完成。

最后,通过创建主窗体,将所建立的各个数据库对象集成在一起,形成一个完整的数据库应用系统。系统"主窗体"如图 10-26 所示。

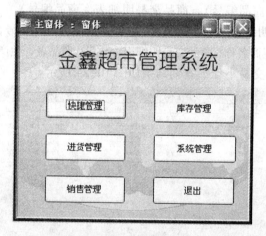

图 10-26　"金鑫超市管理系统"的"主窗体"

此外,读者还可以利用多页窗体和宏等其他方法来创建应用系统菜单,实现系统的控制和调用。

10.5 数据库文件格式转换与保护

10.5.1 转换数据库文件格式

数据库文件格式与所使用的 Access 版本有可能不一致,例如数据库文件可能是 Access 97 文件格式或 Access 2000 文件格式,而所使用的 Access 是 2002 ~ 2003 版本的。因此,需要转换格式。

具体的操作步骤如下。

① 单击菜单栏上的【工具】→【数据库实用工具】→【转换数据库】→【转换为 Access 2002 - 2003 文件格式】命令,打开"将数据库转换为"对话框。

② 在此对话框中,输入转换后的数据库名称"金鑫超市管理系统 2003",单击"保存"按钮,如图 10-27 所示。

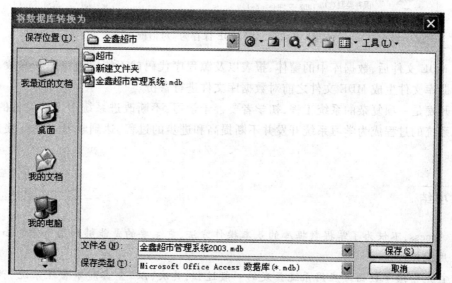

图 10-27 "将数据库转换为"对话框

10.5.2 生成可执行的数据库文件

当数据库应用系统建成并通过测试,让用户试运行满足需求后,可以将所创建的 MDB 格式的数据库文件生成格式为 MDE 的可执行文件。数据库文件发布为 MDE 文件,是保证数据库应用系统安全的措施之一。将数据库文件保存为 MDE 文件,是将所有代码模块(包括窗体、报表)进行编译,移除所有可编辑的代码,并且压缩数据库。

具体的操作步骤如下。

① 启动 Access,打开"金鑫超市管理系统 2003",单击菜单栏上的【工具】→【数据库实用工具】→【生成 MDE 文件】命令。

② 打开"将 MDE 保存为"对话框,在"文件名"组合框中输入"金鑫超市管理系统 2003",单击"保存"按钮,如图 10-28 所示。

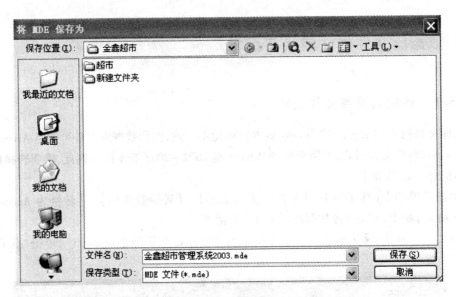

图 10-28 "将 MDE 保存为"对话框

生成 MDE 文件后,数据库中的窗体、报表以及源程序代码就不能再被编辑和修改,因此,最好在将数据库文件生成 MDE 文件之前对数据库文件进行备份。

系统开发是一项复杂的系统工程,初学者要善于学习,不断改进系统中不够完善的地方,从而使学习系统的过程成为学习系统开发并不断提高和进步的过程,达到学习 Access 使用方法的最终目的。

本章小结

学习 Access,不仅为了掌握数据库的基本操作方法,更主要的是能够利用所学的知识来开发实际的应用软件。

本章首先介绍了数据库应用系统开发的一般过程,其次,以"金鑫超市管理系统"为例,综合应用前面各章学习的知识、技术和方法,具体介绍一个小型数据库应用系统的开发步骤和过程。通过本章的学习,要了解开发数据库应用系统的系统分析、系统设计、系统实施、系统运行和维护等几个阶段应该完成的主要任务,能够根据用户的实际需要开发一个数据库应用系统,综合应用表、窗体、报表、菜单、VBA 编程等操作知识和设计技巧进行数据库应用系统的开发。

习题

一、单项选择题

1. 数据库应用系统的基本数据资源是( )。

   A. 查询 B. 窗体 C. 报表 D. 表

2. 下列各项中,不是数据库对象的是( )。

   A. 数据表 B. 窗体 C. 可执行文件 D. 菜单

3. 能够实现数据库应用系统的功能的是( )。

    A. 宏   B. 数据库应用系统的菜单   C. Access 系统菜单   D. 数据库

4. 一般的数据库应用系统的主要功能模块所不包括的对象是(   )。

    A. 需求分析   B. 数据操作窗体   C. 查询窗体   D. 数据报表

5. 在一个数据库应用系统中,各种工作窗口是由(   )提供的。

    A. 菜单   B. 主程序   C. 窗体   D. 类

二、填空题

1. 数据库应用系统开发一般要经过系统分析、系统设计、_____、_____和系统维护等阶段。

2. 系统分析阶段要在信息收集的基础上确定_____。

3. 数据库应用系统的设计是在数据库应用系统开发分析阶段确立的总体目标的基础上进行的数据库应用系统的_____。

4. 设计数据库应用系统时,要做到每一个模块易_____、易_____,并使每一个_____尽量小而简明,使模块间的_____尽量少。

5. 在 Access 中,_____文件是整个系统的核心文件,它是系统所有资源文件的集合。

6. 在 Access 中,控制面板是一个具有专门功能的窗体,它可以调用_____,并提供实现_____的方法。

7. 数据窗体主要包括_____、_____和_____等类型。

8. 数据库应用系统的主菜单是通过_____打开的。

9. 将数据库文件发布为_____文件,是保证数据库应用系统安全的重要措施之一。

三、简答题

1. 为什么要开发数据库应用系统?

2. 数据库应用系统开发一般要经过哪几个阶段?各个阶段的主要任务是什么?

3. 如何进行系统的总体规划?

4. 数据库应用系统最基本的工作窗口有哪些?

5. 主控界面是指什么?它有什么作用?

6. 你进行数据库应用系统开发时遇到过什么问题,是如何解决的?

7. 试设计一个图书馆数据库,此数据库对每个借阅者存有读者记录,其中包括读者号、姓名、地址、性别、年龄、单位。对每本书存有书号、书名、作者、出版社。对每本被借出的书存有书号、读者号、借出日期和归还日期。要求给出相应的 E – R 图,再将其转换为关系模型。

参 考 文 献

[1] 郭晔,王浩鸣,张天宇. 数据库技术与 Access 应用[M]. 北京:人民邮电出版社,2009.

[2] 陈光军,张秀芝. Access 2003 实验案例教程[M]. 北京:中国水利水电出版社,2009.

[3] 李春葆,曾平. 数据库原理与应用[M]. 北京:清华大学出版社,2008.

[4] 吴权威,王绪溢. Access 2003 中文版应用基础教程[M]. 北京:中国铁道出版社,2005.

[5] 邵丽萍,王伟岭,朱红岩. Access 数据库技术与应用[M]. 北京:清华大学出版社,2007.

[6] 世诣资讯,王成春,萧雅云. 实战 Access 2003. VBA 程序设计[M]. 北京:中国铁道出版社,2005.

[7] 廖望,叶杰宏,余芳. 中文 Access 2003 案例经典[M]. 北京:冶金工业出版社,2004.

[8] 姚普选. 数据库原理及应用(Access)[M]. 2 版. 北京:清华大学出版社,2006.

[9] 何胜利. Access 数据库应用技术教程[M]. 2 版. 北京:中国铁道出版社,2008.

[10] 知新文化. 新编 Access 2007 电脑办公入门提高与技巧[M]. 北京:兵器工业出版社,北京科海电子出版社,2007.

[11] 郭永青,胡彬. 信息技术基础教程[M]. 北京:清华大学出版社,2006.

[12] 求是科技. Access 信息管理系统开发[M]. 北京:人民邮电出版社,2005.

[13] 陈树平,侯贤良,菅典兵. Access 数据库教程[M]. 上海:上海交通大学出版社,2009.

[14] 李雁翎. 数据库技术及应用——Access[M]. 北京:高等教育出版社,2005.

[15] 张迎新. 数据库及其应用系统开发(Access 2003)[M]. 北京:清华大学出版社,2006.

[16] 纪澍琴,刘威,王宏志. Access 数据库应用基础教程[M]. 北京:北京邮电大学出版社,2007.

[17] 陶宏才. 数据库原理及设计[M]. 2 版. 北京:清华大学出版社,2007.

[18] 赵树林,师鸣若,姚婉芹. 中文版 Access 2003 实用教程[M]. 北京:中国林业出版社,2006.

[19] 周晓玉,许向荣,杨一平. Access 实用教程[M]. 北京:人民邮电出版社,2004.

郑 重 声 明